YUANLIN JINGGUAN SHEJI

高等教育规划教材

园林景观设计

刘洋　庄倩倩　李本鑫｜主　编

黄丽纯　陈少鹏｜副主编

张清丽｜主　审

 化学工业出版社

·北京·

本书主要对园林景观规划设计知识准备、园林景观发展史认知、景观构成要素设计、园林景观艺术设计、园林景观的形式与构图设计、景观布局设计、公园规划设计、居住区景观规划设计、单位附属绿地景观规划设计、屋顶花园景观规划设计、城市道路景观规划设计、城市广场景观规划设计十二个项目进行介绍。全书在理论上重点突出实践技能所需要的理论基础，在实践上突出技能训练与生产实际的"零距离"结合，力争做到图文并茂、内容翔实、南北兼顾。

本书可作为高等院校和高等职业院校环境设计、风景园林、城乡规划、园林工程、建筑学及相关专业的教材，也可作为相关从业人员的参考书或培训用书。

图书在版编目（CIP）数据

园林景观设计/刘洋，庄倩倩，李本鑫主编. —北京：化学工业出版社，2019.4（2024.11重印）
高等教育规划教材
ISBN 978-7-122-33870-9

Ⅰ. ①园… Ⅱ. ①刘…②庄…③李… Ⅲ. ①景观-园林设计-高等学校-教材 Ⅳ. ①TU986.2

中国版本图书馆 CIP 数据核字（2019）第 025595 号

责任编辑：王文峡　　　　　　　　　　　文字编辑：焦欣渝
责任校对：边　涛　　　　　　　　　　　装帧设计：史利平

出版发行：化学工业出版社（北京市东城区青年湖南街 13 号　邮政编码 100011）
印　　装：北京科印技术咨询服务有限公司数码印刷分部
787mm×1092mm　1/16　印张 17　字数 422 千字　2024 年 11 月北京第 1 版第 4 次印刷

购书咨询：010-64518888　　　　　　　售后服务：010-64518899
网　　址：http://www.cip.com.cn
凡购买本书，如有缺损质量问题，本社销售中心负责调换。

定　　价：49.80 元

前言
FOREWORD

　　《园林景观设计》系统地阐述了园林景观设计的基本理论和方法，着重介绍了景观的艺术知识，注重培养学生的审美观点，学生通过本课程的学习，应能够掌握景观规划与设计的基础理论知识和设计方法与技巧，为后续课程的学习打下一个良好的基础。

　　编写本教材的指导思想符合现代高等教育的特点，以应用型人才培养为目标，力求做到理论与实际相结合、继承与创新相结合。本教材在编写结构上做了一些新的尝试，意在适应时代的需要。

　　为了更好地表现效果，本书部分图片同时提供了彩图，置于封二或封三，供读者查阅欣赏。

　　本教材由吉林农业科技学院刘洋、吉林农业科技学院庄倩倩、黑龙江生物科技职业学院李本鑫担任主编并完成全书的统稿工作；黑龙江生物科技职业学院黄丽纯和吉林农业科技学院陈少鹏担任副主编；辽宁农业职业学院刘丽云、西昌学院农业科学学院李静、云南林业职业学院李晨程、辽宁生态工程职业学院张璐参与编写。　全书由黑龙江生物科技职业学院张清丽担任主审。

　　具体编写分工如下：吉林农业科技学院庄倩倩编写项目一、项目六；黑龙江生物科技职业学院李本鑫编写项目二、项目九；吉林农业科技学院刘洋编写项目三、项目七；黑龙江生物科技职业学院黄丽纯编写项目四、项目十、项目十一；吉林农业科技学院陈少鹏编写项目五、项目八；辽宁农业职业学院刘丽云、西昌学院农业科学学院李静、云南林业职业学院李晨程、辽宁生态工程职业学院张璐共同编写项目十二。

　　因景观规划设计内容较广，在编写过程中，编者参考了国内外有关著作、论文，在此谨向有关作者深表谢意。　因作者水平有限，书中存在疏漏在所难免，欢迎读者予以批评指正。

编　者

2019 年 1 月

目录
CONTENTS

项目一 园林景观规划设计知识准备

项目导读

人们喜欢呼吸新鲜的空气，脚踏爽洁的大地，沐浴温暖和煦的阳光；人们喜欢泥土的芬芳、河水的清澈、天空的蔚蓝；人们喜欢鸟语花香、绿荫环抱、生机勃勃的大自然。由此可见：美好的自然环境是人们生活的美好愿望和追求目标。园林景观规划设计正是为了实现人类的这一美好愿望展开的，善待自然就是善待人类，善待自己。

任务一 园林景观规划设计认知

一、园林景观规划设计理论基础

（一）园林景观设计的基本概念和原理

1. 园林景观和园林景观设计的概念

（1）园林景观　园林景观就是指风景、景色。在地理学上讲，园林景观就是有特色的风景，是供人观赏、享受、利用的，并有利于身心健康的环境空间。园林景观从广义上讲可以分为自然景观（如四川的九寨沟和峨眉山）和人文景观（如成都的宽窄巷子、文殊坊）两大类。

（2）园林景观设计　园林景观设计是指在某一区域内创造一个由形态、形式因素构成的、较为独立的、具有一定社会文化内涵及审美价值的景物。这样它就必须具备以下两个属性：一是自然属性，它必须作为一个有光、形、色、体的可感因素，一定的空间形态，较为独立并易从区域形态背景中分离出来的客体；二是社会属性，它必须有一定的社会文化内涵，有观赏功能、改善环境及使用功能，可以通过其内涵引发人的情感、意趣、联想、移情等心理反应，即所谓景观的心理效应。园林景观设计是一个庞大、复杂的综合学科，融合了美学、建筑学、生物学、材料学、历史学、心理学、地理学等众多学科的理论，并且相互交叉渗透。简单地说，园林景观设计就是对组成园林景观整体的地形、水体、植物、构筑物、设施等要素进行的综合设计。

2. 人文思想与园林景观设计

人文思想就是以人为本，尊重人性，充分肯定人的行为及精神，遵从和维护人的基本价值。

具有人文思想是一个园林景观设计师的基本素质。没有较高的人文素质与修养就没有崇高的人生境界，也就不可能创造出崇高的艺术。好的园林景观设计不但要具备实用功能，同时也要体现精神功能，而正是对人类精神的创造和人类价值理想的维护，才有可能使作品成为经典，流芳百世。

3. 城市环境与园林景观设计

在城市景观的设计中，无论是区域景观、广场改造、街区拓宽，还是景观建设等，要首先考虑城市整体的环境构造，研究他们的现在与过去、当今和未来、地方与比邻的差异与相同、变化与衔接。立足科学，最大限度、最为合理地利用土地、人文和自然资源，并尊重自然、生态、文化、历史等科学的原则，使人与环境彼此建立一种和谐均衡的整体关系。

4. 旅游景点与园林景观设计

旅游在我国具有悠久的历史传统，历代文人雅士、官宦商贾都喜爱游历名山大川，陶冶情操，并留下了大量生动的记述。旅游在当代生活中的意义日益重要，它可以陶冶人的性情，开阔人的视野，调剂体力，缅怀历史，熏陶情感，给人以精神上的享受，让人回归大自然的怀抱，增加对生活的热情。

旅游景点是指具有观赏功能的历史文化或科学价值的自然景观、人为景观比较集中，环境优美，具有一定规模范围，可供人们游览、休息或进行科学、文化活动的风景名胜区。风景名胜区不像城市公园中的景点那样集中，景点大都分散在开阔的区域中，此类区域的面积一般都较大，如四川的峨眉山、陕西的华山、浙江的普陀山等。

旅游景点主要分为以历史建筑古迹、文化遗址为主的人文旅游景点，如河北的承德避暑山庄、北京的故宫博物院；以自然山川风貌为主的自然风光旅游景点，如广西的漓江、云南的石林、贵州的黄果树瀑布等。

历史名胜古迹景点的开发、扩建、整理应遵循一个原则，就是一定要尽力保护现存的遗址景观。一切附加设施只是为了给景点创造良好的旅游条件，提高名胜古迹的观赏效果，增补的景观设施最好与遗址拉开一定距离。宾馆的建筑形式，桥梁以及为游人提供的休息场所、设施、长廊、座椅等都应与其历史年代、建筑风格、文化精神相统一协调。道路建设可在景点边缘设置停车场，停车场到遗址间设步行道，步行道的材质、形式要与景点的年代相似。植物景观设置在景点的处理中也十分重要，一方面它可以协调美化景点的整体环境，组成防护林带以防风固沙、保护遗址；另一方面，它可以遮蔽隔断周围与景点不适应的环境建筑，使景点环境更加纯化，主题更加突出明了，同时在掩映的过程中，还会形成对各个景观的视觉空间划分，丰富景观的观赏内容。

自然旅游景点指较为集中的具有高度审美价值的自然景观资源、历史文物、宗教文化建筑，具有较高的观赏、文化或科学研究价值，并具备较为完善的服务设施、旅游条件，供人游览、休息或进行科学考察、文化活动，并具有一定规模的地理区域。

5. 环境保护与园林景观设计

环境保护主要是指从生态学的角度对人类生存环境的保护。近代工业技术的迅速发展给人类带来了空前的物质利益，但与此同时，对自然资源的疯狂掠夺给人类的生态环境也造成了极其严重的破坏。现在人们已经认识到这种破坏给人类带来了严重的后果，开始认识到维护人类生态平衡的重要意义，并着手自然环境的保护与恢复拯救工作。

人类生存环境的自然生态因素主要指空气、水源、土壤、植物等，环境保护主要指人类与上述环境因素的平衡关系，人口的急剧增长以及滥采、滥用自然资源打破了这种平衡，造成了今天的水土大量流失，土壤的沙漠化，大气污染，大气臭氧层破坏，水源污染，水灾频繁，森林、植被、城市绿化大面积减少，城市噪声污染严重。

植物群落和水域系统是重组和改造区域环境的重要因素，也是景观设计中用以保护环境的主要手段。植物在一定区域内对于改善气候、净化空气、保护环境卫生、防沙固土、降低噪声、保持水土、美化环境甚至蓄水防洪、防御灾害方面都有显著效益。

（二）园林景观设计的基本原则

1. 以人为本的原则

"以人为本"是所有园林景观设计的前提，营造好的园林景观环境，目的就是为了人类能健康地生存繁衍、舒适安全地生活和工作。

（1）舒适合理的空间布局　孩子有游戏、老人有休息娱乐、年轻人有运动健身等不同空间需求。所以园林景观设计不仅要有针对性和代表性，还要考虑不同年龄和文化层次的差异性。

（2）方便性设计原则　无障碍设计、老龄化社会的现实、人的行为心理等等方面在设计中都要尽量考虑周到。

（3）安全性考虑　主要指环境安全和社会安全。环境安全包括植物的选择、铺装材料的环保性以及针对儿童和老人的安全措施。社会安全主要指防盗监控的措施和设施。

2. 可持续发展战略的原则

1992 年通过的《关于环境与发展的里约热内卢宣言》确认旨在保护地球生态环境的"可持续发展"理念。这是人类文明史中的历史性事件。可持续发展战略的原则主要指合理利用和节约使用资源，如节电、节水、节地等。节能，就是要有效使用建筑物的保温、隔热、通风技术，并尽量利用太阳能、风能等无污染清洁能源。

3. 文脉传承的原则

既要保护好文化遗产，又要传承好文化脉络。一个区域的文化底蕴不能都到历史典籍中去寻找，而是要通过现存的古建筑、风土民情、自然遗产或者雕塑、小品、设施等方面来体现。

4. 经济实用的原则

一方面要考虑建造成本，另一方面要考虑维护成本。

5. 设计创新的原则

园林景观是在自然景观的基础上，通过创造或改造，运用艺术加工和工程实施而形成的艺术作品。景观是科学技术和艺术创作的综合性工程，这种创造要想具有高品位和个性突出的景观环境，就必须要有卓越的创意，形式也要新颖。

（三）园林景观设计的目的

主要目的是创造宜人的生态环境、提供优质的户外活动空间、美化环境、陶冶情操、为防灾避难提供安全场地等。

（四）园林景观设计的类型

主要有传统景观设计、现代公园景观设计、住宅小区环境景观设计、单位绿地景观设计、城市道路景观设计、度假休闲地景观设计等。

（五）园林景观基本要素

园林景观包含的基本要素有气候、地形、水体、植物、道路、构筑物、小品、设施等。

（六）园林景观设计的形式美

设计形式表现即对设计的形式美的把握与追求。任何园林景观都是通过一定的形式表现出来的。无论选择什么样的形式来反映主题，都必须尊重形式美的规律。

1. 形式美的基本构成要素

（1）点　几何形态上所谓的点是无形变化的，只有位置，没有面积。在视觉造型艺术上，出于其可视性的原因可以看见。点同时也具有面的形态。它是一切形态的基础。

（2）线　几何学上的线是没有粗细的，只有长度与方向。在造型领域中，线是一种造型手段，是点移动的轨迹。线还可以界定出形态的范围。线在环境景观中运用得最普遍的表现形式是小区道路以及硬质铺地中的线形铺装等。

（3）面　面是线移动的轨迹，面具有长、宽两度空间。它在造型中所形成的各种各样的形态是设计中的重要因素。面是用线来界定的形，不同形状的面给人的感觉也不同。规则的面给人以简洁、安定、端庄之美；不规则的面给人以温柔、魅力之美，并让人富于幻想等。面在环境中的运用最为普遍。

（4）体　体是三维空间的形态，有长度、宽度和深度三个度量。体块的大小造型给人的感觉是不一样的。体块越大、越高、越实，重量感越强；相反，体积小、镂空多，越觉得轻巧。不同的体是构成环境景观的主题元素。

（5）色彩　色彩一般分为冷色调和暖色调。色彩在环境景观中运用得当可以起到画龙点睛的作用。

（6）材质纹理　不同的材质具有不同的特性。当然也包括不同的表面纹理。纹理是除了点、线、面、体之外的第五种可用的手法。不论采用的路面是柔性铺装还是刚性铺装；不论是采用天然材料还是用单元型砌块，在富于想象力的设计者手中都会因材质本身的不同纹理而有很大的运用空间。

2. 形式美的基本表现形式

（1）变化与统一　变化与统一的法则是指构成艺术形式美的最基本的法则，也是一切造型艺术形式美的最主要的关系。变化是一种对比的关系，是指画面构成中讲究形体的大小、方圆等对比关系；在色彩上讲究冷暖、明暗、色相等对比关系；在设计中讲究画面肌理的光滑、粗糙、轻重等对比关系；在线的运用上讲究粗细、曲直、刚柔等对比关系。对比关系的运用使画面生动活泼，但过分变化容易使人产生混乱感。因此，变化也应具有其统一的特征。

（2）秩序美　古希腊哲学家亚里士多德说："美的主要形成是秩序、均匀与明确。"秩序美在现今纷繁嘈杂的社会大环境中显得尤为重要。秩序美能够给人们心灵的宁静、单纯、整齐、踏实、方便、温馨、美好和充满人性的美感。秩序美在景观设计中体现在对称与均衡上。

（3）尺度与比例　所有的美都和尺度与比例有关。尺度与比例是形式美的基本表现形式。所谓美感尺度就是给人们带来愉快心情和美感的心理尺度。只有符合人们的活动尺度和心理尺度的空间才是具有美感的环境空间。

（4）对比与调和　对比与调和法则是形式美中的重要手段之一。对比包括形的对比、色彩的对比、明暗的对比、质感的对比、虚实的对比、聚散的对比等。对比可产生醒目、生动的艺术效果，使画面富于生机，具有强烈的视觉冲击力。调和与对比相反，它是由视觉的近似因素构成的。

（5）节奏与韵律　节奏是韵律的重复，即形象连续出现所形成的起伏。节奏讲究变化起伏的规律，没有变化也就无所谓节奏，它主要通过对形象的重复、渐次、交错、虚实等手段的运用来表现。韵律是节奏的变化形式，它赋予节奏以强弱起伏、抑扬顿挫的变化，韵律是节奏与节奏之间运动所表现的姿态。节奏具有机械美，富于理性；韵律具有音乐美，富于感性。节奏与韵律互为因果，在画面中节奏与韵律的表现可以通过图形的大小、主次、远近、强弱、虚实、曲直、明暗、疏密、高低等方面的组合来实现。

二、园林景观规划设计的关系和成果

（一）园林景观规划设计的关系

园林景观规划，从大的方面讲，是指明对未来园林景观发展方向的设想安排，其主要任务是按照国民经济发展需要，提出园林景观发展的战略目标、发展规模、速度和投资等，这种规划是由各级行政部门制定的。由于这种规划是若干年以后景观绿地发展的设想，因此常常制定出长期规划、中期规划和近期规划，用以指导园林景观的建设。这种规划也叫发展规划。另一种规划是指对某一个景观绿地（包括已建和拟建的景观绿地）所占用的土地进行安排和对景观要素如山水、植物、建筑等进行合理的布局与组合，如一个城市的景观绿地规划结合城市的总体规划确定出景观绿地的比例等。要建一座公园也要进行规划，如需要划分哪些景区，各布置在什么地方，要多大面积以及投资和完成的时间等。这种规划是从时间、空间方面对景观绿地进行安排，使之符合生态、社会和经济的要求，同时又能保证景观规划设计各要素之间取得有机联系，以满足景观艺术要求。这种规划是由景观规划设计部门完成的。

通过规划虽然在时空关系上对景观绿地建设进行了安排，但是这种安排还不能给人们提供一个优美的景观环境，为此要求进一步对景观绿地进行设计。景观绿地设计就是为了满足一定目的和用途，在规划的原则下，围绕景观地形，利用植物、山水、建筑等景观要素创造出具有独立风格、有生机、有力度、有内涵的景观环境，或者说设计就是对景观空间进行组合，创造出一种新的景观环境。这个环境是一幅立体画面，是一首无声的诗，它可以使游人愉快、欢乐并能产生联想。园林景观设计的内容包括地形设计、建筑设计、园路设计、种植设计及景观小品等方面的设计。

（二）园林景观规划设计的最终成果

园林景观规划设计的最终成果是景观规划设计图和说明书。园林景观规划设计不同于林业规划设计，因为景观规划设计不仅要考虑经济、技术和生态问题，还要在艺术上考虑美的问题，要把自然美融于生态美之中，同时还要借助建筑美、绘画美、文学美和人文美来增强自身的表现能力。园林景观规划设计也不同于工程上单纯制平面图和立面图，更不同于绘画，因为园林景观规划设计是以室外空间为主，是以景观地形、建筑、山水、植物为材料的一种空间艺术创作。

（三）园林景观规划设计要求

园林景观的性质和功能确定了景观规划的特殊性，为此在园林景观规划设计时要符合以下几方面要求。

1. 在规划之前先确定主题思想

园林景观的主题思想是景观规划设计的关键，根据不同的主题可以设计出不同特色的景观。如苏州拙政园的"听雨轩"以"听雨"为主题，设计为"听雨"庭院。在设计景观和配置植物时，都围绕"听雨"这一主题。在"听雨轩"前设一泓清水，植有荷花；池边有芭蕉翠竹。这里无论春夏秋冬，雨点落在不同植物上，加上听雨人的心态各异，就能听到各具情趣的雨声，境界绝妙，别有韵味。

因此，在园林景观规划设计前，设计者必须巧运匠心，仔细推敲，确定园林景观的主题思想。这就要求设计者有一个明确的创作意图和动机，也就是先立意。意是通过主题思想来表现的，意在笔先的道理就在于此。另外，景观绿地的主题思想必须同景观绿地的功能相统一。

2. 运用生态原则指导园林景观规划设计

随着工业的发展、城市人口的增加，城市生态环境受到破坏，直接影响了城市居民的生存条件，保持城市生态平衡已成为刻不容缓的事情。为此要运用生态学的观点和途径进行景观规划布局，使景观绿地在生态上合理，在构图上符合要求。具体地来说，景观绿地建设应以植物造景为主，在生态原则和植物群落原则的指导下，注意选择色彩、形态、风韵、季相变化等方面有特色的树种进行绿化，景观与生态环境融于一体，或以景观反映生态主题，使城市景观既发挥了生态效益，又表现出城市的景观作用。

3. 园林景观应有自己的风格

在园林景观规划设计中，如果流行什么就布置什么，想到什么就安排什么，或模仿别处景物，盲目拼凑，造成景观形式不古不今，不中不外，没有风格，缺乏吸引游人的魅力。

什么是景观风格？每一个景观绿地要有自己的独到之处，有鲜明的创作特色，有鲜明的个性，这就是景观风格。有人认为，景观风格是多种多样的。在统一的民族风格下，有地方风格、时代风格等。景观地方风格的形成受自然条件和社会条件的影响。长期以来，中国北方古典景观多为宫苑景观，南方多私家景观，加上气候条件、植物条件、风土民俗以及文化传统的不同，景观风格北雄南秀，各不相同。北方因地域宽广，所以景观范围较大、建筑富丽堂皇；因自然气象条件所局限，河川湖泊、园石和常绿树木都较少；由于风格粗犷，所以秀丽媚美则显得不足。北方景观的代表大多集中于北京、西安、洛阳、开封，其中尤以北京为代表。南方人口较密集，所以景观地域范围小；又因河湖、园石、常绿树较多，所以景观景致较细腻精美。因上述条件，其特点为明媚秀丽、淡雅朴素、曲折幽深，但毕竟面积小，略感局促。南方景观的代表大多集中于南京、上海、无锡、苏州、杭州、扬州等地，其中尤以苏州为代表。

景观的时代风格形成也常受时代变迁的影响。当今世界，科学技术迅猛发展，世界各国的交流日益频繁，随着新技术的发展，一些新材料、新技术、新工艺、新手法必然在景观中得到广泛的应用，从而改变了景观的原有形式，增强了时代感。例如在园中采用电脑控制的色彩音乐喷泉，可以与时代节奏合拍，从而体现时代的特征。

北海银滩国家旅游度假区音乐喷泉的巨型不锈钢雕塑"潮"由 5250 个喷头和 3000 盏水下彩灯组成，以大海、潮水为背景，与钢球、喷泉和七个裸体少女青铜像遥相呼应，互为映衬，显示出海的风采，构成了潮的韵律。每当夜幕降临，水声、音乐声、涛声与变幻的激光彩灯融为一体，最高水柱可达到 70 米，气势磅礴，如人间琼台。

景观风格的形成除受到民族、地方特征和时代的影响外，还受到景观设计者个性的影响。如清初画家李渔民所造的石山以瘦、漏、透为佳；而唐代白居易却长于组织大自然中的风景于景观之中。这些景观的风格也分别反映出景观的个性。所谓景观的个性就是个别化了的特性，是对景观要素如地形、山水、建筑、花木等具体景观的特殊组合，从而呈现出不同景观的特色，防止了千园一面的雷同现象。中国园林景观的风格主要体现在景观意境的创作、景观材料的选择和景观艺术的造型上。景观的主题不同，时代不同，选用的材料不同，景观风格也不相同。

（四）园林景观规划设计的作用和对象

1. 园林景观规划设计的作用

城市环境质量的高低，在很大程度上取决于景观绿化的质量，而景观绿化的质量又取决于对城市景观绿地进行科学的布局，或是说规划设计。通过规划设计，可以使景观绿地在整个城市中占有一定的位置，在各类建筑中有一定的比例，从而保证城市景观绿地的发展和巩固，为城市居民创造一个良好的工作、学习和生活环境。同时规划设计也是上级主管部门批准景观绿地建设费用和景观绿地施工的依据，是对景观绿地建设检查验收的依据。所以景观绿地没有进行规划设计不能施工。

2. 园林景观规划设计的对象

当前我国正处在城镇化建设的新时期，不仅要建设一批新城镇，而且还要改造大批旧城镇。因此，景观规划设计的对象主要是新建和需要改造的城镇和各类企事业单位。具体是指城镇中各风景区、公园、植物园、动物园、街道绿地等各个公共绿地规划设计；公路、铁路、河滨、城市道路以及工厂、机关、学校、部队等一切单位的绿地的规划设计。对于新建城镇、新建单位的绿化规划，要结合总体规划进行，对于改造的城镇和原来单位的绿化规划，要结合实际城镇改造统一进行。

三、园林景观规划设计的依据

园林景观规划设计的最终目的是要创造出景色如画、环境舒适、健康文明的游憩境域。一方面，景观是反映社会意识形态的空间艺术，景观要满足人们精神文明的需要；另一方面，景观又是社会的物质福利事业，是现实生活的实境。所以，园林景观规划设计还要满足人们良好休息、娱乐的物质文明需要。

（一）科学依据

如工程项目的科学原理和技术，包括生物科学、建筑学及水、土科学等。在任何景观艺术创作的过程中，要依据工程项目的科学原理和技术要求进行。如在景观中，要依据设计要求结合原地形进行景观的地形和水体规划。设计者必须对该地段的水文、地质、地貌、地下水位、北方的冰冻线深度、土壤状况等资料进行详细了解。可靠的科学依据为地形改造、水体设计等提供物质基础，避免产生水体漏水、土方塌陷等工程事故。种植各种花草、树木也要根据植物的生长要求、生物学特性，根据不同植物的喜阳、耐荫、耐旱、怕涝等不同的生态习性进行配植。一旦违反植物生长的科学规律，必将导致种植设计的失败。景观建筑、景观工程设施更有严格的规范要求。景观规划设计关系到科学技术方面的很多问题，有水利、土方工程技术方面的，有建筑科学技术方面的，也有景观植物、动物方面的生物科学问题。所以，景观设计的首要问题是要有科学依据。

（二）社会需要

如游憩功能，景观是属于上层建筑范畴，它要反映社会意识形态，为了广大人民群众的精神与物质文明建设服务。《公园设计规范》指出，景观是完善城市四项基本职能中游憩功能的基地。所以，景观设计者要了解广大人民群众的心态，了解人民群众在公园开展活动的要求，创造出能满足不同年龄、不同兴趣爱好、不同文化层次的游人需要的景观，面向大众，面向人民。

（三）功能要求

功能（分区）决定设计手法，景观设计者要根据广大群众的审美要求、功能要求、活动规律等方面的内容，创造出景色优美、环境卫生、具有情趣爱好、舒适方便的景观空间，满足游人的游览、休息和开展健身娱乐活动的功能要求。景观规划设计空间应当富于诗情画意，处处茂林修竹，绿草如茵，繁花似锦，山清水秀，鸟语花香，令游人流连忘返。不同的功能分区，选用不同的设计手法。如儿童活动区，要求交通便捷，一般要靠近主要出入口，并要结合儿童的心理特点，该区的景观建筑造型要新颖，色彩要鲜艳，空间要开朗，形成一派生机勃勃、充满活力、欢快的景观气氛。

（四）经济条件

有限投资条件下，发挥最佳设计技能。经济条件是景观设计的重要依据。经济是基础，同样一处景观绿地，可有不同的设计方案，采用不同的建筑材料、不同规格的苗木、不同的施工标准，将需要不同的建园投资。当然，设计者应当在有限的投资条件下，发挥最佳设计技能，节省开支，创造出最理想的作品。

综上所述，一项优秀的景观作品，必须做到科学性、社会性、功能性、经济性和艺术性紧密结合、相互协调、全面运筹，争取达到最佳的社会效益、环境效益和经济效益。

四、园林景观规划设计的基本程序

（一）设计前期准备

① 了解并掌握各种外部条件和客观情况的资料。

② 对现场进行调研，收集信息。

③ 明确工程的性质、甲方的要求、投资规模以及使用的性质等。

（二）概念方案设计

① 对设计的主题概念和整体风格特征予以定位，对基地做功能、空间、交通流线、景观节点等的总体布局设计。人们对景观有一种精神思想上的要求，借助景观的造型、色彩、肌理、材料以及空间表达某种特定的精神含义，渲染某种特定的气氛。这种景观往往需要一种主题，如历史主题、纪念主题、民俗主题、宗教主题。

② 此阶段设计成果文件包括规划设计说明、景观规划总平面图、功能分析图、交通系

统分析图、景观分析图、重要景点手绘效果图、铺装示意图、灯具示意图、环境小品设施示意图等。

（三）扩初设计（技术设计阶段）

① 扩初设计是指概念方案的具体化阶段，是指在通过概念方案后进一步细化方案设计的过程，是在总体构思的基础上，进行合理的铺装、小品、设施、植物、水体、灯光等的配置，并且反复推敲、比较，再最后确定的过程。

② 扩初设计也是各种技术问题的定案阶段。它包括确定各个部分的具体技术做法以及用材、编制设计概预算等。

③ 此阶段设计成果文件包括设计说明、各分区细化平面图、立面图、剖面图以及表现效果图。

（四）施工图设计

① 设计者对设计项目的最后决策。

② 在技术设计的基础上深化施工方案，并且与其他专业充分协调，综合解决各种技术问题。施工图设计的图纸文件要求表达明晰、确切、周全。

③ 此阶段设计成果文件包括施工图纸说明、平面图、立面图、剖面图、节点大样详图和水电施工图纸。

（五）设计实施

① 项目开始施工，为达到理想效果，设计师要进行跟踪服务。

② 在此阶段设计师的工作主要是技术交底，根据现场情况提供局部修改或补充图纸，和甲方一起进行工程验收，绘制竣工图纸。

任务二　园林景观规划设计类型认知

园林景观规划设计分为四大类：硬质环境设计，软质环境设计，环境景观小品设计，环境景观设施设计。

一、硬质环境设计

硬质环境设计，从字面意思上讲，主要是指环境景观中材质比较硬的、可变性比较小的建筑物。如硬质铺地部分、树池部分、阶梯部分、山石造景部分等。

（一）硬质铺地部分

硬质铺地部分包括小区园路、广场、活动场地、建筑地坪等。硬质环境铺地在小区环境中具有住宅小区硬质环境铺地的性质，是指用各种材料进行的地面铺砌装饰。

1. 小区硬质环境铺地的作用

① 具有分隔空间和组织空间，并将各个绿地空间联系成一个整体的作用。

② 具有组织小区道路交通流线和引导景观视点的作用。

③ 为小区居民提供一个良好的休息、娱乐、运动的场地空间。

④ 小区的铺地可以直接创造优美的场面景观。

2. 小区铺地的艺术要素

所有大自然中的美丽环境几乎都是由点、线、面、体和不同材质的纹理构成的。小区环境配上构筑自身的不同纹理效果和丰富多彩的搭配，整个小区环境就显得美丽和谐。

3. 小区硬质铺地的常见类型

有现浇混凝土路面、沥青混凝土路面、砖铺地、天然石材铺地、木料铺地及其他硬质铺地。

（二）树池

树池是指环境景观中树木生长所需要的最基本空间，树高、胸径、根系大小决定所需要树池的大小。

1. 树池铺设的作用

树池可在以下几方面保护现有树木和新种植物。

① 它能明确划出一个保护区，防止主根附近的土壤被压实。

② 经过处理的保护树面层可形成一个集水区，有利于灌溉；也可在树的种植坑内安放灌溉水管，以强化灌溉。

③ 保护树面层所填充的铺面材料可以是疏松的方石、多孔的砌块以及美丽的鹅卵石等，它们都有利于树木的生长和树根的扩散。

④ 现代环境景观中出现了多种新型树坑以及树干周围的疏铺面层或格栅，它们既可起到很好的保护作用，又对整体景观起到美化作用。

2. 树池的种类

树池的种类包括平树池、高树池、可坐人树池。

（三）阶梯

在环境景观营建中，对于倾斜度大的地方，以及有高低差的地方，都要设置阶梯。阶梯为环境景观道路的一部分，故阶梯的设计应与道路风格成为一体。在很多情况下，住宅小区环境中的阶梯美学价值远超过实用价值，所以也称之为景梯。

1. 阶梯的作用

① 阶梯是建筑与周边环境的主要联系物。

② 阶梯使景观两点间的距离缩短，而免迂回之苦。

③ 阶梯可令人有步步高升之感，虽费力较多，但其乐足可补偿。

④ 阶梯可使环境景观产生立体感，有利于环境景观的布置美化，并能使环境有宽广的感觉。

⑤ 由于阶梯产生规律性运动的韵味及阴影的效果，从而使环境景观呈现出音乐与色彩的韵律。

2. 阶梯的基本构成

阶梯一般由梯面、踏面、平台等构成。有的阶梯在达到一定高度后，还应设有护栏。

3. 阶梯的设计要点

① 台阶既可以与坡地平行，也可以与坡地以适当的角度相交，或二者兼有之。

② 台阶的级数取决于高差以及可利用的水平宽度。

③ 在台阶的设计上，必须注意应有一种节奏感，才会使行人觉得舒适和安全。

④ 踏面的横宽也是随环境的不同而异，台阶踏面宽度不应小于 35cm，而且踏面的长度不应小于所连道路的宽度。

⑤ 每一个踏步的踏面都应该有 1‰ 的向外倾斜坡度的高差，这样做是为了确保不在踏面上积水。

⑥ 如果设计施工的台阶主要是为老年人或残疾人服务或者台阶踏步一侧的垂直距离超过 60cm 时，应设计扶手。

（四）山石造景

1. 山石造景材料

山石造景是中国古典景观造园的四大要素之一。山石造景的材料有两大类：一类是天然的山石材料；还有一类是以水泥混合浆、钢丝网或 GRC 作材料。

2. 常用的天然石材种类

常用的天然石材主要有：湖石，石灰岩；黄石，细沙岩；石英，石灰岩；斧劈石，沉积岩；石笋石，竹叶状灰岩；千层石，沉积岩。

3. 山石造景要点简述

① 山石的选用以及用料、做法必须符合不同环境景观总体规划要求。

② 在同一地点，不要多种山石混用。否则在堆叠时，不易做到质、色、纹、面、体、姿的协调一致。

③ 假山山石的堆叠造型有传统的十二大手法，即安、接、挎、悬、斗、卡、连、垂、剑、拼、挑、撑。假山营建注重的是崇尚自然，朴实无华。要求的是整体效果，而不是孤石观赏。

④ 基础要可靠，结构要稳固。由于假山荷重集中，所以要做可靠基础。要求基土硬实，无流沙、淤泥、杂质松土。对于护岸石，为节约投资，在水下或泥土下面 10～20cm 的部分，一般可用毛石砌筑。

⑤ 采用天然石料与人工材料配合造型的景点，在施工困难的转折、倒挂处和人视觉一般接触不到的地方使用人造假山，往往可以少占空间，减轻荷重，而且整体效果好。

4. 山石造景手法

山石造景手法主要有孤景赏石、峭壁景石、散点景石、护岸景石、假石瀑布等。

二、软质环境设计

软质环境设计，从字面意义上讲，主要是指环境景观中材质比较软的、可变性比较大的造景要素。比如水体和植物等造景要素。

（一）水体

构成环境景观的要素虽然有很多，如山、石、水、土、花卉、植物、建筑等。但是，从景观的理论研究证明，在这些要素当中，水是第一吸引人的要素。水也是中国传统山水景观的灵魂，在中国古典景观中，素有"无水不成园"的说法。

1. 水体在环境景观中的作用

① 营造环境景观的作用。

② 组景的作用。

③ 改善环境、调节小环境中气候的作用。

④ 提供体育娱乐活动场所。

⑤ 提供观赏性水生动物和植物所需的生长条件，为生物多样性创造必需的环境。

⑥ 水体还可以提供交通运输和汇集、排泄天然雨水以及防灾用水等。

2. 水体的基本表现形式

任何一个环境景观，无论其规模大小，都可以引入水景。水体在环境景观中的运用大致上可以分为两类，即静态的水和动态的水。

（1）静态的水　静态的水常以面的表现形式出现在环境景观中。其在面的表现形式上又分为规则式水景池、自然式水景池以及小区游泳池三大造景形式，在功能上有观赏、养鱼和娱乐等作用。

（2）动态的水　动态的水在形式上又分为流水、落水、喷泉三大类。

① 流水。流水一般又可分为自然式流水和规则式流水两种。自然式流水是指天然的江、河、湖泊。规则式流水是指采用渠道形式，用砖或天然石材等镶边，彩色砖和釉面砖分砌两侧；或用青石等铺底加以装饰的水体。

② 落水。落水是指利用天然地形的断岩峭壁、陡坡或人工构筑的假山石等形成陡崖梯级，造成水流层层跌落，以此形成瀑布、叠水及溢流等景观。

瀑布又分为自然式、规则式、斜坡式等瀑布。瀑布按其跌落形式分为丝带式瀑布、幕布式瀑布、阶梯式瀑布、滑落式瀑布等。

③ 喷泉。喷泉依靠水的压力通过喷头而形成，造型的自由度大，形态优美。喷泉在环境景观中运用得比较多。

3. 水体在小区环境景观中要注意的问题

在小区环境景观设计中，考虑到需要设计水体的运动时，应注意以下几个方面的问题：首先，需要注意水的流动性；其次，还应注意水与环境的尺度比例关系；另外，水的维护性和安全性在水景中同样重要。

4. 水体设计中设备的配备要点

① 首先确定水的用途，如观赏、戏水、养鱼等。

② 确认是否需要循环装置。

③ 确认是否必须安装过滤装置。

④ 确保设备所需场所和空间。

⑤ 确认水中是否需要照明。

⑥ 搞好管线的连接以及排水问题。

⑦ 防渗水措施等。

（二）植物

随着人们对居住环境的要求越来越高，植物在小区环境中占据了越来越大的位置。

1. 植物在环境景观中的作用

① 空间塑造上的作用。

② 改善环境的作用。

③ 美化环境的作用。

④ 生态方面的作用。

2. 植物造景的艺术原则

植物造景的艺术原则，首先应该了解植物的特性、形状、色彩、纹理以及它们组合时的空间效果，单株树木还应注意其优美的体态及欣赏的形式和部位。其次，设计时还应考虑树木全年使用的有效性、协调性以及树木的生长速度和寿命。主要原则有以下几条：

① 色彩相宜的原则；

② 季相相宜的原则；

③ 因景制宜的原则；

④ 位置相宜的原则。

3. 植物的选择原则

植物的功能是多方面的，所以植物的选择应以发挥其最大功能为准则，应依据环境而选定，而不是仅靠设计者的偏好而定。

① 植物自身。成熟后的规格、生长速度。

② 植物外形。包括植物的分枝特性是垂直、伸展或开放。

③ 色彩变化。包括花期、花色、新芽、果色、果期等变化。

④ 叶的特性。包括质地、叶色、有无落叶、季节变化。

⑤ 根的特性。包括移植难易、根浅或根深。

⑥ 植物的适应性。包括土壤性质、湿度、耐荫性、耐寒性、喜阳性等。

⑦ 维护的特性。包括病虫害、移植、修剪等。

⑧ 市场采购性。包括规格、数量、价格及市场的可供性等。

4. 植物常见的配置方法

①孤植。②对植。③丛植。④群植。⑤林植。⑥列植。⑦环植。⑧篱植。

5. 植物常见景观

（1）花坛 花坛是在低矮的、具有一定几何轮廓的植床或容器内栽植多年生草花，可形成具有艳丽彩色或图案纹样的植物景观。

（2）花境 花境是以多年生草花为主，结合观叶植物和一、二年生草花，沿花园边界或路缘布置而成的一种常见植物景观。

（3）花丛 花丛是直接布置于小区环境景观绿地中，植床无围边材料的小规模化群体景观。

三、环境景观小品设计

景观小品范围十分广泛，它大体上包含了传统意义上的景观建筑小品及景观装饰小品两大类景观内容。

（一）景观小品的功能与设计原则

1. 景观小品的功能

景观小品主要有美化环境功能、使用功能、增添情趣功能、信息传达功能、安全防护功能。

2. 景观小品的设计原则

景观小品设计主要原则包括：与整体环境的协调统一；满足人们的行为需求；满足人们的心理需求；符合人们的审美观；满足人们的文化认同感；注重功能需求；注重使用的安全性；注重小品材料的使用寿命。

（二）景观小品的具体内容及作用

1. 亭

（1）亭的含义 亭是供人休息、赏景的小品性建筑，具有遮阳避雨的功能。

（2）亭的特点　亭的造型相对独立而完整；亭的结构与构造大多比较简单；亭的主要功能是驻足休息、纳凉避雨、纵目眺望；亭在小区环境中的布局位置十分灵活，可独立设置，也可依附于其他建筑物，更可结合山石、水体、大树等充分利用各种奇特的地理基址创造出优美的景观意境。

（3）亭的基础构成　亭一般由台基、台柱、附设物、亭顶四部分组成。

（4）亭的风格　亭在环境景观中的应用大致可分为五大类，有传统中式亭、传统西式亭、日式亭、热带风格亭、现代亭。

2. 廊

（1）廊的含义　廊是作为建筑之间的联系而出现的，一般指屋檐下的过道或独立有顶的过道。

（2）廊的特点　由连续的单元组成。

（3）廊的基本构成形式　从造型上看，廊也是由基础、柱身和屋顶三部分组成的。

3. 雕塑

（1）景观雕塑的设置原则　应考虑环境因素、视线距离、基座设计、雕塑色彩、雕塑材质。

（2）雕塑的分类

① 按雕塑的空间形式分类。包括圆雕、浮雕、透雕等。

② 按雕塑的艺术形式分类。包括具象雕塑、抽象雕塑等。

③ 按雕塑的功能作用分类。包括纪念性雕塑、主题性雕塑、装饰性雕塑、功能性雕塑等。

4. 景桥

（1）景桥的作用　环境景观中的桥通常称为景桥，是环境景观的一个重要组成部分。

（2）景桥的设计要点　体量适宜，形式恰当；考虑全面，选址合理；造型优美，衔接自然；注意安全，合理配置。

（3）景桥的主要类型　有平桥、拱桥、亭桥及廊桥、吊桥与浮桥、旱桥。

5. 塔楼

塔在环境景观中起到标志性、方向性和文化性的作用。

6. 平台

住宅小区环境景观设计中的平台多指临水平台或漂台等。

四、环境景观设施设计

住宅小区景观的设施分为两大类，即服务设施和游乐设施。

（一）服务设施

服务设施顾名思义就是以服务为主的环境景观小品。有户外座椅；禁止车辆入内的竖向路障设施即车挡；电话亭；标牌；服务亭点；垃圾箱；公共厕所。

（二）游乐设施

1. 儿童游乐设施

首先，根据儿童的人体尺寸、动作尺寸、荷重等决定其设施大小；其次，要有新颖的形状与醒目的色彩，并能激发儿童的想象力、创造力；再次，要有充分安全的构造。

2. 儿童游乐设施和器械的分类

有沙坑、戏水池、地坪铺装、游戏墙及迷宫、儿童游乐器械。

任务三 园林景观规划设计的资料调查

一、景观基本情况调查

基本情况是景观资料的重要组成部分，依据已收集的材料在现场调查景观资源分布地点和所及范围的基本情况，并根据开发的要求进行必要的补充调查。

（一）自然地理调查

① 景观的地理位置及面积。

② 景观所属的山系、水系及大地貌区域中的地貌范围、植物带域。

③ 地质年代及地质形成期。

（二）气候调查

① 年平均温度，最高、最低温度及常出现的月、旬、日及冬、夏气候情况。

② 河、湖、海结冰期及结冰厚度。

（三）降水量

① 多年平均降水量。

② 各月降水频率（天数）和降水量。

③ 降水最多和最少的年、月、旬。

④ 暴雨频率及多发的月、旬。

⑤ 降雪的初雪日、降雪日及年内雪日分布，不同地区的积雪厚度，可用于滑雪赏雪的场地情况。

⑥ 暴风雪出现的时间和频率。

⑦ 初霜、降霜日、霜对景物的影响（如红叶）等。

二、森林景观调查

（一）森林资源调查

森林资源调查，在充分利用近期森林资源清查资料的基础上，进行必要的补充调查。查清规划范围内的森林覆盖率，树种组成，林种结构，林龄结构，造林、营林规划及宜林荒山面积。

（二）乔灌木景观调查

① 观赏树种及外观特点调查。

② 叶形、叶色及其景观调查。

③ 花期，花冠（花序）形、色，花量及形成的景观调查。

④ 果形、果色、果量、果期及形成的景观调查。

（三）珍、稀植物调查

① 一、二类保护植物的名称、分布、数量、生长状况的调查。

② 古、大、稀植物数目的名称、分布、数量、生长状况的调查。

③ 特异地形的数目，珍、稀的植物，菌类的名称、分布、数量、特点、生长位置的调查。

对生长现状调查时，应测定最大、最小株的树龄、高度、胸径、干形、冠形、生活习性、发育规律、科学价值及观赏价值。

（四）森林浴林调查

对于森林浴林，除要求有美丽的森林景观外，还应做出以下几方面的调查。

① 森林浴林的空气清新程度，即有毒物质含量、细菌种类及含量、灰尘的含量调查。要求森林浴林不含有毒物质、无菌、无尘。

② 林内树木挥发各种杀菌物质的名称、含量、作用的调查。

③ 林内小气候的调查，要求空气湿润、凉爽、宜人。

④ 林内落叶层厚度、松软程度的调查。

⑤ 风、日光及有关景色调查。如鸟叫蝉鸣、溪流水声、草毯绿茵、果红叶绿等方面。

（五）草地调查

① 草地的位置、面积、坡向坡度、道路的情况调查。

② 草地植物种类、名称、生活习性、观赏特点的调查。

③ 草的密度、叶形、秆形、花色、花期、果形、果色的调查。

（六）特种植物调查

如食用、药用、保健用植物的种类、名称、分布、价值及可采程度的调查。

（七）动物调查

① 常栖和季节性栖息动物的种类、名称、范围、习性、栖息时间的调查。

② 一、二类保护鸟兽的种类、名称、数量、分布、栖息环境、活动规律、地点等的调查。

三、地貌景观调查

（一）山景调查

1. 山景景物类型

① 峰。尖的山顶称峰。

② 峦。圆的山顶称峦。

③ 岭。长条形的山顶。

④ 崮。四周陡峭，顶上平坦的山。

⑤ 悬崖。高而陡的山边、石壁。

⑥ 峭壁。像墙壁一样陡立的山崖。

⑦ 坳。山洼。

⑧ 谷。两山或两块高地之间的夹道。

⑨ 峪。山谷。

⑩ 壑。坑谷、深沟。通路者为谷，不通路者为壑。

⑪ 溶洞。石灰岩山质长期被水蚀所形成的洞。内有石灰岩钟乳石和石笋等。

⑫ 洞府。有水的岩穴称洞，无水者为府。

⑬ 石林。由柱状岩石组成的地形。

⑭ 火山。由地壳内喷出的熔岩及碎屑物堆积而形成的山称火山，有活火山、死火山和休眠火山之分。

⑮ 冰川遗迹。由冰川移动所带来的石块和碎屑物。

⑯ 冰斗。在冰川刨蚀下形成的一种三面陡峭环绕，一面向上敞开的洼地。

⑰ 山冲。三面环山的狭长平地。

⑱ 山坞。地貌复杂的山谷地。

⑲ 岗。山丘的延伸部分，有土岗、石岗之分。

⑳ 阜。土山。

㉑ 峡谷。窄而深的谷地。

㉒ 矶。水边突出的岩石或江河中的石滩。

㉓ 礁。海洋或大江大河中离水面较近的岩石。

㉔ 滩。江、河、湖、海等水边淤积成的平地或水下沙洲。

2. 山景的记载方法

① 山景应按照人们审美的要求，赋予它种种美好的含义，如雄、奇、险、秀、幽、奥、旷等。

② 山景如悬崖、陡壁、奇峰、异石、溶洞等主要记载其名称、位置、数量、海拔高低、山势走向等。

③ 对奇峰异石还应记载分布特点（群状或零星或孤立景物）、体态大小。对溶洞还应记载其深度、宽度、形成的原因、洞内景观特点等。

（二）水体

1. 水景的类型

① 江。大河的通称。

② 河。水道的通称。

③ 湖泊。大型的水面。

④ 海。大洋的一部分，有的湖也叫海。

⑤ 溪涧。山间流水，水流急者为涧，水流缓者为溪。常把溪涧混用。

⑥ 瀑布。从悬崖陡处倾泻而下的水流。

⑦ 泉。地下涌出的水为泉，有涌泉、喷泉、温泉等。

⑧ 沟。小型凹道。

⑨ 水库。在河流、山谷或沟道中筑坝拦水形成的人工湖。

⑩ 潭。深水池。

⑪ 港。江、河、海边可停船的水域。

⑫ 湾。水流弯曲的地方。

⑬ 浦。水边或河流入海处。

⑭ 沼泽。水草丛生的浅水滩。

⑮ 潮汐。海水受月亮或太阳引力的作用，出现定时涨落的现象。早海潮称潮，晚海潮称汐。

⑯ 波涛。大的波浪。

2. 水景的记载

林区水景包括林业场、林业局范围内及与其毗邻的海湾、天然湖与人工湖、潮汐、瀑布、溪流、各种泉水滩地等。

① 海湾、湖泊的位置、海拔、名称、水深、水质、季节变化、水岸景色的调查。

② 瀑布的名称、位置、高度、瀑身特点、水量的季节变化。

③ 海、河、湖滩的名称、位置、形状、组成物质与滩面环境、滩地岩质及坡度、坡向、海拔高度、相对高差、滩面面积与季节变化、洪水期及枯水期、游憩价值。

④ 溪流的名称、位置、长度、发源、坡度比、所属水系、流量、水质、季节水量变化、可否饮用的调查。

⑤ 泉水的名称、位置、年流量、季节变化、水质、有无医疗价值，对温泉还应调查出水口温度及水量等。

四、天象景观调查

天象景观有日、月、星辰、云海、云霞、雷电、宝光、极光、佛光、海市蜃楼等。应记载天象景观的名称、位置、形态、规模、出现的时间等。

五、人文古迹调查

① 文物古迹　有寺庙、道观、庵、墓葬、古塔、书院、古建筑、古代工程、遗物、遗迹、名人题刻、诗词、画卷、神话故事、民间传说及楹联、匾额、壁画、碑刻、摩崖石刻、石窟雕刻等的调查。

② 近代革命遗址、古战场遗址及有纪念意义的工程、造型艺术等调查。

③ 风土人情　如有地方特点的村寨、居民、民间习俗、节日活动、对本地有影响的历史人物及人们朝拜祭祀的山石、悬崖、洞壑等的调查。

对人文景观也应作详细的记载，主要记载其名称、位置、分布、数量、景观特点等。居民情况调查要记载村寨分布及人口数量、民族及服饰、建筑风格、当地居民的饮食结构。风俗习惯调查除记载一般习俗外，还要记载当地有观赏价值的良好风俗习惯。调查记载人文景观中的传说、神话故事、历史故事等。

 复习思考题

1. 景观规划设计的概念及其内涵是什么？

2. 景观规划设计的特点有哪些？

3. 景观规划设计的方法有哪些？

4. 景观规划设计的基本原则是什么？

项目二 园林景观发展史认知

项目导读

　　景观是人类社会发展到一定阶段的产物。世界景观有东方、西亚和希腊三大系统。由于文化传统的差异，东西方景观发展的进程也不相同。东方景观以中国景观为代表，中国景观已有数千年的发展历史，有优秀的造园艺术传统及造园文化精髓，被誉为世界景观之母。中国景观从崇尚自然的思想出发，发展出山水景观。西方古典景观以意大利台地园和法国景观为代表，把景观看作是建筑的附属和延伸，强调轴线、对称，发展出具有几何图案美的景观。到了近代，东西方文化交流增多，景观风格互相融合渗透。

任务一 中国景观发展史认知

中国景观发展主要经历了萌芽期—形成期—发展、转折期—成熟期—高潮期—变革、新兴期。

一、萌芽期

　　中国景观的兴建是从商殷时期开始的，当时商朝国势强大，经济发展也较快。文化上，甲骨文是商代巨大的成就，文字以象形字为主。在甲骨文中就有了园、囿、圃等字，而从园、囿、圃的活动内容可以看出囿最具有景观的性质。在商代，帝王、奴隶主盛行狩猎游乐。囿不只是狩猎的娱乐活动，同时也是欣赏自然界动物活动的一种审美场所。因此说，中国景观萌芽于殷周时期。最初的形式"囿"，是就一定的地域加以设定范围，让天然的草木和鸟兽生长繁育，并挖池筑台，供帝王们狩猎和游乐。

　　春秋战国前期出现了思想领域"百家争鸣"的局面，其中主要有儒、道、墨、法、杂家等。绘画艺术也有相当的发展，开拓了人们的思想领域。当时神仙思想最为流行，其中东海仙山和昆仑山最为神奇，流传也最广。东海仙山的神话内容比较丰富，对景观的影响也比较大。于是模拟东海仙境成为后世帝王苑囿的主要内容。该时期景观建筑从囿向苑转变，其从囿向苑发展的建筑标志为"台苑"。

　　春秋战国后期原来单个的狩猎和娱乐的囿、台发展到城外建苑，苑中筑囿，苑中造台，成为集田猎、游憩、娱乐于一苑的综合性游憩场所。作为敬神通天场所的台，其登高赏景的游憩娱乐功能进一步扩大。苑中筑台，台上再造华丽的楼阁，成为当时景观中一道道美丽的风景线。其中以楚国的章华台、荆台，吴国的姑苏台最为著名。

章华台位于今湖北武汉以西、沙市以东、监利西北的荆江三角洲上，这里水网交织，湖泽密布，自然风景旖旎。据载楚灵王游荆州后，对其之美念念不忘，并决定营造章华台。据汉代文人边让的《章华台赋》描写，这里有甘泉汇聚的池，池中可以荡舟，有遍植香兰的高山。山上有瑶台供瞭望，有馆室，有能歌善舞的美女，有酒池肉林。章华台被后世誉为离宫别苑之冠。经考古发掘，章华台遗址东西长约 2000m，南北宽约 1000m。遗址内有若干大小不一、形状各异的夯土台，许多宫、室、门、阙遗迹清晰可辨。最大的台长 45m，宽 30m，分三层。每层台基上均有残存的建筑物柱基础。每次登临需休息三次，故又称"三休台"。章华台三面为水环抱，为中国古代景观开凿大型水体工程的先河。

二、形成期

秦始皇统一中国后，建立了中央集权的秦王朝封建帝国，开始以空前的规模兴建离宫别苑。这些宫室营建活动中也有景观建设，如《阿房宫赋》中描述的阿房宫"覆压三百余里，隔离天日……长桥卧波，未云何龙，复道形空，不霁何虹"。汉代在台苑的基础上发展出全新完整的景观形式——苑，其中分布着宫室建筑。苑中养百兽，供帝王狩猎取乐，保存了囿的传统。苑中有馆、有宫，成为以建筑组群为主体的建筑宫苑。

上林苑本为秦代营建阿房宫的一处大苑囿，汉武帝时，国力强盛，政治、经济、军事都很强大，此时大造宫苑，把秦的旧苑上林苑加以扩建，地跨五县，周围三百里（1 里 = 500m），"中有苑三十六，宫十二，观三十五"。上林苑东南至蓝田、宜春、鼎湖、御宿、昆吾，傍南山，西至长样、五柞，北绕黄山，濒渭水而东，周袤 200 里。离宫 72 所，皆容千乘万骑。苑中养百兽，天子秋冬射猎取之。苑中掘长池引渭水，东西 200 里，南北 20 里，池中筑土为蓬莱仙境，开创了我国人工堆土的纪录。

建章宫是上林苑中最重要的一个宫城，位于汉长安城西城墙外，今三桥北的高堡子、地堡子一带。其宫殿布局利用有利地形，显得错落有致，壮丽无比。建章宫打破了建筑宫苑的格局，在宫中出现了叠山理水的景观建筑。它在前殿西北开凿了一个名叫太液池的人工湖，高岸环周，碧波荡漾，犹如"沧海之汤汤"。池中有瀛洲、蓬莱、方丈三座仙山，以象征东海中的天仙胜境，并用玉石雕凿"鱼龙，奇禽、异兽之属"，使仙山更具神秘色彩。

三、发展、转折期

魏晋、南北朝时期的景观属于景观史上的发展、转折期。这一时期是历史上的一个大动乱时期，是思想、文化、艺术上有重大变化的时期。这些变化引起景观创作的变革。西晋时已出现山水诗和游记。起初，对自然景物的描绘，只是用山水形式来谈玄论道。到了东晋，例如在陶渊明的笔下，自然景物的描绘已是用来抒发内心的情感和志趣。反映在景观创作中，则追求再现山水，有若自然。南朝地处江南，由于气候温和，风景优美，山水园别具一格。这个时期的景观因挖池构山而有山有水，结合地形进行植物造景，因景而设景观建筑。北朝对于植物、建筑的布局也发生了变化。如北魏官吏茹皓营华林园，"经构楼馆，列于上下。树草栽木，颇有野致"。从这些例子可以看出南北朝时期景观形式和内容的转变。景观形式从粗略地模仿真山真水转到用写实手法再现山水；景观植物由欣赏奇花异木转到种草栽树，追求野致；景观建筑不再徘徊连属，而是结合山水，列于上下，点缀成景。南北朝时期景观是山水、植物和建筑相互结合组成山水园。该时期的景观可称作自然（主义）山水园或写意山水园。

华林园原称为芳林园，后因避齐王曹芳之讳而改名华林园。《魏略》载，景初元年（237年），曹魏明帝在东汉旧苑基础上重新建华林园。起土山于华林园西北，使公卿群僚皆负土成山，树松林杂木芳草于其上，捕山禽野兽置其中。园的西北面以各色文石堆筑为土石山——景阳山，山上广种松竹。东南面的池可能就是东汉天渊池的扩大，引来水绕过主要殿堂之前而形成完整的体系，创设各种水景，提供舟行游览之便，这样的人为地貌基础显然已有全面缩移大自然山水景观的意图。流水与禽鸟雕刻小品结合与机枢而做成各式小戏，建高台"凌云台"以及多层的楼阁，养山禽杂兽，殿宇森列并有足够的场地进行上千人的活动，甚至表演"鱼龙漫延"的杂技。另外，"曲水流觞"的园景设计开始出现在景观中，为后世景观效法。

佛寺丛林和游览胜地开始出现。南北朝时期佛教兴盛，广建佛寺。佛寺建筑可用宫殿形式，宏伟壮丽并附有庭园。尤其是不少贵族官僚以舍宅为寺，原有宅院成为寺庙的景观部分。很多寺庙建于郊外，或选山水胜地进行营建。这些寺庙不仅是信徒朝拜进香的胜地，而且逐步成为风景游览的胜区。五台山、峨眉山的佛寺、道观选址最具特色。此外，一些风景优美的胜区，逐渐有了山居、别业、庄园和聚徒讲学的精舍。这样，自然风景中就渗入了人文景观，逐步发展成为今天具有中国特色的风景名胜区。

五台山位于山西五台县东北角，由五座山峰环抱而成。五峰高耸，峰顶平坦宽阔，如垒土之台，故名五台山。五台各有其名，东台望海峰，西台挂月峰，南台锦绣峰，北台叶斗峰，中台翠岩峰。山中气候寒冷，每年四月解冻，九月积雪，台顶坚冰累年，盛夏气候凉爽，故又名清凉山。山上长满松柏和松栎、桦等混交林，清泉长流，鸟兽来往频繁，充满天然野趣。

峨眉山位于四川省西南部，因山势"如螓首峨眉，细而长，美而艳"，故名峨眉山。整个山脉峰峦起伏，重岩叠翠，气势磅礴，雄秀幽奇。山麓至峰顶五十多千米，石径盘旋，直上云霄。山深林幽，野趣横生。

四、成熟期

中国景观在隋、唐时期达到成熟，该时期的景观主要有：隋代山水建筑宫苑；唐代宫苑和游乐地；唐代自然景观式别业山居；唐、宋写意山水园；北宋山水宫苑。

1. 隋代山水建筑宫苑

隋炀帝杨广即位后，在洛阳大力营建宫殿苑囿。别苑中以西苑最著名，西苑的风格明显受到南北朝自然山水园的影响，采取了以湖、渠水系为主体，将宫苑建筑融于山水之中的方式。这是中国景观从建筑宫苑演变到山水建筑宫苑的转折点。

2. 唐代宫苑和游乐地

唐代国力强盛，长安城宫苑壮丽。大明宫北有太液池，池中蓬莱山独踞，池周建回廊400多间。兴庆宫以龙池为中心，围有多组院落。大内三苑以西苑为最优美。苑中有假山，有湖池，渠流连环。

大明宫初是唐太宗为其父高祖李渊专修的"清暑"行宫，而后成为唐王朝的主要朝会之地。"大明宫在禁苑东南，西接宫城之东北隅"。《唐两京城坊考》记其南北五里，东西三里，为长安在大内中规模最大的一组宫殿群。大明宫其平面布局相对对称，建筑物错落有致，较显灵活变化。但从大的方面仍采用"前朝后寝"的传统建筑设计思想。《唐两京城坊考》载，大明宫中有26门、40殿、7阁、10院及楼台堂观池亭等，各种建筑百余处，是长安规模最大、建筑物最多的宫殿建筑群。其东内苑绿化以梧桐和垂柳为主，桃李为辅，所谓"春风桃李花开日，秋雨梧桐落叶时"。太液池是大明宫的主要景观建筑之一。它位于大明宫北面的中部，在龙首原北坡的平地低洼处，池周建有回廊百间，使其绿水弥漫，殿廊相连。池中筑有蓬莱山，山上遍种花木，犹以桃李繁盛，湖光山色。太液池碧波荡漾，成为宫苑中的景观风景区。大明宫之大，建筑之多，景观之胜，得到不少文人雅士的赞叹歌咏。

3. 唐代自然景观式别业山居

盛唐时期，中国山水画已有很大发展，出现了即兴写情的画风。景观方面也开始有体现山水之情的创作。盛唐诗人、画家王维在蓝田县天然胜区，利用自然景物，略施建筑点缀，经营了辋川别业，形成既富有自然之趣，又有诗情画意的自然景观。中唐诗人白居易游庐山，见香炉峰下云山泉石胜绝，因置草堂，建筑朴素，不施朱漆粉刷。草堂旁，春有绣谷花（映山红），夏有石门云，秋有虎溪月，冬有炉峰雪，四时佳景，收之不尽。这些景观创作反映了唐代自然式别业山居，是在充分认识自然美的基础上，运用艺术和技术手段来造景、借景而构成优美的景观境域。

4. 唐、宋写意山水园

从《洛阳名园记》一书中可知唐、宋宅园大都是在面积不大的宅旁地里，因高就低，掇山理水，表现山壑溪流之胜。点景起亭，览胜筑台，茂林蔽天，繁花覆地，小桥流水，曲径通幽，巧得自然之趣。这种根据造园者对山水的艺术认识和生活需求，因地制宜地表现山水真情和诗情画意的园，称为写意山水园。

5. 北宋山水宫苑

北宋时建筑技术和绘画都有发展，出版了《营造法式》。政和七年，宋徽宗赵佶始筑万岁山，后更名为艮岳，岗连阜属，西延平夷之岭，有瀑布、溪涧、池沼形成的水系。在这样一个山水兼胜的境域中，树木花草群植成景，亭台楼阁因势布列。这种全景式的表现山水、植物和建筑之胜的景观，就是山水宫苑。

五、高潮期

元、明、清时期，景观建设取得长足发展，出现了许多著名景观。三代都建都北京，完成了西苑三海（三海即北海、中海、南海）建设，达到景观建设的高潮期。

当时京城西郊的"三山五园"名闻天下，所谓"三山五园"是指万寿山、香山、玉泉山和圆明园、畅春园、静宜园（今颐和园）、静明园（玉泉山）、清漪园（香山）。

元、明、清是我国景观艺术的集成时期。元、明、清景观继承了传统的造园手法并形成了具有地方风格的景观特色。北方以北京为中心的皇家景观，多与离宫结合建于郊外，少数建在城内，或在山水的基础上加以改造，或是人工开凿兴建，建筑宏伟浑厚，色彩丰富，豪华富丽。南方苏州、扬州、杭州、南京等地的私家景观，如苏州拙政园，多与住宅相连，在不大的面积内追求空间艺术变化，风格素雅精巧，因势随形创造出了"咫尺山林，小中见大"的景观效果。

元、明、清时期造园理论也有了重大发展，其中比较系统的造园著作就是明末计成的《园冶》。书中提到了"虽由人作，宛自天开""相地合宜，造园得体"等主张和造园手法，为我国造园艺术提供了珍贵的理论基础。

从鸦片战争到中华人民共和国建立这段时期，中国景观发生的变化是空前的。景观为公众服务的思想、把景观作为一门科学的思想得到了发展。辛亥革命后，北京的皇家园囿和坛庙陆续开放为公园，供公众参观。许多城市也陆续兴建公园，如广州的中央公园、重庆中央公园、南京的中山陵等新景观。到抗日战争前夕，在全国已经建有数百座公园。抗日战争爆发直至 1949 年，各地的景观建设基本上处于停顿状态。

六、变革、新兴期

这一时期的景观主要是指 1949 年中华人民共和国建立以后营建、改建和整理的城市公园。新中国成立后，党和政府非常重视城市景观绿化建设事业，把它视为现代文明城市的标志。50 多年来城市景观绿化得到了前所未有的发展，取得了空前的成就。截至 1959 年全国的绿地面积达 128000hm²。但是由于认识上的原因，在发展的过程中也走过了一条曲折的道路。

20 世纪 80 年代以来，随着改革开放的发展，我国把景观绿化事业提高到两个文明建设的高度来抓，制定了一系列方针政策，景观绿化事业恢复到了应有的地位，展现出了一派欣欣向荣的局面，走上了健康发展的道路。城市公园建设正向纵深发展，新公园的建设和公园景区、景点的改造、充实、提高同步进行，小园和园中园的建设得到重视，出现了一批优秀景观作品，受到广大群众的欢迎。如北京的双秀园、雕塑公园、陶然亭公园中的华夏名亭园、紫竹院公园，上海的大观园，南京的药物园，洛阳的牡丹园等，都取得很大成功。在公园建设中，以植物为主造园越来越受到重视，用植物的多彩多姿塑造优美的植物景观，体现了生态、审美、游览、休息等多种功能。

陶然亭公园占地 59 万平方米，由东湖、西湖、南湖和沿岸 7 座小山组成，其中水面约占三分之一。园中有一园中园，名为华夏名亭园。陶然亭公园山清水秀，花红柳绿，湖光山色，小桥流水，游艇荡漾，陶然心醉。

上海大观园建成于 1988 年，景区占地面积 1500 亩（1 亩 = 666.67m²），另有内河水面 300 余亩。西部是根据中国古典文学名著《红楼梦》的意境，运用中国传统景观艺术手法建造的大型仿古景观"大观园"，建筑面积 8000m²，有大观楼（省亲别墅）、怡红院、潇湘馆等 40 余处大小景点，兼具江南景观精致秀丽与北方皇苑宏伟壮观的风格气派。

大观园东部的"梅坞春浓""柳堤春晓""金雪飘香""群芳争艳"等景点植有花木三十四万株，景区处处绿树成荫，繁花似锦。

总之，改革开放几十年来，我国景观绿化事业得到蓬勃发展，成果丰盛。根据《中国城市建设统计年鉴》和《城乡建设统计公报》数据显示，我国城市绿地面积从 2006 年的 132.12 万公顷增长至 2015 年的 266.96 万公顷，增长了 102.06％；城市建成区绿化覆盖率从 2006 年的 35.11％提高到 2015 年的 40.12％，增长了 5 个百分点。我国城市园林绿地面积不断上升，公共园林绿化投资额不断增加，为市政园林工程企业提供了广阔的市场空间。

任务二　外国景观发展历史认知

一、外国古代景观

外国古代景观根据其历史的悠久程度、风格特点及对世界景观的影响，具有代表性的有日本庭园景观、古埃及与西亚景观、欧洲景观。

（一）日本庭园景观

日本气候湿润多雨，山清水秀，为造园提供了良好的客观条件。日本人崇尚自然，喜好户外活动。中国的造园艺术传入日本后，经过长期实践和创新，形成了日本独特的景观艺术。

日本历史上早期虽有掘池筑岛，在岛上建造宫殿的记载，但主要是为了防御外敌和防范火灾。后来，在中国文化艺术的影响下，庭园中出现了游赏的内容。钦明天皇十三年（552年），佛教东传，中国景观对日本的影响扩大。日本宫苑中开始造须弥山、架设吴桥等，朝廷贵族纷纷建造宅园。20世纪60年代，平城京考古发掘表明，奈良时代的庭园已有曲折的水池，池中设岩岛，池边置叠石，池岸和池底敷石块，环池疏布屋宇。平安时代前期庭园要求表现自然，贵族别墅常采用以池岛为主题的"水石庭"。到平安时代后期，贵族宅邸已由过去具有中国唐朝风格的左右对称形式发展成为符合日本习俗的"寝造殿"形式。这种住宅前面有水池，池中设岛，池周布置亭、阁和假山，是按中国蓬莱海岛（一池三山）的概念布置而成的。在镰仓时代和室町时代，武士阶层掌握政权后，武士宅园仍以蓬莱海岛式庭园为主。由于该时期禅宗兴盛，在禅与画的影响下，枯山水式庭园发展起来。这种庭园规模一般较小，园内以石组为主要观赏对象，而用白砂象征水面和水池，或者配置以简素的树木。在桃山时期多为武士家的书院庭园和随茶道发展而兴起的茶室和茶亭。江户时期发展起来了草庵式茶亭和书院式茶亭，特点是在庭园中各茶室间用"回游道路"和"露路"连通，一般都设在大规模景观之中，如修学院离宫、桂离宫。

枯山水式庭园是源于日本本土的缩微式景观，多见于小巧、静谧、深邃的禅宗寺院。在其特有的环境气氛中，细细耙制的白砂石铺地、叠放有致的几尊石组，就能对人的心境产生神奇的力量。它同音乐、绘画、文学一样，可表达深沉的哲理，而其中的许多理念便来自禅宗道义，这也与古代大陆文化的传入息息相关。

公元6世纪，日本开始接受佛教，并派一些学生和工匠到古代中国，学习内陆艺术文化。13世纪时，源自中国的另一支佛教宗派禅宗在日本流行，为反映禅宗修行者所追求的苦行及自律精神，日本景观开始摒弃以往的池泉庭园，而是使用一些如常绿树、苔藓、沙、砾石等静止、不变的元素，营造枯山水式庭园，园内几乎不使用任何开花植物，以期达到自我修行的目的。

此禅宗庭院内，树木、岩石、天空、土地等常常是寥寥数笔即蕴涵着极深寓意，在修行者眼里它们就是海洋、山脉、岛屿、瀑布，一沙一世界，这样的景观无异于一种精神景观。后来，这种景观发展臻于极致——乔灌木、小桥、岛屿甚至景观中不可缺少的水体等造园惯用要素均——剔除，仅留下岩石、耙制的沙砾和自发生长于荫蔽处的一块块苔地，这便是典型的、流行至今的日本枯山水式庭园的主要构成要素。而这种枯山水式庭园对人精神的震撼力也是惊人的。

明治维新以后，随着西方文化的输入，在欧美造园思想的影响下，日本庭园出现了新的转折。一方面，庭园从特权阶层私有专用转为开放公有，国家开放了一批私园，也新建了大批公园；另一方面，西方的园路、喷泉、花坛、草坪等也开始在庭园中出现，使日本景观除原有的传统手法外，又增加了新的造园技艺。日本庭园的种类主要有林泉式、筑山庭、平庭、茶庭和枯山水。

（二）古埃及与西亚景观

埃及与西亚邻近，埃及的尼罗河流域与西亚的幼发拉底河、底格里斯河流域同为人类文明的发源地，景观出现也最早。

埃及早在公元前 4000 年就进入了奴隶制社会，到公元前 28 世纪至公元前 23 世纪，形成法老政体的中央集权制。法老（即埃及国王）死后兴建金字塔作王陵，即墓园。金字塔浩大、宏伟、壮观，反映出当时埃及的科学与工程技术已很发达。金字塔四周布置规则对称的林木；中轴为笔直的祭道，控制两侧均衡；塔前留有广场，与正门对应，营造庄严、肃穆的气氛。奴隶主的私园以绿荫和湿润的小气候作为追求的主要目标，以树木和水池作为主要内容。

西亚地区的叙利亚和伊拉克也是人类文明的发祥地之一。早在公元前 3500 年时，已经出现了高度发达的古代文化。奴隶主在宅园附近建造各式花园，作为游憩观赏的乐园。奴隶主的私宅和花园一般都建在幼法拉底河沿岸的谷地草原上，引水注园。花园内筑有水池或水渠，道路纵横方直，花草树木充满其间，布置得非常整齐美观。基督教《圣经》中记载的伊甸园被称为"天国乐园"，就在叙利亚首都大马士革城附近。在公元前 2000 年的巴比伦、亚述或大马士革等西亚地区有许多美丽的花园。尤其距今两千多年的新巴比伦王国宏大的都城有五组宫殿，不仅异常华丽壮观，而且在宫殿上建造了被誉为世界七大奇观之一的"空中花园"。

空中花园估计位于距离伊拉克首都巴格达大约一百公里附近，于幼发拉底河东面，在堪称四大文明古国巴比伦最兴盛时期——尼布甲尼撒二世时代（公元前 605—前 562 年）所建。它建于皇宫广场的中央，是一个四角锥体的建筑，堆起纵横各 400m、高 15m 的土丘，每层平台就是一个花园，由拱顶石柱支撑着，台阶上铺上石板、草、沥青、硬砖及铅板等材料，目的是为了防止上层水分的渗漏，同时泥土的土层也很厚，足以使大树扎根；虽然最上方的平台只有 60m² 左右，但高度却远大于 105m（相当于 30 层楼建筑物），因此远看就仿似一座小山丘。

同时，尼布甲尼撒王更在花园的最上面建造大型水槽，通过水管随时供给植物适量的水分。有时候也用喷水器降下人造雨；在花园的低洼部分建有许多房间，从窗户可以看到成串滴落的水帘。即使在炎炎盛夏，也感觉到非常凉爽。在长年平坦干旱只能生长若干耐阳灌木的土地上，出现令人感叹的绿洲。撰写奇观的人说："那是尼布甲尼撒王的御花园，离地极高，土高过头顶，高大树木的根系由跳动的喷泉滴出水滴浇灌。"公元前 3 世纪菲罗曾记述"园中种满树木，无愧山中之国，其中某些部分层层叠长，有如剧院一样，栽种密集枝叶扶疏，几乎树树相触，形成舒适的遮阴，泉水由高高喷泉涌出，先渗入地面，然后再扭曲旋转喷发，通过水管冲刷旋流，充沛的水分滋润树根土壤，永远保持滋润。"

空中花园作为一种精巧华丽的古代建筑是出类拔萃的，仅仅是成功地采用了防止高层建筑渗水及供应各平台用水的供水系统就足以令它名扬千古了。

西亚的亚述有猎苑，后来演变成游乐的林园。巴比伦、波斯气候干旱，重视水的利用。波斯庭园的布局多以位于十字形道路交叉点上的水池为中心，这一手法为阿拉伯人继承下来，成为伊斯兰景观的传统，流行于北非、西班牙、印度，传入意大利后，演变为各种水法，成为欧洲景观的重要内容。

伊斯兰景观中富有特色的十字形水渠体现了"水、乳、酒、蜜"四条河流汇集的概念。

伊斯兰景观往往以水池和水渠划分庭院，水缓缓流动，发出轻微的声音，建筑物大都通透开敞，使景观蕴含一种深沉、幽雅的气氛；矩形水池、绿篱、下沉式花圃、道路均按中轴对称形式分布。几何对称式布局、精细的图案和鲜艳的色彩，形成伊斯兰景观的基本特征。

（三）欧洲景观

古希腊是欧洲文化的发源地。古希腊的建筑、景观开欧洲建筑、景观之先河，直接影响着罗马、意大利及法国、英国等国的建筑、景观风格。后来英国吸取了中国山水园的意境，融入造园之中，对欧洲造园也有很大影响。

公元前3世纪，希腊哲学家伊壁鸠鲁在雅典建造了历史上最早的文人园，利用此园对门徒进行讲学。公元5世纪，希腊人渡海东游，从波斯学到了西亚的造园艺术，最终发展成了柱廊园。希腊的柱廊园对波斯在造园布局上结合自然的形式进行了改进，而变成喷水池占据中心位置的布局，使自然符合人的意志，成为有秩序的整形园。柱廊园把西亚和欧洲两个系统的早期庭园形式与造园艺术联系起来，起到了过渡桥的作用。

古罗马继承希腊庭园艺术和亚述林园的布局特点，发展成了山庄景观。欧洲中世纪时期，封建领主的城堡和教会的修道院中建有庭园。修道院中的园地同建筑相结合，如在教士住宅的柱廊环绕的方庭中种植花卉，在医院前辟设药铺，在食堂厨房前辟设菜圃，此外，还有果园、鱼池、游憩的园地等。在今天，欧洲一些国家还保存有这种传统。

在文艺复兴时期，意大利的佛罗伦萨、罗马、威尼斯等地建造了许多别墅景观。以别墅为主体，利用意大利的丘陵地形，开辟成整齐的台地，逐层配置灌木，并修剪成图案式的植坛，顺山势利用各种水法（流泉、瀑布、喷泉等），外围是树木茂密的林园。这种景观统称为意大利台地园。台地园在地形整理、植物修剪艺术和水法技法方面都有很高的成就。法国继承和发展了意大利的造园艺术。1638年法国人布阿依索写成西方最早的景观专著《论造园艺术》。他认为："如果不加以条理化和安排整齐，那么，人们所能找到的最完美的东西都是有缺陷的。"17世纪下半叶，法国造园家勒诺特尔提出要"强迫自然接受匀称的法则"。他主持设计的凡尔赛宫苑，根据法国这一地区地势平坦的特点，开辟大片草坪、花坛、河渠，创造了宏伟华丽的景观风格，被称为勒诺特尔风格，各国竞相效仿。

18世纪欧洲文学艺术领域中兴起了浪漫主义运动。在这种思潮的影响下，英国开始欣赏纯自然之美，重新恢复传统的草地、树丛，于是产生了自然风景园。初期的自然风景园对自然美的特点还缺乏完整的认识。18世纪中叶，中国景观造园艺术传入英国。18世纪末，英国造园家雷普顿认为自然风景园不应任其自然，而要加工，以充分显示自然的美而隐藏它的缺陷。他并不完全排斥规则式布局形式，在建筑与庭园相接地带也使用行列栽植的树木，并利用当时从美洲、东亚等地引进的花卉丰富景观色彩，把英国自然风景景观推进了一步。自17世纪开始，英国把贵族的私园开放为公园。18世纪以后，欧洲其他国家也纷纷效法。

二、外国近、现代景观

17世纪中叶，欧洲政权把大大小小的宫苑和私园都向公众开放，并统称之为公园。这就为19世纪欧洲各大城市产生一批数量可观的公园打下了基础。

此后，随着近代工业的发展，城市逐步扩大，人口大量增加，污染日益严重。在这样的历史条件下，当政者对城市也进行了某些改善，新辟一些公共绿地并建设公园就是其中的措施之一。然而，在真正意义上进行设计和营造的公园则始于美国纽约的中央公园，1858年，政府通过了由欧姆斯特德和他的助手沃克斯合作设计的公园设计方案，并根据法律在市中心划定了一块约 340hm² 的土地作为公园用地。在市中心保留这样大的一块公园用地是基于这样一种考虑，即将来的城市不断发展扩大后，公园会被许多高大的城市建筑所包围。为了使市民能够享受到大自然和乡村景色的气息，在这块较大面积的公园用地上，可创作出乡村景色的片段，并可把预想中的建筑实体隐蔽在园界之外。因此，在这种规划思想的指导下，整个公园的规划布局以自然式为主，只有中央林荫道是规则式的。纽约中央公园的建设成就受到了社会的瞩目和赞赏，从而影响了世界各国，推动了城市公园的发展。但是，由于各国地理环境、社会制度、经济发展、文化传统以及科技水平的不同，在公园规划设计的做法与要求上表现出较大的差异性，呈现出不同的发展趋势。

任务三　园林景观的发展前景

一、园林景观的功能

随着城市工业化和现代化的日趋发展，随之而来的工矿企业的"三废"污染严重地破坏了人居环境，威胁着居民的身心健康。科学家和景观专家曾多次提出，将森林引入城市，让森林发挥其生态功能，以改善城市日益严重的环境污染。景观的基本功能作为现代城市建设范畴的城市景观绿化，其出发点和归宿点都应落实在有利于促进城市居民的身心健康这一目标上。所谓身健康，就是城市景观绿化首先应产生良好的生态效益，使城市生态环境得到最有效的改善，从而有利于人们的身体健康；所谓心健康，就是城市景观绿化应该给人们美的视觉享受，并且通过城市景观绿化的展现，使人们感受到城市色彩的丰富绚丽，品味到城市特有的人文风貌与历史脉络，从而使人们获得心灵的满足。因此，城市景观绿化的根本目的决定了它应充分发挥出以下两方面的功能。

（一）改善城市生态环境

城市绿地系统是城市中唯一有生命的基础设施，在保持城市生态系统平衡、改善城市环境质量方面，具有其他设施不可替代的功效，是提高城市居民生活质量的一个必不可少的依托条件。城市景观绿化通过植树、种灌、栽花、培草、营造建筑和布置园路等过程，不仅要提高城市的绿地率，也要充分利用立体多元的绿色植被的生态效应，包括吸音除尘、降解毒物、调节温湿度，有效降低城市污染的程度，改善城市生态环境，使城市环境质量达到清洁、舒适、优美、安全的要求，从而为市民创造出一个良好的城市生活空间。但草坪的生态功能有限，只相当于森林的 1/25。光靠草坪来改善生态、改善环境是不够的。相比起来，景观上有高大的乔木，中有低矮的灌木林，地面上是草本地被植物，其生态和环境价值就要高得多。国际上以"城市之肺"来比喻森林对城市的作用。由城市森林构造的"肺部"吸纳的是尘土、废气、噪声等污染物，呼出的是氧气和水分。城市森林是提高城市居民生活质量的必要条件。因此，城市景观绿化要把改善城市生态环境作为首要功能。

（二）美化市容，充分烘托城市环境的文化氛围

城市景观绿化根据不同城市的自然生态环境，把大量具有自然气息的花草树木引进城

市，按照景观手法加以组合栽植，同时将民俗风情、传统文化、宗教、历史文物等融合在景观绿化中，营造出各种不同风格的城市绿化景观，从而使城市色彩更丰富，外观更美丽，并且通过不同绿化景观的展现，充分体现出城市的历史文脉和精神风貌，使城市更富文化品位。森林绿量是草坪的 3 倍。据测定，同样面积的乔、灌、草复层种植结构的森林，其植物绿量约为单一草坪的 3 倍，因而其生态效益也明显优于单一草坪。因此，为了提高土地的有效利用率并达到最佳的生态效益，最大限度地改善人居环境，乔、灌、草的合理配置和有机结合的绿化方式是最优选择模式。而且森林具有良好的参与性能，人们可在森林中尽享鸟语花香、尽情休闲娱乐，使人与自然和谐、融洽地相处。美好的市容风貌不仅可以给人美的享受，令人心旷神怡，而且可以陶冶情操，并获得知识的启迪。美好的市容风貌还有利于吸引人才和资金，有利于经济、文化和科技事业的发展。因此，成功的城市景观绿化在美化市容的同时还应充分体现出城市特有的人文底蕴，这是城市景观绿化重要而独特的功能。

二、景观的发展前景展望

提到中国景观，世人无不赞叹它的博大精深，"上有天堂，下有苏杭"之说，更多地表达了人们对于优美环境的无限向往。在几千年的历史长河中，中国大地上所建园林不计其数，如苏州的拙政园、留园等一大批古典景观还被纳入世界文化遗产。但由于战争及天灾人祸等原因的影响，加上不同的时代、不同的社会对景观的不同需求，中国景观发展至今，走过了一条艰难而曲折的道路，真正的现代景观和城市绿化是在中华人民共和国成立以后才开始快速发展的。新中国成立后，党和政府非常重视城市绿地建设事业，并在各地相继建立了景观绿化管理部门，担负起景观事业的建设工作。第一个五年计划期间，还提出了"普遍绿化，重点美化"的方针，并将其纳入城市建设总体规划之中。改革开放的春风，给景观绿化带来了光明的前途和蓬勃生机。截至 1995 年，全国城市平均绿化覆盖率达 24.4%，人均公共绿地面积 5.3m²，祖国大地花草树木相映生辉，一片繁花似锦。

然而，近年来由于工业的迅速发展和城市人口的迅猛增长，导致城市环境越来越差，原有的景观绿地已满足不了空前城市化进程的需要。大规模的景观建设活动虽然不少，起到了积极的作用，如景观城市的出现。但是，由于受传统景观的影响，这些景观建设并没有从根本上阻止环境的进一步恶化，严酷的环境现实使中国现代景观绿化面临严峻的挑战和难得的机遇。

城市人口的急剧膨胀使得居民的基本生存环境受到严重威胁，户外体育休闲空间极度缺乏；土地资源的极度紧张使得通过大幅度扩大绿地面积来改善环境的途径较难实现；由于财力限制，又难以实现高投入的城市景观绿化和环境治理工程；自然资源再生利用、生物多样性保护迫在眉睫，整体自然生态十分脆弱；欧美文化的侵入使得乡土文化受到前所未有的冲击等。所有这些问题都不言而喻。然而，模纹花坛和五一、十一摆花之风却很浓。

现代景观是人类发展、社会进步和自然演化过程中一种协调人与自然关系的工作。其工作的领域是如此广阔，前景是如此美好，但是，也必须认识到所肩负的责任。如果不能很好地理解人类自身，理解人类社会的发展规律，理解自然的演化过程，那么景观规划设计就只能是用来装点门面而已。

纵观 20 世纪尤其是近几十年来世界城市公园的发展，不难看出，由于社会经济发展以及公众对环境认识的提高，使城市公园有了较大的发展，主要表现在以下 5 个方面。

1. 公园的数量不断增加，面积不断扩大

据最新数据统计，截止到 2017 年年底，全国公园一共 15633 座，其中广东省以 3219 座排在首位，广东省以优越的地理环境，气候自然状况，在建造公园方面处于优势。其次是浙江省 1252 座。1000 座公园以上的有四个省，分别是广东、浙江、江苏以及山东。

2. 公园的类型日趋多样化

近年来国外城市除传统意义上的公园、花园以外，各种新颖、富有特色的公园也不断地涌现。如美国的宾夕法尼亚州开辟了一个"知识公园"，园中利用茂密的树林和起伏的地形布置了多种多样的普及自然常识的"知识景点"，每个景点都配有讲解员为求知欲强的游客服务。此外，世界上富有特色的公园还有丹麦的童话乐园、美国的迪士尼乐园、奥地利的音乐公园、澳大利亚的袋鼠公园等。

3. 在规划布局上以植物造景为主

在公园的规划布局上，普遍以植物造景为主，建筑的比重较小，以追求真实、朴素的自然美，最大限度地让人们在自然的气氛中自由自在地漫步以寻求诗意、重返大自然。

4. 在景观容貌的养护管理上广泛采用先进的技术设备和科学的管理方法

植物的园艺养护、操作一般都实现了机械化，广泛运用电脑进行监控、统计和辅助设计。

5. 随着世界性交往的日益扩大，景观界的交流也越来越多

各国纷纷举办各种性质的景观、园艺博览会，艺术节等活动，极大地促进了景观的发展。如在我国昆明举办的 1999 年世界园艺博览会及 2006 年在沈阳举办的世界园艺博览会，就吸引了几十个国家来参展。

复习思考题

1. 中国景观发展历史中各个时期的特点是什么？
2. 欧洲古代景观特点是什么？
3. 古埃及与西亚景观特点是什么？
4. 日本庭园的特点是什么？
5. 试述园林景观的发展前景。

景观构成要素设计

项目导读

园林景观种类繁多，大至风景名胜区小到庭院，其功能效果各不相同，但都是由山、水、地形、建筑构筑物、植物等组成。它们相辅相成，共同构成景观，营造出丰富多彩的景观空间。景观地形、水体、植物、建筑构筑物统称为景观构成要素。

任务一　地形规划设计

地形、地貌是近义词，意思是地球表面三度空间的起伏变化。地形是指地面上的高低起伏及外部形态，如长方形、圆形、梯形等。地貌是指地球表面自然高低起伏的形态，如山地、丘陵、平地、洼地等。

景观地形是景观范围内地形发生的平面高低起伏的变化称为小地形。在景观范围内起伏较小的地形称为微地形，包括沙丘上微弱的起伏和波纹等。

一、地形的表示方法

（一）等高线表示法

1. 等高线的概念

等高线是地面高程相等的相邻点所连成的闭合曲线。如池塘和水库的边缘就是一条等高线。为了形象地说明等高线的意义，假设湖泊中央有高程为 100m 的一个小岛恰好被水淹没，若水位下降 5m，小岛顶部的一部分即露出水面，这时，水面与岛周围地面的交线就是一条高程为 95m 的等高线。若水位下降 5m，又得到高程为 90m 的等高线。水面如此继续下降，便可获得一系列等高线。这些等高线都是闭合的曲线，曲线的形状决定于小岛的形状。把这些曲线的水平投影按一定比例缩绘在图上，就是相应的等高线图。

2. 等高距和等高平距

地形图上相邻等高线间的高差称为等高距，以 h_0 表示，上例中 $h_0 = 5m$。等高距越小，表示的地貌越详细，但测绘的工作量也越大，而且还会降低图的清晰度。因此，应根据地形的比例尺、地面坡度情况及用图目的选用适当的等高距。景观建设中，常用的基本等高距为0.5m、1m和2m。相邻等高线之间的水平距离称为等高平距，以 d 表示。在同一幅图中，等高平距越大，地面坡度越小。若坡度用 i 表示，则 $i = h_0/d$。

3. 等高线的特性

（1）等高性　同一条等高线上各点高程相等，但高程相等的点不一定在同一等高线上。

（2）闭合性　等高线是闭合的曲线，不在图内闭合则在图外闭合。因此，描绘时，应绘至内图廓线，不能在图内中断。

（3）非交性　除悬崖外，等高线不能相交。

（4）正交性　等高线与山脊线、山谷线成正交。山脊处等高线凸向低处，山谷处等高线凸向高处。

（5）密陡稀缓性　在同一幅图中，等高线越密，表示地面的坡度越陡；越稀，则坡度越缓。

4. 等高线分类

（1）首曲线　在地形图中，按基本等高距绘制的等高线。

（2）计曲线　从高程基准面起算每隔4根首曲线加粗的一条等高线。计曲线上注记高程。

（3）间曲线　按等高距的1/2绘制的等高线。

（4）助曲线　按等高距的1/4绘制的等高线。

（5）示坡线　等高线上顺下坡方向绘制的短线。

（二）标高点表示法

所谓标高点就是指高于或低于水平参考平面的某一特定点的高程。标高点在平面图上的标记是一个"＋"字记号或一个圆点，并同时配有相应的数值。由于标高点常位于等高线之间而不在等高线之上，因而常用小数表示。标高点最常用在地形改造、平面图和其他工程图上，如排水平面图和基地平面图。标高点一般用来描绘某一地点的高度，如建筑物的墙角、顶点、低点、栅栏、台阶顶部和底部以及墙体高端等等。

标高点的确切高度可根据该点所处的位置与任一边等高线距离的比例关系，使用"插入法"进行计算。其原理是，假定标高点位于一个均匀的斜坡上，并在两等高线之间以恒定的比例上下波动，标高点与相邻等高线在坡上和坡下之间的比例关系，就应与其在垂直高度的比例关系相同。例如，某标高点距16m等高线水平距离4m，距17m等高线水平距离16m，那么标高点便为该两条等高线总距离的1/5，标高点的高度也应为这两条等高线之间垂直距离的1/5，标高点就应为16.2m。

（三）平面标定高程的方法

当景观面积较小时，将高程直接绘在平面图上，用高程来计算各点高差、计算工程量。

二、地形的形式

（一）平坦地形

景观中坡度比较平缓的用地统称为平地。平地可作为集散广场、交通广场、草地、建筑等方面的用地，以接纳和疏散人群，组织各种活动或供游人游览和休息。平地在视觉上空旷、宽阔，视线遥远，景物不被遮挡，具有强烈的视觉连续性。平坦地面能与水平造型互相协调，使其很自然地同外部环境相吻合，并与地面垂直造型形成强烈的对比，使景物突出。在使用平坦地形时要注意以下几点。

① 为排水方便，人为地要使平地具有 $3\%\sim5\%$ 的坡度，造成大面积平地有一定起伏。

② 在有山水的景观中，山水交界处应有一定面积的平地作为过渡地带，临山的一边应以渐变的坡度和山体相接，近水的一旁以缓慢的坡度形成过渡带，徐徐伸入水中造成冲积平原的景观。

③ 在平地上可挖地堆山，可用植物分割、作障景等手法处理，打破平地的单调乏味，防止一览无余。

（二）凸地形

凸地形的表现形式有坡度为 $8\%\sim25\%$ 的土丘、丘陵、山峦以及小山峰。凸地形在景观中可作为焦点物或具有支配地位的要素，特别是当其被低矮的设计形状环绕时更如此。从情感上来说，上山与下山相比较，前者能产生对某物或某人更强的尊崇感。因此，那些教堂、寺庙、宫殿、政府大厦以及其他重要的建筑物（如纪念碑、纪念性雕塑等）常常耸立在地形的顶部，给人以严肃崇敬之感。

（三）脊地

脊地总体上呈线状，与凸地形相比较，形状更紧凑、更集中，可以说是更"深化"的凸地形。与凸地形相类似，脊地可限定户外空间边缘，调节其坡上和周围环境中的小气候。在景观中，脊地可被用来转换视线在一系列空间中的位置，或将视线引向某一特殊焦点。脊地在外部环境中的另一特点和作用是充当分隔物。脊地作为一个空间的边缘，犹如一道墙体将各个空间和谷地分隔开来，使人感到有"此处"和"彼处"之分。从排水角度而言，脊地的作用就像一个"分水岭"，降落在脊地两侧的雨水，将各自流到不同的排水区域。

（四）凹地形

凹地形在景观中可被称之为碗状池地，呈现小盆地状。凹地形在景观中通常作为一个空间，当其与凸地形相连接时，可完善地形布局。凹地形是景观中的基础空间，适宜于多种活动的进行。凹地形是一个具有内向性和不受外界干扰的空间，给人一种分割感、封闭感和私密感（如图 3-1）。

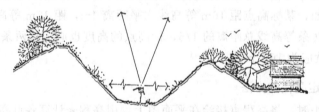

图 3-1　凹地形所形成的封闭和私密性空间

凹地形还有一个潜在的功能，就是充作一个永久性的湖泊、水池，或者充作一个暴雨之后暂时用来蓄水的蓄水池。

凹地形在调节气候方面也有很重要的作用，它可躲避掠过空间上部的狂风。当阳光直接照射到其斜坡上时，受热面大，空气流动小，可使地形内的温度升高。因此，凹地形与同一地区内的其他地形相比更暖和，风沙更少，具有宜人的小气候。

（五）谷地

某些凹地形和脊地地形的特点，为集水线。与凹地形相似，谷地在景观中也是一个低地，是景观中的基础空间，适合安排多种项目和内容。但它与脊地相似，也呈线状，沿一定的方向延伸，具有一定的方向性。

三、地形的功能和作用

（一）分隔空间

地形可以不同的方式创造和限制空间。平坦地形仅是一种缺乏垂直限制的平面因素，视觉上缺乏空间限制。而斜坡的地面较高点则占据了垂直面的一部分，并且能够限制和封闭空间。斜坡越陡越高，户外空间感就越强烈。地形除限制空间外，它还能影响一个空间的气氛。平坦、起伏平缓的地形能给人美的享受和轻松感，而陡峭、崎岖的地形极易在一个空间中造成兴奋的感受。

地形不仅可制约一个空间的边缘，还可制约其走向。一个空间的总走向，一般都是朝向开阔视野。地形一侧为一片高地，而另一侧为一片低矮地时，空间就可形成一种朝向较低、较开阔一方，而背离高地空间的走向。

（二）控制视线

地形能在景观中将视线导向某一特定点，影响某一固定点的可视景物和可见范围，形成连续观赏景观序列，或完全封闭同向景物的视线。为了能在环境中使视线停留在某一特殊焦点上，可在视线的一侧或两侧将地形增高。在这种地形中，视线两侧的较高的地面犹如视野屏障，封锁了分散的视线，从而使视线集中到景物上。地形的另一类似功能是构成一系列赏景点，以此来观赏某一景物或空间。

（三）影响旅游线路和速度

地形可被用在外部环境中影响行人和车辆运行的方向、速度和节奏。在景观设计中可用地形的高低变化、坡度的陡缓以及道路的宽窄、曲直变化来影响和控制游人的游览线路和速度。在平坦的土地上，人们的步伐稳健持续，不需要花费什么力气。而在变化的地形上，随着地面坡度的增加，或障碍物的出现，游览也就越发困难。为了上、下坡，人们就必须使出更多的力气，时间也就延长，中途的停顿休息也就逐渐增多。对于步行者来说，在上、下坡时，其平衡性受到干扰，每走一步都格外小心，最终导致尽可能地减少穿越斜坡的行动。

（四）改善小气候

地形可影响景观某一区域的光照、温度、风速和湿度等。从采光方面来说，朝南的坡面一年中大部分时间都保持较温暖和宜人的状态。从风的角度而言，凸地形、脊地或土丘等可以阻挡刮向某一场所的冬季寒风。反过来，地形也可被用来收集和引导夏季风。夏季风可以被引导穿过两高地之间形成的谷地或洼地、马鞍形的空间。

（五）美学功能

地形可被当作布局和视觉要素来使用。在大多数情况下，土壤是一种可塑性物质，它能被塑造成具有各种特性、具有美学价值的悦目的实体和虚体。地形有许多潜在的视觉特性。

借助土壤，可将其成形为柔软、具有美感的形状，这样它便能轻易地捕捉视线，并使其穿越于景观。借助岩石和水泥，地形可被浇筑成具有清晰边缘和平面的挺括形状结构。地形的每一种上述功能，都可使一个设计具有明显差异的视觉特性和视觉感。

地形不仅可被组合成各种不同的形状，而且它还能在阳光和气候的影响下产生不同的视觉效应。阳光照射某一特殊地形，并由此产生的阴影变化，一般都会产生一种赏心悦目的效果。当然，这些情形每一天、每一个季节都在发生变化。此外，降雨和降雾所产生的视觉效应也能改变地形的外貌。

四、地形处理与设计

（一）地形处理应考虑的因素

1. 考虑原有地形

自然风景类型甚多，有山岳、丘陵、草原、沙漠、江、河、湖、海等景观，在这样的地段上，主要是利用原有的地形，或只需稍加人工点缀和润色，便能成为风景名胜。这就是"自成天然之趣，不烦人工之事"的道理。考虑利用原有地形时，选址是很重要的。有了良好的自然条件可以借用，能取得事半功倍的效果。

2. 根据景观分区处理地形

在景观绿地中，开展的活动内容很多。不同的活动对地形有不同的要求。如游人集中的地方和体育活动的场所，要求地形平坦；划船游泳，需要有河流湖泊；登高眺望，需要有高地山岗；文娱活动需要许多室内外活动场地；安静休息和游览赏景则要求有山林溪流等。在景观建设中必须考虑不同分区有不同地形，而地形变化本身也能形成灵活多变的景观空间，创造出景区的园中园，比用建筑创造的空间更具有生气，更有自然野趣。

3. 要有利于景观地面排水

景观绿地每天有大量游人，雨后绿地中不能有积水，这样才能尽快供游人活动。景观中常用自然地形的坡度进行排水。因此，在创造一定起伏的地形时，要合理安排分水和汇水线，保证地形具有较好的自然排水条件。景观中每块绿地应有一定的排水方向，可直接流入水体或是由铺装路面排入水体，排水坡度可允许有起伏，但总的排水方向应该明确。

4. 要考虑坡面的稳定性

如果地形起伏过大，或坡度不大但同一坡度的坡面延伸过长时，则会引起地表径流，产生坡面滑坡。因此地形起伏应适度，坡长应适中。一般来说，坡度小于1%的地形易积水，地表面不稳定；坡度介于1%～5%的地形排水较理想，适合于大多数活动内容的安排，但当同一坡面过长时，显得较单调，易形成地表径流；坡度介于5%～10%之间的地形排水良好，而且具有起伏感；坡度大于10%的地形只能局部小范围地加以利用。

5. 要考虑为植物栽培创造条件

城市景观用地不适合植物生长，因此，在进行景观设计时，要通过利用和改造地形，为植物的生长发育创造良好的环境条件。城市中较低凹的地形，可挖土堆山，抬高地面，以适应多数乔灌木的生长。利用地形坡面，创造一个相对温暖的小气候条件，满足喜温植物的生长等。

（二）地形处理的方法

1. 巧借地形

① 利用环抱的土山或人工土丘挡风，创造向阳盆地和局部的小气候，阻挡当地常年有

害风雪的侵袭。

② 利用起伏地形，适当加大高差至超过人的视线高度（1700mm），按"俗则屏之"的原则进行"障景"。

③ 以土代墙，利用地形"围而不障"，以起伏连绵的土山代替景墙以"隔景"。

2. 巧改地形

建造平台园地或在坡地上修筑道路或建造房屋时，采用半挖半填式进行改造，可起到事半功倍的效果。

3. 土方的平衡与景观造景相结合

尽可能就地平衡土方，挖池与堆山结合，开湖与造堤相配合，使土方就近平衡，相得益彰。

4. 安排与地形风向有关的旅游服务设施等有特殊要求的用地

如风帆码头、烧烤场等。

（三）地形设计的表示方法

1. 设计等高线法

设计等高线法在设计中可以用于表示坡度的陡缓（通过等高线的疏密）、平垫沟谷（用平直的设计等高线和拟平垫部分的同值等高线连接）、平整场地等。

2. 方格网法

根据地形变化程度与要求的地形精密确定图中网格的方格尺寸，一般间距为5～100m。然后进行网格角点的标高计算，并用插入法求得整数高程值，连接同名等高线点，即成"方格网等高线"地形图。

3. 透明法

为了使地形图突出和简洁，重点表达建筑地物，避免被树木覆盖而造成喧宾夺主，可将图上树木简化成用树冠外缘轮廓线表示，其中央用小圆圈标出树干位置即可。这样在图面上可透过树冠浓荫将建筑、小品、水面、山石等地物表现得一清二楚，以满足图纸设计要求（图3-2）。

4. 避让法

避让法即将地形图上遮住地物的树冠乃至覆盖建筑小品、山石水面等的树荫一律避让开去，以便清晰完整地表达地物和建筑及小品等。缺点是树冠为避让而失去其完整性，不及透明法表现得剔透完整（图3-2）。

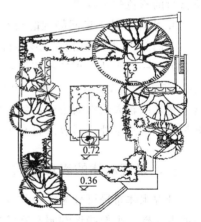

图 3-2 透明法与避让法
（单位：m）

其他还有立面图和剖面图法、轮廓线法、轴测投影法等。

任务二 水体规划设计

水是景观的重要组成因素。不论是西方的古典规则式景观，还是中国的自然山水景观；

不论是北方的皇家景观，还是小巧别致的江南私家景观，凡有条件者，都要引水入园，创造景观水景，甚至建造以水为主体的水景园。

一、景观水体的功能作用

① 景观水体具有调节空气湿度和温度的作用，又可溶解空气中的有害气体，净化空气。

② 大多数景观中的水体具有蓄存园内雨水的自然排水作用，有的还具有对外灌溉农田的作用，有的又是城市水系的组成部分。

③ 景观中的大型水面是进行水上活动的地方，除供游人划船游览外，还可作为水上运动和比赛的场所。

④ 景观的水面又是水生植物的生长地域，可增加绿化面积和景观景色，又可结合生产进行养鱼和滑冰。

二、景观水体的特点

1. 有动有静

宋代画家郭熙在《林泉高致》中指出："水，活物也，其形欲深静，欲柔滑，欲汪洋，欲回环，欲肥赋，欲喷薄……"描绘出了水的动与静的情态。水平如镜的水面给人以平静、安逸、清澈的环境和情感。飞流直下的瀑布与翻滚的漂水又具有强烈动势。

2. 有声有色

瀑布的轰鸣，溪水的潺潺，泉水的叮咚，这些模拟自然的声响给人以不同的听觉感受，构成景观空间特色。水的自然色彩前面已讲过，如果将水景与人工灯光配合，也会产生当前所盛行的彩色喷泉效果。

3. 水体有扩大空间静观的特点

人们总以"湖光山影"形容自然景色。水边的山体、桥石、建筑等均可在水中形成倒影，另有一层天地。正如古诗云："溪边照影行，天在清溪底。天上有行云，人在行云里。""天欲雪，云满湖，楼台明灭，山有无。"很多私家景观为克服小面积的园地给视觉带来的阻塞，常采用较大的水面集中，建筑周边布局，用水面扩大视域感。如苏州的网师园中的水面如果改成一片草坪，其效果将有很大差异。

三、景观水体的表现形式

景观水体布局可分为集中与分散两种基本形式。多数是集中与分散相结合，纯集中或分散的占少数。小型绿地游园和庭院中的水景设施如果很小，集中与分散的对比关系很弱，不宜用模式定性。

1. 集中形式

集中形式又可分为二种。

(1) 整个园以水面为中心，沿水周围环列建筑和山地，形成一种向心、内聚的格局　这种布局形式，可使有限的小空间具有开朗的效果，使大面积的景观具有"纳千顷之汪洋，收四时之烂漫"的气氛。如颐和园中的谐趣园水面居中，周围有建筑以回廊相连，外层又用冈阜环抱。虽是面积不大的园中园，却感到空间的开朗。北海也是周边式布局，水面居中，因实际面积大，故有开阔、汪洋之感。

（2）水平集中于园的一侧，形成山环水抱或山水各半的格局　如颐和园，其中的万寿山位于北面，昆明湖集中在山的南面，只以河流形式的后湖（也称苏州河）在万寿山北山脚环抱，通过谐趣园的水面与昆明湖的大水面相通。

2．分散形式

分散形式是将水面分割并分散成若干小块和条状，彼此明通或暗通，形成各自独立的小空间，空间之间进行实隔或虚隔。也可形成曲折、开合与明暗变化的带状溪流或小河相通，具有水陆迂回、岛屿间列、小桥凌波的水乡景象。如：颐和园的苏州河，陶然亭百亭园中的溪流、瀑布。在同一园中有集中、有分散的水面可以形成强烈的对比，更具自然野趣。如《园冶》的相地篇所述："江干湖畔，深柳疏芦之际略成小筑，足征大观也。悠悠烟水，澹澹云山，泛泛渔舟，闲闲鸥鸟……"在规则式景观中，分散的水景主要表现在喷泉、水池、壁泉、跌水等形式上。

至于水体的形状的表现，不论集中的水面还是分散的水面，均依景观的规则和自然式的风格而定。

（1）规则式景观　水体多为几何形状，水岸为垂直砌筑驳岸。

（2）自然式景观　水体形状多呈自然曲线，水岸也多为自然驳岸。

但有时在自然式景观中，不论是集中的大水面还是分散的小水面，也有采用或部分采用垂直砌筑的规则式驳岸的，甚至有些分散的水面在某些自然式空间中采用集合形状。

四、景观水体的类型和名称

1．规则式景观的水体类型名称

规则式景观主要有河（运河式）、水池、喷泉、涌泉、壁泉、规则式瀑布和跌水。

2．自然式景观水体的类型名称

河、湖（海）、溪、涧、泉、瀑布、井及自然式水池。

五、景观水体的建筑物

景观中集中形式的水面也要用分隔与联系的手法增加空间层次，在开敞的水面空间造景。其主要形式有岛、堤、桥、汀步、建筑和植物。

（一）岛

岛在景观中可以划分水面的空间，可使水面形成几种情趣的水域，水面仍有连续的整体性，尤其在较大的水面中，岛可以打破水面平淡的单调感。岛居于水中，呈块状陆地，四周有开敞的视觉环境，是欣赏风景的中心点，同时又是被四周所观望的视觉焦点，故可在岛上与对岸建立对景。由于岛位于水中，增加了水中空间的层次，所以又具有碍景的作用。通过桥或水路进岛，又增加了游览情趣。

1．岛的类型

（1）山岛　即在岛上设山，抬高登高的视点，有以土为主的土山岛和以石为主的石山岛，土山因土壤的稳定坡度受限制，不宜过高，而且山势较缓，但可大量种植树木，丰富山体和色彩；石山可以创造悬崖及陡峭的山势，如不是天然山，只靠人工掇筑，则只宜小巧，故仍以土石相结合的山更为理想。山岛上可设建筑，形成垂直构图中心或主景，如北海琼华岛。

（2）平岛 岛上不堆山，以高出水面的平地为标准，地形可有缓坡的起伏变化，因有较大的活动平地适于安排群众性活动，故可将一些游人参与而人数集中又须加强管理的活动内容安排在岛上，如露天舞池、文艺演出等，只须把住入口的桥头即可。对不设桥的平岛，不宜安排过多的游人活动内容。如在平岛上建造景观建筑，最好在二层以上。

（3）半岛 半岛是陆地深入水中一部分，一面接陆地，三面临水，半岛可适当抬高成石矶，矶下有部分平地临水，可上下眺望，又有竖向的层次感，也可在临水的平地上建廊，榭探入水中，岛上道路与陆上道路相连。

（4）礁 礁是水中散置的点石，石体要求玲珑奇巧或状态特异，作为水中的孤石欣赏，不许游人登上。在小水面中可代替岛的艺术效果。

2. 岛的布局

水中设岛忌居中，一般多设于水的一侧或重心处。大型水面可设 1～3 个大小不同、形态各异的岛屿，不宜过多，岛屿的分布须自然疏密，与全园景观的障、借结合。岛的面积要由所在水面的面积而定，宁小勿大。

（二）堤、桥、汀步

堤是将大型水面分隔成不同景色的带状陆地，它在景观中不多见，比较著名的如杭州的苏堤、白堤，北京颐和园的西堤等。堤上设道，道中间可设桥与涵洞，沟通两侧水面；如果堤长，可多设桥，每个桥的大小、形式应有变化。堤的设置不宜居中，须靠水面的一侧，使水面分隔成大小不等、形状有别的两个主与次的水面，堤多为直堤，少用曲堤。也有结合拦水堤没过水面（过水坝），这种情况有跌水景观，堤上必须栽树，可以加强分隔效果，如北京颐和园西堤以杨、柳为主，玉带桥以浓郁的树林为背景，更衬出桥身洁白。湖边植物一般应植于最高水位以上，耐湿树种可种在常水位以上，并注意避开风景透视线。堤身不宜过高，宜使游人接近水面，堤上还可设置亭、廊、花架及座椅等休息设施。此外，水中还可设桥和汀步，使水面隔而不断。

任务三 植物规划设计

植物是构成景观的主要素材，有了植物景观规划艺术和建筑艺术才能得到充分表现。有乔木、灌木、藤木和草本等植物创造景观空间，无论在空间、时间及色彩变化方面所带给景观上的变化都是极为丰富和无与伦比的。它既可充分发挥植物本身形体曲线和色彩的自然美，又可以在人们欣赏自然美的同时提供和产生有益于人类生存和生活的生态效应。所以从城镇生态平衡和美化环境的角度来看，景观植物是景观物质要素中最主要的。

一、花坛

（一）造景特征

花坛是指在具有一定几何形轮廓的植床内种植各种不同色彩的观赏植物，以构成华丽色彩或精美图案的一种花卉种植类型。花坛主要是通过色彩或图案来表现植物的群体美，而不是植株的个体美。花坛具有装饰特性，在景观造景中常作为主景或配景。

（二）主要类型

1. 根据表现主题分

（1）花丛花坛 又称盛花花坛，以花卉群体色彩美为表现主题，多选择开花繁茂、色彩鲜艳、花期一致的一、二年生或球根花卉，含苞欲放时带土或倒盆栽植。

（2）模纹花坛 又称图案式花坛，常采用不同色彩的观叶植物或花叶兼美的观赏植物，配置成各种精美的图案纹样，以突出表现花坛群体的图案美。包括标题式花坛（如文字花坛）、肖像花坛、图徽花坛、日历花坛、时钟花坛等。

（3）混合花坛 是花丛花坛与模纹花坛的混合形式，兼有华丽的色彩和精美的图案。

2. 根据规划方式分

（1）独立花坛 常作为景观局部构图的一个主体而独立存在，具有一定的几何形轮廓。其平面外形总是对称的几何图形，或轴线对称，或辐射对称；其长短轴之比应小于3；其面积不宜太大，中间不设园路，游人不得入内。多布置在建筑广场的中心、公园出入口空旷处、道路交叉口等地。

（2）组群花坛 是由多个个体花坛组成的一个不可分割的构图整体。个体花坛之间为草坪或铺装场地，允许游人入内游憩。整体构图也是对称布局的，但构成组群花坛的个体花坛不一定是对称的。其构图中心可以是独立花坛，还可以是其他景观小品，如水池、喷泉、雕塑等。常布置在较大面积的建筑广场中心、大型公共建筑前面或规则式景观的构图中心。

（3）带状坛 是指长度为宽度3倍以上的长形花坛。在连续的景观构图中，常作为主体来布置，也可作为观赏花坛的镶边、道路两侧建筑物墙基的装饰等。

（4）立体花坛 随着现代生活环境的改变及人们审美要求的提高，景观设计及欣赏要求逐渐向多层次、主体化方向发展，花坛除在平面表现其色彩、图案美之外，同时还在其立面造型、空间组合上有所变化，即采用立体组合形式，从而拓宽了花坛观赏角度和范围，丰富了景观。

（三）花坛设计要点

1. 植物选择

（1）花丛花坛 花丛花坛主要表现色彩美，多选择花期一致、花期较长、花大色艳、开花繁茂、花序高矮一致或呈水平分布的一、二年生草本花卉或球根花卉，如金盏菊、一串红、郁金香、金鱼草、鸡冠花等。一般不用观叶或木本植物。

（2）模纹花坛 模纹花坛以表现图案美为主，要求图案纹样相对稳定，维持较长的观赏期，植物选择多采用植株低矮、枝叶稠密、萌发性强、耐修剪的观叶植物，如瓜子黄杨、金叶女贞等；也可选择花期较长、花期一致、花小而密、花叶兼美的观花植物，如四季海棠、石莲花等。

2. 平面布置

① 花坛平面外形轮廓总体上应与广场、草坪等周围环境的平面构成相协调，但在局部处理上要有所变化，使艺术构图在统一中求变化，在变化中求统一。

② 作为主景的花坛要有丰富的景观效果，可以是华丽的图案花坛或花丛花坛。作为配置的花坛，如雕塑基座或喷水池周围的花坛，其纹样应简洁，色彩宜素雅，以衬托主景为原则，不可喧宾夺主。

③ 花坛面积与环境应保持适度的比例关系，以 1/3～1/15 为宜。一般作为观赏用的草

坪花坛面积比例可稍大一些，华丽的花坛比简洁的面积比例可稍小些；在行人集散量或交通量较大的广场上，花坛面积比例可以更小一些。

3. 个体设计

① 花坛内部图案纹样，花丛花坛宜简洁，模纹花坛可丰富；纹样线条宽度不能太细，在 10cm 以上。

② 个体花坛面积不宜过大，大则鉴赏不清且易产生变形。一般模纹花坛直径或短轴以 8~10cm 为宜，花丛花坛直径或短轴可达 15~20m。

③ 种植床的要求，为突出花坛主体及其轮廓变化，可将花坛植床适当抬高，高出地面 7~10cm 为宜；为利用观赏和排水，常将花坛中央隆起，形成向四周倾斜的和缓曲面，形成一定的坡度；植床土层厚度视植物种类而异，植物 1~2 年生花卉至少要 20~30cm，多年生花卉或灌木至少要 40~50cm；为使花坛有一个清晰的轮廓和防止水土流失，植床边缘常用缘石围护。围护材料可用砖、卵石、混凝土、树桩等，缘石高度和宽度可控制在 10~30cm，造型宜简洁，色彩应淡雅。

二、花境

（一）造景特性

花境是在长形带状具有规则轮廓的种植床内采用自然式种植方式配置观赏植物的一种花卉种植类型。花境平面外形轮廓与带状花坛相似，其种植床两边是平行直线或几何曲线，而花境内部的植物配置则完全采用自然式种植方式，兼有规划式和自然式布局的特点，是景观构图从规划式向自然式过渡的半自然式（混合式）的种植形式。它主要表现观赏植物本身特有的自然美，以及观赏植物自然组合的群体美。在景观造景中，既可作主景，也可为配景。

（二）主要类型

1. 依植物材料不同来分

（1）灌木花境　主要由观花、观果或观叶灌木构成，如月季、南开竹等组成的花境。

（2）宿根花卉花境　由当地可以露地越冬、适应性较强的耐寒多年生宿根花卉构成。如鸢尾、芍药、玉簪、萱草等。

（3）球根花卉花境　由球根花卉组成的花境。如百合、石蒜、水仙、唐菖蒲等。

（4）专类植物花境　由一类或一种植物组成的花境。如蕨类植物花境、芍药花境、蔷薇花境等。此类花境在植物变种或品种上要有差异，以求变化。

（5）混合花境　主要指由灌木和宿根花卉混合构成的花境，在景观中应用较为普通。

2. 依规则设计方式不同来分

（1）单面观赏花境　植物配置形成一个斜面，低矮植物在前，高的在后，以建筑或绿篱作为背景，仅供游人单面观赏。

（2）双面观赏花坛　植物配置为中间较高，两边较低，可供游人从两面观赏，故花境无须背景。

（三）布设位置

1. 建筑物和道路之间

作为基础栽植，为单面观赏花境，如图 3-3。

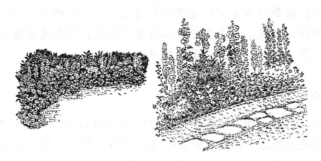

图 3-3　花境示例

2. 道路中央或两侧

在道路中央为两面观赏花境，两侧可为单面观赏花境，背景为绿篱或行道树、建筑物等。

3. 与绿篱配合

在规则式景观中，常应用修剪整形的绿篱，在绿篱前方布置花境最为宜人。花境既可装饰绿篱单调的基部，绿篱又可作为花境的背景，二者相映成趣，相得益彰。可在花境前设置园路，供游人驻足欣赏。

4. 与花架游廊配合

花境是一连续的景观构图，可满足游人动态观赏的要求。沿着花架、游廊的两旁布置花境，可使游人在游憩过程中有景近赏。

5. 与围墙、挡土墙配合

在围墙、挡土墙前面布置单面观赏花境，丰富围墙、挡土墙立面景观。

（四）植物配置

1. 植物选择

常采用花期较长、花叶兼美、花朵花序呈垂直分布的耐寒多年生花卉和灌木。如玉簪、鸢尾、蜀葵、飞燕草等。

2. 配置方式

花境内部观赏植物以自然式花丛为基本单元进行配置，形成主调、基调、配调明确的连续渐进的景观。

（五）镶边植物

花境观赏面种植床的边缘通常要用植物进行镶边，镶边植物可以是多年生草本，也可以是常绿矮灌木，但要求四季常绿或经常美观。如葱兰、金叶女贞、瓜子黄杨等。镶边植物高度，一般草本花境不超过 15～20cm，灌木花境不超过 30～40cm。若用草皮镶边其宽度应大于 40cm。花境镶边的矮灌要经常修剪。

（六）花镶背景

两面观赏花境不需要背景，单面观赏花境则需要设置背景，或为装饰性围墙、常绿绿篱等。

（七）种植床要求

花境种植床外缘通常与道路或草地相平，中央高出 7～10cm，以保持一定的排水坡度；

由于花境内种植的观赏植物以多年生花卉和灌木为主，故其种植床上层厚度应为 40～50cm，并要注意改良土壤的理化性质，在土壤内加入腐熟的堆肥、泥炭土和腐叶土等；花境植床宽度，单面观赏花境一般 3～5m，双面观赏花境可为 4～8m。

三、绿篱或绿墙

绿篱是耐修剪的灌木或小乔木以相等距离的株行距单行或双行排列而组成的规则绿带，是属于密植行列栽植的类型之一。它在景观绿地中的应用广泛，形式也较多。绿篱按修剪方式可分为规则式及自然式两种；从观赏和实用价值来讲，又可分为常绿篱、落叶篱、彩叶篱、花篱、观果篱、编篱、蔓绿篱等多种。

（一）绿篱的作用和功能

1. 作为防范和防护用

在景观绿地中，常以绿篱作为防范的边界，不让人们任意通行。用绿篱可以组织游人的游览路线，起导游作用。绿篱还可以单独作为机关、学校、医院、宿舍、居民区等单位的围墙，也可以和砖墙、竹篱、栅栏、铁刺丝等结合起来形成围墙。这种绿篱高度一般在 120cm 以上。

2. 作为景观绿地的边饰和美化材料

景观小区常需要分割成很多几何图形或不规则形的小块以便观赏，这种观赏局部多以矮小的绿篱各自相围。有时花境、花坛和观赏性草坪的周围也必须用矮小绿篱相围，称为"镶边"。适于做装饰性矮篱的有雀舌黄杨、大叶黄杨、桧柏、金老梅、洒金柏等小叶生长缓慢类型的植物，可突出图案。

3. 作为屏障和组织空间层次用

在各类绿地及绿化地带中，通常习惯于应用高绿篱作为屏障和分割空间层次，或用它分割不同功能的区域，如公园的游乐场地周围，学校教学楼、图书馆和球场之间，工厂的生产区和生活区之间，医院病房区周围都可配置高绿篱，以阻隔视线、隔绝噪声、减少区域之间相互干扰。

4. 可作为景观背景

景观中常用常绿树修剪成各种形式的绿墙，作为花境、喷泉、雕像的背景。作为花境的背景可以衬出百花更加艳丽。喷泉或雕像如果有相应的绿篱作背景，则将白色的水柱或浅色的雕像衬托得更加鲜明、生动。

（二）绿篱的类型与植物选择

1. 按绿篱高度分

（1）绿墙　高度在 160cm 以上，可以阻挡人的视线。有的在绿墙中修剪形成绿洞门。

（2）高绿篱　高度在 120～160cm 之间，人的视线可以通过，但人体不能越过。

（3）中绿篱　高度为 50～120cm。

（4）矮绿篱　高度在 50cm 以下，人们能够跨越。

2. 根据功能要求和观赏要求分

（1）常绿篱　常绿篱一般由灌木或小乔木组成，是景观绿地中应用最多的绿篱形式。该绿篱一般常修剪成规则式。常采用的树种有桧柏、侧柏、大叶黄杨、瓜子黄杨、女贞、冬青、蚊母、小叶女贞、小叶黄杨、胡颓子、月桂、海桐等。

（2）花篱　花篱是由枝密花多的花灌木组成，通常任其自然生长为不规则形式，至多修剪其徒长的枝条。花篱是景观绿地中比较精美的绿篱形式，一般多用于重点绿化地带，其中常绿芳香花灌木树种有桂花、栀子花等。常绿及半常绿花灌木树种有六月雪、金丝桃、迎春、黄馨等。落叶花灌木树种有溲疏、锦带花、木槿、紫荆、郁李、珍珠花、麻叶绣球、绣线菊、金老梅等。

（3）观果篱　通常由果色鲜艳的灌木组成。一般在秋季果实成熟时，景观别具一格。观果篱常用树种有枸杞、火棘、紫珠、忍冬、胡颓子以及花椒等。观果篱在景观绿地中应用还较少，一般在重点绿化地带才采用，在养护管理上通常不作大的修剪，至多剪除其过长的徒长枝，如修剪过重，则结果率降低，影响其观果效果。

（4）编篱　编篱通常由枝条韧性较大的灌木组成，是这些植物的枝条幼嫩时编结成一定的网状或格栅状的形式。编篱既可编制规则式，亦可编成自然式。常用的树种有木槿、枸杞、杞柳、紫穗槐等。

（5）刺篱　由带刺的树种组成。常见的树种有枸橘、山花椒、黄刺玫、胡颓子、山皂荚、山里红等。

（6）落叶篱　由一般的落叶树种组成。常见的树种有榆树、雪柳、水蜡树、茶条槭等。

（7）蔓篱　由攀缘植物组成，必须事先设供攀附的竹篱、木栅等。主要植物可选用地棉、蛇葡萄、南蛇藤、十姊妹蔷薇，还可选用草本植物茑萝、牵牛花、丝瓜等。

（三）绿篱的栽培和养护

绿篱的栽植时间一般在春季。栽植的密度按使用功能、树种、苗木规格和栽植地带的宽度而定。矮绿篱和一般绿篱株距可在 30～50cm，行距为 40～60cm，双行栽植时可用三角形交叉排列。绿墙的株距可采用 1～1.5m。

绿篱栽植时，先按设计的位置放线，绿篱中心线距道路的距离应等于绿篱养成后宽度的一半。绿篱栽植一般用沟植法，即按行距的宽度开沟，沟深应比苗根深 30～40cm，以便换土施肥，栽植后即灌水，次日扶正踩实，并保留一定高度将上部剪去。

绿篱日常养护主要是修剪。在北方通常每年早春和夏季各修剪一次，以促发枝密集和维持一定形状。绿篱可修剪的形状很多。如有的绿篱修剪成"城堡式"，在入口处剪成门柱形或门洞形等（图 3-4）。

图 3-4　绿篱示例

四、攀缘植物

（一）攀缘植物的生物学特性

攀缘植物是茎干柔弱纤细，自己不能直立向上生长，必须以某种特殊方式攀附于其他植物或物体之上以伸展其躯干，以利于吸收充足的雨露阳光，才能正常生长的一类植物。正是由于攀缘植物的这一特殊的生物学习性，使攀缘植物成为景观绿化中进行垂直绿化的特殊材料。攀缘植物与其他植物一样，有一、二年生的草质藤本；也有多年生的木质藤本；有落叶类型；也有常绿类型。若按照攀缘方式不同可分为自身缠绕、依附攀缘和复式攀缘三大类。自身缠绕的攀缘植物不具有特化的攀缘器官，而是依靠自己的主茎缠绕着其他植物或物体向上生长。依附攀缘植物则具有明显特化的攀缘器官,如吸盘、吸附根、倒钩刺、卷须等,它们利用这些攀缘器官把自身固定在支持物上而向上方和侧方生长。复式攀缘植物是兼具几种攀缘能力来实现攀缘生长的植物。所以在景观植物种植设计时,配置攀缘植物应充分考虑到各种植物的生物学特性和观赏特性。

(二) 攀缘植物在景观绿地中的作用

攀缘植物种植又称垂直绿化的种植。这些藤本植物可形成丰富的立体景观。垂直绿化能充分利用土地和空间,并能在短期内达到绿化的效果。人们用它解决城市和某些绿地建筑拥挤、地段狭窄、无法用乔灌木绿化的困难。垂直绿化可使植物紧靠建筑物,既丰富了建筑的立面,活泼了气氛,同时在遮阴、降温、防尘、隔离等功能方面效果也很显著。在城市绿化和景观建设中,广泛地应用攀缘植物来装饰街道、林荫道,以及挡土墙、围墙、台阶、出入口、灯柱、建筑物墙面、阳台、窗台灯等,还可以用攀缘植物装饰亭子、花架、游廊、高大古老死树等。

(三) 攀缘植物的种植设计

景观里常用的攀缘植物有紫藤、常春藤、五叶地锦、三叶地锦、葡萄、猕猴桃、南蛇藤、凌霄、木香、葛藤、五味子、铁线莲、茑萝、栝楼、丝瓜、观赏南瓜、观赏菜豆等。它们的生物学特性和观赏特性各有不同。在具体种植时,要从各种攀缘植物的生物学特性出发,因地制宜,合理选用攀缘植物,同时,也要注意与环境相协调。

1. 墙壁的装饰

用攀缘植物垂直绿化建筑和墙壁一般有两种情况:一种是把攀缘植物作为主要欣赏对象,给平淡的墙壁披上绿毯或花毯;另一种是把攀缘植物作为配景以突出建筑物的精细部位。在种植时,要建立攀缘植物的支架。这是垂直绿化成败的主要因素。对于墙面粗糙或有粗大石缝的墙面、建筑,一般可选用有卷须、吸盘、气生根等天然附墙器官的植物,如常春藤、爬山虎、络石等。对于那些墙面光滑或个别露天部分,可用木块、竹竿、板条建造网架,安置在建筑物墙上,以利用攀缘植物生长,有的也可牵上引绳供轻型的一、二年生植物生长。

2. 门窗阳台等装饰品

装饰性要求较高的门窗、阳台最适合用攀缘植物垂直绿化。门窗、阳台前是水泥池,则可利用支架绳索把攀缘植物引到门窗或阳台所要求到达的高度,或可预制种植箱。为确保其牢固性及冬季光照需要,一般种植一、二年生落叶攀缘植物。

3. 灯柱、棚架、花架等装饰

在景观绿地中,往往利用攀缘植物来美饰灯柱,可使对比强烈的垂直线条与水平线条得到调和。一般灯柱直接建立在草坪和泥地上,可以在附近直接栽种攀缘植物,在灯柱附近拉上引绳或支架,以引导植物枝叶来美饰灯柱基部。如灯柱建立在水泥地上,则可预制种植箱以种植攀缘植物。棚架和花架是景观绿地中较多采用的垂直绿地,常用木材、竹材、钢材、水泥柱等构成单边或双边花架、花廊,采用一种或多种攀缘植物成排种植。采用的植物种类有葡萄、凌霄、木香、紫藤、常春藤等。

五、色块和色带

景观色彩大多数来自植物的配置,而色彩又是最能引起视觉美感的因素。就景观植物的色彩而言，植物的色彩是十分丰富的，因此景观植物的色彩配置是景观植物设计所不能忽视的。前面已经讲过景观色彩的布局。故在此不再谈色彩问题，仅谈色彩的面积与体量。

绿地中的色彩是由各种大小色块拼凑在一起的，如蓝色的天空、一丛丛的树林、艳丽的花坛、微波粼粼的水面、裸露的岩石……无论色块大小都各有它的艺术效果，但是为了体现色彩构图之美，就必须对色块的效果有所了解，才能使景观构图效果达到最佳。

（一）色块的体量

色块的大小可以直接影响整个景观的对比和协调，对全园的情趣起决定性作用。在景观中，同一色相的色块大小的不同，给人的感觉和效果也不同。一般在植物种植设计时，明色、弱色、精度低的植物色块宜大；反之，暗色、强色、精度高的色块宜小，让人感到适宜而不刺眼。

（二）色块的浓淡

一般面积大的色块宜用淡色，如草坪、水面等都是淡色，小面积的色块宜用浓艳一些，它们相配在一起具有画龙点睛的作用。互成对比的色块宜近观，有加重景色的效果，若远眺则效果减弱。属于暖色系的色彩通常比较抢眼，宜旁配以冷色系的色彩，由于冷色系的色彩比较不起眼，必须种植较大面积才能处于相对称的形势下使吸引力平衡，给人以平衡的感觉。所以路边的花坛的行道树，内容常相同，以维持色块感觉的平衡，而草坪、水面旁的花境常附以艳丽的花草，使人惊艳，布置出动人的景致。

（三）色块的排列与集散

色块的排列决定了景观的形式，例如模纹花坛的各色团块，整形修剪的绿篱，整形的绿色草坪、水池、花坛等大大小小的整齐色彩排列，都显示了不同的景致。从美学的角度出发，渐变的色块排列使色彩在对比反复的韵律美中形成多样统一的整体和谐。另外，色块的集中与分散也是表现色彩效果的重要手段之一，一般集中则效果加重，分散则效果减弱，如花坛的单种集栽与花境中的多样散植，在景观效果上都迥然不同。当然，色块的大小、浓淡、排列、集散等在植物种植设计中，应首先考虑遵循植物配色理论、人们习惯和美学原理，这样才能使植物设计美不胜收。

六、植物种植设计方法

在整个景观植物中，乔、灌木是骨干材料，在城市的绿化中起骨架支柱作用。乔、灌木具有较长的寿命、独特的观赏价值、经济生产作用和卫生防护功能。又由于乔、灌木的种类多样，既可单独栽植，又可与其他材料配合组成丰富多变的景观景色，因此在景观绿地所占比重较大，一般占整个种植面积的半数左右，其余半数则是草坪及地被植物，故在种植类型上必须重点考虑。景观植物乔、灌木的种植类型通常有以下几种。

（一）孤植

1. 孤植树在景观造景中的作用

景观中的优型树单独栽植时，称为孤植。孤植的树木称之为孤植树。广义地说，孤植树并不等于只种一株树。有时为了构图需要，增强繁茂、葱茏、雄伟的感觉，常用两株或三株同一品种的树木，紧密地种于一处，形成一个单元，使人们感觉宛如一株多杆丛生的大树。

孤植树的主要功能是遮阴并作为观赏的主景，以及建筑物的背景和侧景。

2. 作为孤植树应具备的条件

孤植树主要表现树木的个体美，在选择树种时必须突出个体美，例如体形特别巨大、轮廓富于变化、姿态优美、花繁实累、色彩鲜明、具有浓郁的芳香等。如轮廓端正明晰的雪松，姿态丰富的罗汉松、五针松，树干有观赏价值的白皮松、梧桐，花大而美的白玉兰、广玉兰，以及叶色有特殊观赏价值的元宝槭、鸡爪槭等。选择作为孤植树的植物还应是生长旺盛、寿命长、虫害少、适应当地立地条件的树种。

3. 孤植树的位置选择

孤植树种植的位置要求比较开阔，不仅要保证树冠有足够的生长空间，而且要有比较适合观赏的视距和观赏点。尽可能有天空、水面、草坪、树林等色彩单纯而又有一定对比变化的背景加以衬托，以突出孤植树在树体、姿态、色彩方面的特色，并丰富风景天际线的变化。一般在景观中的空地、岛、半岛、岸边、桥头、转弯处、山坡的突出部位、休息广场、树林空地等都可考虑种植孤植树。

孤植树在景观构图中，并不是孤立的，它与周围的景物是统一于景观的整体构图中

图3-5 孤植树示例

（图3-5）。孤植树在数量上是少数的，但如运用得当，能起到画龙点睛的效果。它可作为周围景观的配景，周围景观也可以作为它的配景，它是景观的焦点。孤植树也可作为景观中从密林、树群、树丛过渡到另一个密林的过渡景。

4. 孤植树的树种选择

宜作为孤植树的树种有雪松、金钱松、马尾松、白皮松、垂枝松、香樟、黄樟、悬铃木、榉树、麻栎、杨树、皂荚、重阳木、乌桕、广玉兰、桂花、七叶树、银杏、紫薇、垂丝海棠、樱花、红叶李、石榴、苦楝、罗汉松、白玉兰、碧桃、鹅掌楸、辛夷、青桐、桑树、白杨、丝棉木、杜仲、朴树、榔榆、香椿、蜡梅等。

（二）对植

1. 对植的作用

对植树一般是指两株树或两丛树按照一定的轴线关系左右对称或均衡的种植方法，主要用于公园、建筑前、道路、广场的出入口，起遮阴和装饰美化的作用。在构图上形成配景或夹景，起陪衬和烘托主景的作用。

2. 对植的方法和要求

规则式对称一般采用同一树种、同一规格，按照全体景物的中轴线成对称配置。一般多运用于建筑较多的景观绿地。自然式对称是采用两株不同的树木（树丛），在体形、大小上均有差异，种植在不同对称等距，以主体景物的中轴线为支点取得均衡的位置，以表现树木自然的变化。规格大的树木距轴线近，规格较小的树木距轴线远，树姿动势向轴线集中。自然式对称变化较大，形成的景观比较生动活泼。

对植物的选择不用太严格，无论是乔木、灌木，只要树形整齐美观均可采用，在植物附近根据需要还可配置山石花草。对植的树木在体形大小、高矮、姿态、色彩等方面应与主景

和环境协调一致（图3-6）。

（三）丛植

图3-6　对植种植示例

树丛的组织通常是由2株乃至9～10株乔木构成的。树丛中如加入灌木时，可多达15株左右。将树木成丛地种植在一起即称之为丛植。

树丛的组合主要考虑群体美，彼此之间既有统一的联系，又有各自的变化，分别主次配置、地位相互衬托。但也必须考虑其统一构图表现出单株的个体美。故在构思时，必须先选择单株。选择单株树的条件与选孤植树相同。

丛植在景观功能和布置要求上与孤植树相似，但观赏效果则较孤植树更为突出。作为纯观赏或诱导树丛，可用两种以上乔木搭配，或乔木、灌木混合配置，有时亦可与山石、花卉相结合。作为庇荫的树丛，宜用品种相同、树冠开展的高大乔木，一般不与灌木相配，但树下可放置自然形的景石或座椅，以供休息。通常园路不宜穿过树丛，以免破坏树丛的整体性。树丛的标高要超出四周的草坪或道路，这样既有利于排水，又在构图上可以显得更为突出。

作为主景用的树丛常布置在公园入口或主要道路的交叉口、弯道的凹凸部分、草坪上或草坪周围、水边、斜坡及土岗边缘等，以形成美丽的立面景观和水景画面。在人视线集中的地方，也可利用具有特殊观赏效果的树丛作为局部构图的全景。在弯道和交叉口处的树丛又可作为自然屏障，起到十分重要的障景和导游作用。

作为建筑、雕塑的配景或背景树丛，在一些大型的建筑旁布置孤植树或对植时，常显得不协调，或不足以衬托建筑物的气氛，这时常用树丛作为背景。为了突出雕塑、纪念碑等景物的效果，常用树丛作为背景和陪衬，形成雄伟壮丽的画面。但在植物的选择上应该注意树丛的体形、色彩与主体景物的对比、协调。

对于比较狭长而空旷的空间或水面，为了增加景深和层次，可利用树丛作为适当的分隔，消除景观单调的缺陷，增加空间层次，如视线前方有景物可观，可将树丛分布在视线两旁或前方形成夹景、框景、漏景。

1. 两株配合

构图按矛盾统一原理，两树相配，必须既调和又对比，二者成为对立统一体。故两树首先须有通相，即采用同一树种（或外形十分相似的不同树种）才能使两者统一起来；但又必须有殊相，即在姿态和体形大小上，两树应有差异，才能有对比而生动活泼。明代画家龚贤说："二株一丛，必须一俯一仰，一倚一直，一向左，一向右，……"画树是如此，景观里树林的布置也是如此。在此必须指出，两株树的距离应小于小树树冠直径长度。否则，便觉松弛而有分离之感，东西分处，不能成为树丛了（图3-7）。

图3-7　两株配合示例

2. 三株树丛的配植

三株树组成的树丛，树种的搭配不宜超过两种，最好是同为乔木或同为灌木，如果是单纯树丛，姿态要有对比和差异，如果是混交树丛，则单株应避免选择最大的或最小的树形，栽植时三株忌在一直线上，也忌呈等边三角形。三株中最大的1株和最小的1株要靠近些，在动势上要有呼应，三株树呈不等边三角形。在选择树种时要避免体量差异太悬殊、姿态对比太强烈而造成构图的不统一。例如1株大乔木广玉兰之下配植2株小灌木红叶李，或者2株大乔木香樟下配植1株小灌木紫荆，由于体量差异太大，配植在一起对比太强烈，构图效果就不统一。再如1株落羽杉和2株龙爪槐配植在一起，因为体形和姿态对立性太强烈，构图效果也不协调。因此，三株配植的树丛，最好选择同一树种而体形、姿态不同的进行配植。如采用两种树种，最好为类似的树种，如落羽杉与水杉或池柏、山茶与桂花、桃花与樱花、红叶与石楠等（图3-8）。

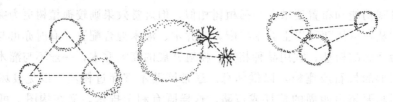

图3-8　三株配合示例

3. 四株树丛的配植

四株的配合可以是单一树种，也可以是两种不同树种。如是同一树种，各株树要在体形、姿态上有所不同；如是两种不同树种，最好选择外形相似的不同树种，但外形相差不能很大，否则就难以协调。四株配合的平面可有两个类型：一为不等边四边形；一为不等边三角形，成3∶1的组合，而四株中最大的1株必须在三角形一组内。四株配植中，其中不能有任何3株成一直线排列（图3-9）。

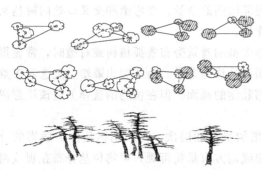

图3-9　四株、五株、七株配合示例

4. 五株树丛的配植

五株树丛的配植可以分为两组形式，这两组的数量可以是3∶2，也可以是4∶1。在3∶2配植中，要注意最大的1株必须在3株的一组中，在4∶1配植中，要注意单独的一组不能最大也不能最小。两组的距离不能太远。树种的选择可以是同一树种，也可以是2种或3种的不同树种。如果是两种树种，则一种树为3株，另一种树为2株，而且在体形、大小上要有差异，不能一种树为1株，另一种树为4株，这样就不合适，易失去均衡。在栽植方法上可分为不等边的三角形、四边形、五边形。在具体布置上，可以常绿树组成稳定树丛，常绿树和落叶树组成半稳定树丛，落叶树组成不稳定树丛。在3∶2或4∶1的配植中，同一树种不能在一组中，这样不易呼应，没有变化，容易产生2个树丛的感觉。

5. 六株以上的配合

六株以上树木的配合，一般是由2株、3株、4株、5株等基本形式交相搭配而成的。例如，2株与4株，则成6株的组合；5株与2株相搭，则为7株的组合，都构成6株以上树丛。它们均是几个基本形式的复合体。因此，株数虽增多，仍有规律可循。只要基本形式掌握好，七株、八株、九株乃至更多株树木的配合，均可类推。其关键在于调和中有对比，差异中有稳定。株数太多时，树种可增加，但必须注意外形不能差异太大。一般来说，在树丛总株数七株以下时树种不宜超过三种，十五株以下不宜超过五种。

（四）群植树

用数量较多的乔灌木（或加上地被植物）配植在一起，形成一个整体，称为群植。树群的灌木一般在 20 株以上。树群与树丛不仅在规格、颜色、姿态上有差别，而且在表现的内容方面也有差异。树群表现的是整个植物体的群体美，观赏它的层次、外缘和林冠等。

树群是景观的骨干，用以组织空间层次、划分区域；根据需要，也可以一定的方式组成主景或配景，起隔离、屏障等作用。

树群的配植因树种的不同可以组成单纯树群或混交树群。混交树群是景观中树群的主要形式，所用的树种较多，能够使林缘、林冠形成不同层次。混交树群的组成一般可分为 4 层，最高层是乔木层，是林冠线的主体，要求有起伏的变化；乔木层下面是亚乔木层，这一层要求叶形、叶色都要有一定的观赏效果，与乔木层在颜色上形成对比；亚乔木层下面是灌木层，这一层要布置在接近人们的向阳处，以花灌木为主；最下一层是草本地被植物层。

树群内的植物栽植距离要有疏密变化，要构成不等边三角形，不能成排、成行、成带地等距离栽植。常绿、落叶、观叶、观花的树木，因面积不大，不能用带状混交，也不可用片状混交，应该用复合混交、小块混交与点状混交相结合的形式。

在树种的选择方面，应注意组成树群的各类树种的生物学习性，在外缘的树木受环境的影响大，在内部的树木相互间影响大。树群栽植在郁闭之前，所受外界影响占优势。根据这一特点，喜光的阳性树不宜植于群内，更不宜作下木，阴性树木宜植于树群内。树群的第一层乔木应该是阳性树，第二层亚乔木则应是中性树，第三层分布在东、南、西三面外缘的灌木，可以是阳性的，而分布在乔木下以及北面的灌木则应该是中性树或是阴性树。喜暖的植物应配植南面或西南面。

关于树群的外貌，要注意植物的季相变化，整个树群四季都有变化。例如，采用以大乔木为广玉兰，亚乔木为白玉兰、紫玉兰或红枫，大灌木为山茶、含笑，小灌木为火棘、麻叶绣球所配植的树群。广玉兰为常绿阔叶乔木，作为背景，可使玉兰的白花特别鲜明，山茶和含笑为常绿中性喜暖灌木，可作下木，火棘为阳性常绿小灌木，麻叶绣球为阳性落叶花灌木。在江南地区，2 月下旬山茶最先开花；3 月上旬白玉兰、紫玉兰开花，白、紫相间又有深绿的广玉兰作背景；4 月中下旬，麻叶绣球开白花又和大红山茶形成鲜明对比，此后含笑又继续开花，芳香浓郁；10 月间火棘又结红色硕果，红枫叶色转为红色，这样的配植，兼顾了树群内各种植物的生

图 3-10 群植示例

物学特性，又丰富了季相变化，使整个树群生气勃勃、欣欣向荣（图 3-10）。

当树群面积、株数都足够大时，它既构成森林景观又发挥特别的防护功能，这样的大树群则称之为林植或树林，它是成片块大量栽植乔、灌木的一种景观绿地。树林在景观绿地面

积较大的风景区中应用较多。一般可分为密林、疏林两种，密林的郁闭度可达 70%～95%，疏林的郁闭度则在 40%～60% 左右。树林又分为纯林和混交林。一般讲，纯林树种单一，生长速度一致，形成的林缘线单调平淡，而混交林树种变化多样，形成的林缘线季相变化复杂，绿化效果也较生动。

（五）列植

列植系指乔、灌木按一定的直线或缓弯线成排成行地栽植，行列栽植形成的景观比较单纯、整齐，它是规划式景观以及广场、道路、工厂、矿山、居住区、办公楼等绿化中广泛应用的一种形式。列植可以是单行，又可以是多行，其株行距的大小决定于树冠的成年冠径。若期望在短期内产生绿化效果，株行距可适当小些、密些，待成年时伐去一些，解决过密的问题。

列植的树种，从树冠形态看最好是比较整齐，如圆形、卵圆形、椭圆形、塔形的树冠。枝叶稀疏、树冠不整齐的树种不宜用。由于行列栽植的地点一般受外界环境的影响大，立地条件差，在树种的选择上，应尽可能采用生长健壮、耐修剪、树干高、抗病虫害的树种。在种植时要处理好和道路、建筑物、地下和地上各种管线的关系。

列植范围加大后，可形成林带。林带是数量众多的乔灌木，树种呈带状种植，是列植的扩展种植，它在景观绿化中用途很广，有遮阴、分割空间、屏障视线、防风、阻隔噪声等用途。作为遮阴功能的乔木，应该选用树冠伞状开展的树种。亚乔木和灌木要耐荫，数量不能多。林带与列植不同在于林带树木的栽植下能成行、成排、等距，天际线要有起伏变化。林带可由多种乔、灌木树种结合，在选择树种上要富于变化，以形成不同的季相景观。

任务四　景观建筑与小品设计

一、花架

（一）花架在景观绿地中的作用

1. 遮阴功能

花架是攀缘植物的棚架，又是人们消夏庇荫的场所，可供游人休息、乘凉，坐赏周围的风景。

2. 景观效果

花架在造园设计中往往具有亭、廊的作用，作长线布置时，就像游廊一样能发挥建筑空间的脉络的作用，形成导游路线；也可用来划分空间，增加风景的浓度。作点状布置时，就像亭子一般，形成观赏点，并可以在此组织对环境景色的观赏。花架在景观中除供植物攀缘外，有时也取其形成轻盈之特点，以点缀景观建筑的某些墙段或檐头，使之更加活泼和具有景观的性格。另外，花架本身优美的外形也对环境起到装饰作用。

3. 花架在建筑上能起到纽带作用

花架可以联系亭、台、楼、阁，具有组景的功能。

（二） 花架的位置选择

花架的位置选择较灵活，公园隅角、水边、园路一侧、道路转弯处、建筑旁边等都可设立。在形式上可与亭廊、建筑组合，也可单独设立于草坪之上。

花架在庭院中的布局可以采取附建式，也可以采取独立式。附建式属于建筑的一部分，是建筑空间的延续。它应保持建筑自身统一的比例与尺度，在功能上除供植物攀缘或设桌凳供游人休息外，也可以只起装饰作用。独立式的布局应在庭院总体设计中加以确定，它可以在花丛中，也可以在草坪边，使庭院空间有起有伏，增加平坦空间的层次，有时亦可傍山临池随势弯曲。花架如同廊道也可起到组织游览路线和组织观赏景点的作用，布置花架时一方面要格调清新，另一方面要注意与周围建筑和绿化栽培在风格上的统一。

（三） 花架常用的建造材料及植物材料

可用于花架的建造材料很多。简单的棚架，可用竹、木搭成，自然而有野趣，能与自然环境协调，但使用期限不长。坚固的棚架，用砖石、钢管或钢筋混凝土等建造，美观、坚固、耐用，维修费用少（图 3-11）。

花架的植物材料选择要考虑花架的遮阴和景观作用两个方面，多选用藤本蔓生并且具有一定观赏价值的植物，如常春藤、络石、紫藤、凌霄、地锦、南蛇藤、五味子、木香等。也可考虑使用有一定经济价值的植物如葡萄、金银花、猕猴桃等。

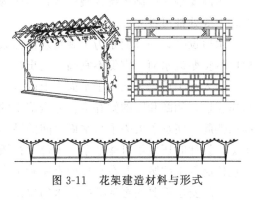

图 3-11　花架建造材料与形式

（四） 花架的造型设计

花架造型比较灵活和富于变化，最常见的形式是梁架式，也就是人们所熟悉的葡萄架。半边列柱半边墙垣，造园趣味类似半边廊，在墙上亦可以开设景窗使意境更为含蓄。此外新的形式还有单排柱花架或单柱式花架及圆形花架。单排柱的花架仍然保持廊的造园特征，它在组织空间和疏导人流方面，具有同样的作用，但在造型上更加轻盈自由。单柱式的花架很像一座亭子，只不过顶盖是由攀缘植物的叶与蔓组成。

花架的设计往往同其他小品相结合，形成一组内容丰富的小品建筑，如布置坐凳供人小憩，墙面开设景窗、漏花窗，柱间嵌以花墙，周围点缀叠石小池以形成吸引游人的景点。

二、亭

（一） 亭在景观绿地中的作用

1. 景观作用

亭在景观中常作为对景、借景、点缀风景用，也是人们游览、休息、赏景的最佳处。

2. 使用功能

亭子在功能上，主要是为了解决人们在游赏活动的过程中，驻足休息、纳凉避雨、纵目眺望的需要，在使用功能上没有严格的要求。

（二）亭的位置选择

亭在景观布局中，其位置的选择极其灵活，不受格局所限，可独立设置，也可依附于其他建筑物而组成群体，更可结合山石、水体、大树等，得其天然之趣，充分利用各种奇特的地形基址创造出优美的景观意境。

1. 山上建亭

山上建亭，常选用的位置有山巅、山腰台地、悬崖峭峰、山坡侧旁、山洞洞口、山谷溪涧等处。亭与山的结合可以共筑成景，成为一种山景的标志。亭立于山顶以升高视点俯瞰山下景色，如北京香山重阳阁前方亭；列亭于山坡可作背景，如颐和园万寿山前坡佛香阁两侧有各种亭对称布置，甚为壮观；山中置亭有幽静深邃的意境，如北京植物园内拙山亭；山上建亭还有的是为了与山下的建筑取得呼应。颐和园和承德避暑山庄全园大约有1/3数量的亭子放在山上，绝大部分取得了很好的效果。

2. 临水建亭

水际安亭在中国传统景观中有很多优秀的实例。临水的岸边、水边石矶、水中小岛、桥梁之上等处都可设立。

水边设亭，一方面是为了观赏水面的景色，另一方面也是丰富水景效果。水面设亭，一般应尽量贴近水面，宜低不宜高，突出亭中为三面或四面水面所环绕。

凸入水中或完全架设于水面之上的亭，也常立基于岛、半岛或水面石台之上，以堤、桥与岸相连，如颐和园的知春亭。完全临水的亭应尽可能贴近水面，切忌用混凝土柱墩把亭子高高架起，使亭子失去了与水面之间的贴切关系，比例失调。为了造成亭子有漂浮于水面的感觉，设计时还应尽可能把亭子卜部的柱墩缩到挑出的底板边缘的后面去，或选用天然的石料包住混凝土柱墩，并在亭边的沿岸和水中散置叠石，以增添自然情趣。

水际安亭需要注意选择好观水的视角，还要注意亭在风景画面中的恰当位置。水面设亭在体量上的大小，主要看它所面对的水面的大小而定。位于开阔湖面的亭子尺度一般较大，有时为了强调一定的气势和满足景观规划的需要，还把几个亭子组织起来，成为一组亭子组群，形成层次丰富、体形变化的建筑形象，给人以强烈的印象。

桥上置亭，也是我国景观艺术处理上的一个常见手法。

3. 亭与植物结合

亭与景观植物结合往往能产生较好的效果。中国古典景观中，有很多亭直接引用植物名，如牡丹亭、桂花亭、仙梅亭、荷风四面亭等。亭名因植物而出，再加上诗词牌匾的渲染，可以使环境空间有声有色，如无锡惠山寺旁的听松亭以松涛为主题，创造出"万壑风生成夜响，千山月照挂秋阴"的意境。拙政园中荷风四面亭的题联为"四面荷花三面柳，半潭秋水上房山"。亭旁种植物应有疏有密，精心配置，不可壅塞，要有一定的欣赏、活动空间。山顶植树更须留出从亭往外看的视线空间。

4. 亭与建筑的结合

亭与建筑的结合有两种类型：一种类型是亭与建筑相连，亭是建筑群中的一部分，建筑群是一个完整的形象；再有一种类型是，亭与建筑分离，亭是一个空间中的组成部分，作为一个独立的单体存在。亭与建筑物组配在一个空间中，它可以起到几种效果：在建筑群前轴线两侧列亭，左右对称，强化建筑的庄重、威严。很多庙宇前设钟鼓亭就有这种效果，如山西大同华严寺钟鼓亭、北京北海琼华岛南坡永安寺前的亭等。有的把亭置于建筑群的一角，使建筑组合更加活泼生动，如北京长春园中玉玲珑馆的西南角安放四方亭，在玉玲珑馆的东南隔岸映清斋后也安放四方亭。两亭虽大小不同，却可使两组建筑互相呼应；扬州寄啸山庄湖心亭位于三面建筑环抱的水池中，使空间中增添了层次。

除以上常见的位置外，亭还经常设立于密林深处、庭院一角、花间林中、草坪中、园路中间以及园路侧旁等平坦处。

（三）亭的平面及立面设计

亭的形式很多，从平面上可分为三角亭、方形亭、五角亭、六角亭、八角亭、十字亭、圆亭、蘑菇亭、伞亭、扇面亭等（图3-12）。从其组合不同又可分为单体式、组合式、与廊墙相结合的形式三类。从位置不同又可分为山亭、水亭、桥亭等。

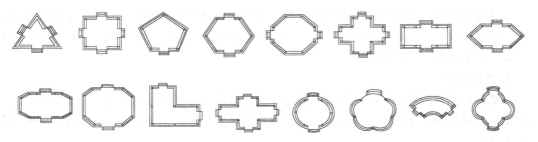

图 3-12　中国亭平面

亭的立面造型，从层数上看，有单层和两层（图3-13）。中国古代的亭本为单层，两层以上应算作楼阁。但后来人们把一些二层或三层类似亭的阁也称之为亭，并创作出了一些新的二层的亭式。

图 3-13　亭的立面造型

亭的立面有单檐和重檐之分，也有三重檐的。亭顶的形式则多采用攒尖顶、歇山顶，也有用盝顶式的，现代景观中用钢筋混凝土作平顶式亭较多，也作了不少仿攒尖顶、歇山顶等形式的。在建筑材料的选用上，中国传统的亭子以木构瓦顶的居多，也有木构草顶及全部是石构的。现代景观多用水泥、钢木等多种材料，制成仿竹、仿松木的亭，有些山地名胜地，用当地随手可得的树干、树皮、条石构亭，亲切自然，与环境融为一体，更具地方特色，造型丰富，风格多样，具有很好的效果。

三、廊

（一）廊在景观造景中的作用

1. 联系功能

廊将景观中各景区、景点连成有序的整体，虽散置但不零乱。廊将单体建筑连成有机的群体，使主次分明，错落有致。廊可配合园路，构成全园交通、游览及各种活动的通道网络，以"线"联系全园。

2. 分隔空间并围合空间

在花墙的转角、尽端划分出小小的天井，以竹石、花草构成小景，可使空间相互渗透，隔而不断，层次丰富。廊又可将空旷开敞的空间围成封闭的空间，在开朗中有封闭，热闹中有静谧，使空间变幻的情趣倍增。

3. 组廊成景

廊的平面可自由组合，廊的体态又通透开畅，尤其是善于与地形结合，"或盘山腰，或穷水边，通花度壑，蜿蜒无尽"（《园冶》），与自然融成一体，在景观景色中体现出自然与人工结合之美。

4. 实用功能

廊具有系列长度的特点，最适于作展览用房。现代景观中各种展览廊，其展出内容与廊的形式结合得尽善尽美，如金鱼廊、花卉廊、书画廊等，极受群众欢迎。此外，廊还有防雨淋、避日晒的作用，形成休憩、观赏的佳境。

廊在近现代景观中，还经常被运用到一些公共建筑（如旅馆、展览馆、学校、医院等）的庭园内，它一方面是作为交通联系的通道，另一方面又作为一种室内外联系的"过渡空间"。把室内外空间紧密地联系在一起，互相渗透、融合，形成生动、诱人的一种空间环境。

（二）廊的形式与位置选择

根据廊的平面与立面造型，可分为空廊（双面空廊）、半廊（单面空廊）、复廊、双层廊（又称复道阁廊）、爬山廊、曲廊（波折廊）等。

（三）廊的位置选择

在景观的平地、水边、山坡等各种不同的地段上建廊，由于不同的地形与环境，其作用及要求亦各不相同。

1. 平地建廊

常建于草坪一角、休息广场中、大门出入口附近，也可沿园路或用来覆盖园路，或与建筑相连等。在景观的小空间或小型景观中建廊，常沿界墙及附属建筑物以"占边"的形式布置。

平地上建廊还作为景观的导游路线来设计，经常连接于各风景点之间，廊子平面上的曲折变化完全视其两侧的景观效果和地形环境来确定，随形而弯，依势而曲，蜿蜒逶迤，自由变化。有时，为分划景区，增加空间层次，使相邻空间造成既有分割又有联系的效果，也常常选用廊子作为空间划分的手段，或者把廊、墙、花架、山石、绿化互相配合起来进行。在新建的一些公园或风景区的开阔空间环境中建游廊，利用廊子围合、组织空间，并于廊两侧空间设置座椅，提供休息环境，廊的平面方向则面向主要景物。

2. 水上建廊

一般称之为水廊，供欣赏水景及联系水上建筑之用，形成以水景为主的空间。水廊有位于岸边和完全凌驾水上两种形式。

位于岸边的水廊，廊基一般紧接水面，廊的平面也大体贴紧岸边，尽量与水接近。在水岸曲折自然的情况下，廊大多沿着水边成自由式格局，顺自然之势与环境相融合。

架设于水面之上的水廊，以露出水面的石台或石墩为基，廊基一般宜低不宜高，最好使廊的底板尽可能贴近水面，并使两边水面能穿经廊下而互相贯通，人们漫步水廊之上，左右环顾，宛若置身水面之上，别有风趣。

3. 山地建廊

供游山观景和联系山坡上下不同标高的建筑物之用，也可借以丰富山地建筑的空间构图。爬山廊有的位于山的斜坡，有的依山势蜿蜒转折而上。

（四）廊的设计

1. 廊的平面设计

根据廊的位置和造景需要，廊的平面可设计成直廊、弧形廊、曲廊、回廊及圆形廊等。

2. 廊的立面设计

廊的立面基本形式有悬山、歇山、平顶廊、折板顶廊、十字顶廊、伞状顶廊等。在做法上，要注意下面几点。

① 为开阔视野四面观景，立面多选用开敞式的造型，以轻巧玲珑为主。在功能上需要私密的部分，常常借加大檐口出挑，形成阴影。为了开敞视线，亦有用漏明墙处理。

② 在细部处理上，可设挂落于廊檐，下设置高 1m 左右之样，某些可在廊柱之间设 0.5～0.8m 高的矮墙，上覆水磨砖板，以供休憩，或用水磨石椅面和美人靠背与之相匹配。

③ 廊的吊顶，传统式的复廊、厅堂四周的围廊结顶常采用各式轩的做法。现今园中之廊，一般已不做吊顶，即使采用吊顶，装饰亦以简洁为宜。

四、园路与园桥

（一）园路

1. 园路的功能

园路像人体的脉络一样，是贯穿全园的交通网络，是联系各个景区和景点的纽带和风景线，是组成景观风景的造景要素。园路的走向对景观的通风、光照、环境状况都有一定的影响，因此无论在实用功能上，还是在美观方面，园路均发挥着重要的作用。

（1）组织空间、引导游览　园路既是景观分区的界线，又可以把不同的景区联系起来。通过园路的引导，将全园的景色逐一展现在游人眼前，使游人能从较好的位置去观赏景致。在公园中常常利用地形、建筑、植物或道路把全园分隔成各种不同功能的景区，同时又能通过道路把各个景区联系成一个整体。其中游览程序的安排对中国景观来讲是十分重要的，它能将设计者的造景序列传达给游客。园路正是起到了组织景观的观赏程序，向游客展示景观风景画面的作用。它能通过自己的布局和路面铺砌的图案，引导游客按照设计者的意图、路线和角度来游赏景物。

（2）组织交通　园路既对游客的集散、疏导有重要作用，也满足景观绿化、建筑维修、养护、管理等工作的运输需要，承担安全、防火、职工生活、公共餐厅、小卖部等园务工作的运输任务。对于小公园，这些任务可综合考虑，对于大型公园，由于园务工作交通量大，有时可以设置专门的路线。

（3）构成园景　园路优美的曲线，丰富多彩的路面铺装，与周围的山体、建筑、花草、树木、石景等物紧密结合，不仅是"因景设路"，而且是"因路得景"。所以园路可行、可游，行游统一。

2. 园路的分类

园路按功能可分为主要园路（主干道）、次要园路（次干道）和游憩小路（游步道）。按路面材料可分为土草路、泥结碎石路、块石冰纹路、砖石拼花路、条石铺装路、水泥预制块路、方砖路、混凝土路、沥青柏油路、沥青砂混凝土路等。

（1）主干道　供大量游人行走，必要时通行车辆。主干道要接通主要入口处，并要贯通全园景区，形成全园的骨架。

（2）次干道　主要用来把景观分隔成不同景区。它是各景区的骨架，同附近景区相通。

（3）小道　为引导游人深入景点、探幽寻胜之路，如游山岙、小岛、水涯、峡谷、疏林、草地等处的道路。

3. 园路的设计

（1）平面线形设计

① 园路的宽度要求。在总体规划时应首先确定园路的位置，在进行园路技术设计时，还应对下列内容进行复核：重点风景区的游览大道及大型景观的主干道的路面，应考虑能通行大卡车、大型客车。由于园务交通的需要，公园主干道应能通行卡车。重点文物保护区的主要建筑物四周的道路，应能通行消防车，其路面宽度一般为 3.5m。游步道一般为 1～2.5m，小径也可小于 1m。由于特殊需要，游步道宽度的上下限允许灵活些。游人及各种车辆的最小运动宽度表见表 3-1。

表 3-1　游人及各种车辆的最小运动宽度表

种　类	最小宽度/m	种　类	最小宽度/m
单人	≥0.75	小轿车	2.00
自行车	0.6	消防车	2.06
三轮车	1.24	卡车	2.50
手扶拖拉机	0.84～1.5	大轿车	2.66

② 园路的平面造型。规则式景观的园路造型应用直线条；自然式景观中采用迂回曲折的弧形线，蜿蜒曲折，避免构成直线，宽度可依自然地形设计，可宽可窄，以不影响行人为度，看不出有人工改造的痕迹。但曲折不能过多，曲度半径不宜相等，曲折必须有目的。如岩石当前，怪石崎岖，就须石径盘旋，蜿蜒而上，陡处必须设石级。

（2）园路的纵断面设计　园路纵断面设计的要求：第一，根据造景的需要，随地形的变化而起伏变化；第二，在满足造园艺术要求的情况下，尽量利用原地形，保证路基的稳定，并减少土方量；第三，园路与相连的城市道路在高程上应有合理的衔接；第四，园路应配合组织园内地面水的排除。不同材料路面的排水能力不同，因此，各种类型路面对纵横坡度的要求也不同（表 3-2）。

表 3-2 各种类型路面的纵横坡度表

路石类型	纵度/‰				横度/‰	
	最小	最大			最小	最大
		游览大道	园路	特殊		
水泥混凝土路面	3	60	70	100	1.5	2.5
沥青混凝土路面	3	50	60	100	1.5	2.5
块石、炼砖路面	4	60	80	110	2	3
拳石、卵石路面	5	70	80	70	3	4
粒料路面	5	60	80	80	2.5	3.5
改善土路面	5	60	60	80	2.5	4
游步小道	3		80		1.5	3
自行车道	3	30			1.5	2
广场、停车场	3	60	70	100	1.5	2.5
特别停车场	3	60	70	100	0.5	1

在游步道上，道路的起伏可大一些，一般在 12° 以下为舒适的坡道。超过 12° 时行走较费力。在游览性公路设计时，还要考虑路面视距与会车视距。

供残疾人使用的园路在设计时的具体做法参照《方便残疾人使用的城市道路和建筑设计规范》。

4. 园路的铺装

园路作为景观绿地设计要素，在满足其功能要求的基础上，还要充分考虑其景观效果。要以多种多样的形态、花纹来衬托景色，美化环境。在进行路面图案设计时，应与景区的意境相结合，即要根据园路所在的环境，选择路面的材料、质感、形式、尺度与研究路面图案的寓意、趣味，使路面更好地成为园景的组成部分。

路面的铺装有水泥、油渣、预制水泥板、卵石、砖铺等。应根据用途和创造意境而定。《园冶》中讲："惟厅堂广厦中铺一概磨砖""花环窄路偏宜石，堂回空庭须用砖""选鹅卵石铺成蜀锦""鹅子石，宜铺于不常走处""乱青版石，斗冰裂纹，宜于山堂、水坡、台端、亭际"，很细致地讲述了路面与环境的关系。

（二）园桥

1. 园桥的作用

景观中的桥是风景桥，它是风景景观的一个重要组成部分。园桥具有三重作用：一是悬空的道路，起组织游览线路和交通功能，并可变换游人观景的视线角度；二是凌空的建筑，点缀水景，本身常常就是景观一景，在景观艺术上有很高价值，往往超过其交通功能。加建亭廊的桥，称亭桥或廊桥；三是分隔水面，增加水景层次，水面被划分为大与小，桥则在线（路）与面（水）之间起中介作用。

2. 园桥的分类

（1）平桥　简朴雅致，紧贴水面，它或增加风景层次，或便于观赏水中倒影、池里游鱼，或平中有险，别有一番乐趣。

（2）曲桥　曲折起伏多姿，无论三折、五折、七折、九折在景观中通称曲桥或折桥，它为游客提供了各种不同角度的观赏点，桥本身又为水面增添了景致。

（3）拱桥　多置于大水面，它是将桥面抬高，做成玉带的形式。这种造型优美的曲线，圆润而富有动感，既丰富了水面的立体景观，又便于桥下通船。

（4）屋桥　是以石桥为基础，在其上建有亭、廊等，因此又叫亭桥或廊桥，其功能除交通和造景外，还可供人休憩。

（5）亭桥　是架在水上的亭，处于较大的水面上，具有气势磅礴之意，宜于四周观景，可供游人赏景、游憩、避雨、遮日。

3. 园桥的设计方法

（1）园桥的位置选择　在风景景观中，桥位选址与总体规划、园路系统、水面的分隔或聚合、水体面积大小密切相关。大水面架桥借以分隔水面时，宜选在水面岸线较狭处，既可减少桥的工程造价，又可避免水面空旷。建桥时，应适当抬高桥面，既可满足通航的要求，还能框景，增加桥的艺术效果。附近有建筑的，更应推敲园桥体形的细部表现。小水面架桥宜体量小而轻，体形细部应简洁，轻盈质朴。同时，宜将桥位选择在偏居水面的一隅，以期水系藏源，产生"小中见大"的景观效果。在水势湍急处，桥宜凌空架高，并加栏杆，以策安全，以壮气势。水面高程与岸线齐平处，宜使桥平贴水波，使人接近水面，产生凌波亲切之感。

（2）园桥的设计

① 单跨平桥。造型简单能给人以轻快的感觉。有的平桥用天然石块稍加整理作为桥板架于溪上，不设栏杆，只在桥端两侧置天然景石隐喻桥头，简朴雅致。如苏州拙政园曲径小桥、广州荔湾湖公园单跨仿木平板桥，亦具田园风趣。

② 曲折平桥。多用于较宽阔的水面而水流平静者。为了打破一跨直线平桥过长的单调感，可架设曲折桥式。曲折桥有两折、三折、多折等。如上海城隍庙豫园的九曲桥，饰以华丽栏杆与灯柱，形态绚丽，与庙会的热闹气氛相协调。

③ 拱券桥。用于庭园中的拱券桥多以小巧取胜。网师园石拱桥以其较小的尺度、低矮的栏杆及朴素的造型和周围的山石树木配合得体著称。广州流花公园混凝土薄拱桥造型简洁大方，桥面略高于水面，在庭园中形成小的起伏，颇富新意。

④ 汀步。水景的布置除桥外在景观中亦喜用汀步。汀步宜用于浅水河滩，平静水池，山林溪涧等地段。近年来以汀步点缀水面亦有许多创新的实例。

五、小品设计

（一）景观小品设计

1. 园桌、园椅、园凳

园椅、园凳是供游人休息、赏景用的，一般布置在人流较多、景色优美的地方，如树荫下、河湖水体边、路边、广场、花架下等。有时还可设置园桌，供游人休息娱乐用。同时，这些桌椅本身的艺术造型也能装点景观景色。

（1）基本尺寸　园椅、园凳的高度宜在30cm左右，不宜太高，否则游人坐着有不安全之感。基本尺寸见表3-3。

表3-3　园椅、园凳的基本尺寸

使用对象	高/cm	宽/cm	长/cm
成人	37～43	40～45	180～200
儿童	30～35	35～40	40～60
兼用	35～40	38～43	120～150

（2）形式　园椅、园凳要求造型美观，坚固舒适，构造简单，易清洁，耐日晒雨淋。其图案、色彩、风格要与环境相协调。常见形式有直线长方形、方形；曲线环形、圆形；直线加曲线；仿生与模拟形等。此外还有多边形或组合形。

（3）材料　园桌、园椅、园凳可用多种材料制作，有木、竹材料，还有钢铁、铝合金、钢筋混凝土、塑胶以及石材、陶、瓷等。有些材料制作的桌椅还必须用油漆、树脂涂抹或瓷砖、马赛克等装饰表面。其色彩要与周围环境相协调。

2. 园门、园墙

（1）园墙　园墙在景观绿地中有两种，即界墙与景墙。

① 界墙。用于景观边界四周，也称护园围墙。这种墙的主要功能是防护，但也有装饰和丰富景观景色的作用，因此，质地应坚固、耐用，同时形式也要美观。最好采用镂空或半镂空的花格围墙，使景观内外景色互相渗透。

② 景墙。景观内部的墙，称为景墙。其主要功能是分隔空间，还有组织导游、衬托景观、装饰美化及遮挡视线的作用。景墙是景观空间构图的一个重要因素。景墙的形式有波形墙、漏明墙、白粉墙、花格墙、虎皮石墙等。中国江南古典景观多用白粉墙（图3-14），白粉墙面不仅与屋顶、门窗的色彩有明显对比，而且能衬托出山石、竹丛、花木的多姿多彩。在阳光照射下，墙面上的水光树景变幻莫测，形成一幅美丽的画面。景墙上常设的漏窗、空窗、门洞等形式虚实、明暗对比，使窗面的变

图3-14　景观景墙之白粉墙

化更加丰富。漏窗的形式有方形、长方形、圆形、六角形、八角形、扇形等及其他不规则形状。

（2）园门　园门是指景观中的出入口。主要出入口的园门称正门，次要出入口的园门称为侧门。另外园门还有专用的景门，它是指安装在景墙上连通各景区的园门。景观中的园门正是景观的"序言"，除要求管理方便、入园合乎顺序外，还要形象明确，色彩讲究，雅丽大方，特点突出，便于游人寻找。纪念性质的公园，园门造型宜高大、厚实，具有沉着、庄重严肃的气氛。森林公园、树木园以及天然名胜、历史古迹等处的园门，须力求自然，避免华丽和浓厚的建筑气氛，最好有山野风味。一般性公园外的园门宜玲珑、轻盈潇洒。

景门因不用门扇，故又有六洞之称。景门除供游人出入外，也是一幅取景框，即为框景。景门的形状多样，在分隔主要景区的景墙上，常用简洁而直径较大的圆景门和八角景门，便于流通。在廊和小庭院、小空间的墙上，多用尺寸较小的长方形、秋叶形、瓶形、葫芦形等形状轻巧的景门（图3-15）。

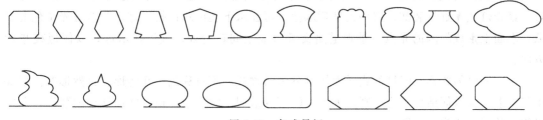

图3-15　各式景门

（二）雕塑

雕塑广泛运用于景观绿地的各个领域。景观雕塑是一种艺术作品，不论从内容、形式和艺术效果上都十分考究。

1. 雕塑的类型

雕塑在景观中有表达景观主题，组织园景，点缀、装饰、丰富景观内容，充当适用的小设施等功能。因此，雕塑可分为如下几种。

（1）纪念性雕塑　大都塑在纪念性景观绿地之内和有关历史名城之中。如上海虹口公园的鲁迅座像；南京新街口广场的孙中山铜像等。

（2）主题性雕塑　按照某一主题创作的雕塑。如杭州花港公园的"莲莲有鱼"雕塑，突出观鱼，借以表达景观主题。位于北京的全国农业展览馆用丰收图群雕突出农业新技术、新成就的应用效果，借以表达主题。

（3）装饰性雕塑　这类雕塑常与树、石、喷泉、水池、建筑物等结合建造，借以丰富游览内容，供人观赏。如金鱼、天鹅、海豹、长颈鹿等雕塑。

2. 雕塑的制作材料

可采用大理石、汉白玉石、花岗岩和混凝土、金属等材料进行制作。近年还有应用钢筋混凝土塑造假山、建筑小品和小型设施（如果壳箱）。例如塑造仿树干的灯柱、仿木板的桥、仿山石的假山等。

3. 雕塑的设置

雕塑一般设立在景观主轴线上或风景透视线的范围内；也可将雕塑建立于广场、草坪、桥畔、山麓、堤坝旁等。雕塑既可孤立设置，也可与水池、喷泉等搭配。有时，雕塑后方可密植常绿树丛，作为衬托，则更可使所塑形象特别鲜明突出。

（三）其他

1. 园灯

（1）园灯的作用　园灯属于景观中的照明设备，主要作用是供夜间照明，点缀黑夜的景色，同时，白天园灯又可起到装饰作用。因此，各类园灯不仅在照明质量与光源选择上有一定要求，而且对灯管、灯柱、灯座造型都必须加以考虑。

（2）园灯的设置　景观内需设置园灯的地点很多，如景观出入口、广场、道旁、桥梁、建筑物、花坛、踏步、平台、雕塑、喷泉、水池等地，均需设灯。园灯处在不同的环境下，有着不同的要求。在开阔的广场和水面，可选用发光效率高的直射光源，灯柱高度可依广场大小而变动，一般为 5~10m。道路两旁的园灯，希望照度均匀，由于路边行道树的遮挡，一般不宜过高，以 4~6m 为好，间距 30~40m 为宜，不可太远或太近，常采用散射光源，以免直射光使行人耀眼而目眩。在广场和草坪中的雕塑、花坛、喷水池等处，可采用探照灯、聚光灯或霓虹灯装饰。有些大型喷水池，可在水下装设彩色投光灯，营造五光十色的景象，水面上形成闪闪的光点。景观道路交叉口或空间转折处，宜设指示灯，以便黑夜指示方向。

（3）园灯的式样　园灯的式样大体可分为对称式、不对称式、几何形、自然形等。形式虽然繁多，但以简洁大方为原则。因此，园灯的造型不宜复杂，切忌施加烦琐的装饰，通常以简单的对称式为主（图 3-16）。

图 3-16　对称式园灯

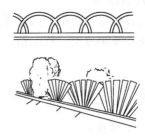

图 3-17　栏杆的式样

2. 栏杆

栏杆是由外形美观的短柱和图案花纹，按一定间隔（距离）排成栅栏状的构筑物。

（1）栏杆的作用　栏杆在景观中主要起防护、分隔作用，同时利用其节奏感，发挥装饰园景的作用。有的台地栏杆可做成坐凳，既可防护又供坐息。栏杆的式样虽然繁多，但造型的原则都是一样的，即须与环境协调。例如在雄伟的建筑环境内，须配坚实而具庄重感的栏杆；而在花坛边缘或园路边可配灵活轻巧、生动活泼的修饰性栏杆，等等（图 3-17）。

（2）栏杆的高度　栏杆的高度随不同环境和不同功能要求有较大的变化，可为 15～120cm。例如，防护性栏杆，一般为 85～95cm；广场花坛旁栏杆，不宜超过 25～35cm；设在水边、坡地的栏杆，高度在 60～85cm；而在悬崖上装置栏杆，其高度则须远超过人体的重心，一般应达 110～120cm 左右；坐凳式栏杆凳的高度以 40～45cm 为宜。

（3）栏杆的材料　制造栏杆的材料很多，有木、石、砖、钢筋混凝土和钢材等。木栏杆一般用于室内，室外宜用砖、石建造的栏杆。钢制栏杆轻巧玲珑，但易生锈，防护较麻烦，每年要刷油漆，可用铸铁代替。钢筋混凝土栏杆坚固耐用，且可预制装饰性花纹，装配方便，维护管理简单。石制栏杆坚实、牢固，又可精雕细刻，增强艺术性，但造价较昂贵。此外，还可用钢、木、砖及混凝土等组合制作栏杆。

3. 宣传牌、宣传廊

宣传牌、宣传廊是在景观中对游客进行政治思想教育、普及科学知识与技术的景观设施。它具有形式灵活多样、体形轻巧玲珑、占地少、造价低廉和美化环境等特点，适于在各类景观绿地中布置。

（1）设置地点的位置　为了获得较好的宣传效果，这类设施多放置在游人停留较多之处。如广场的出入口、道路交叉口、建筑物前，亭廊附近，休憩的凳、椅之旁等。此外，还可与挡土墙、围墙结合，或与花坛、花台相结合。

宣传牌宜立于人流必经之处，但又不可妨碍行人来往，故须设在人流路线之外，牌前应留有一定空地，作为观众参观展品的空间。该处地面必须平坦，并且有绿树庇荫，以便游人悠闲地赏阅。人们一般的视线高度为 1.4～1.5m，故宣传牌的主要览面应置于人们视线高度的范围内，上下边线宜在 1.2～2.2m 之间，可供一般人平视阅读。

（2）宣传廊的主要组成部分　宣传廊主要由支架、板框、檐口和灯光设备组成。支架为主要承重结构，板框附在支架上，作为装饰展品之用。板框处一般加装玻璃，借以保护展品。檐口可防雨水渗漏。顶板应有 5% 的坡度向后倾斜，以便雨水向后方排去。灯光设备通常隐藏于挑檐内部或框壁四周。为了避免直接光源发出眩光的缺点，可用毛玻璃遮盖，或用乳白灯罩，使光线散射。

4. 公用类建筑设施

公用类建筑设施主要包括电话、导游牌、路标、停车场、存车处、供电及照明、供水及排水设施、标志物及果皮箱、饮水站、厕所等。

复习思考题

1. 景观构成要素有哪些？
2. 地形的功能和作用是什么？
3. 花坛设计要点是什么？
4. 绿篱的作用和功能是什么？
5. 攀缘植物的种植设计需注意什么？
6. 景观植物乔、灌木的种植类型通常有几种？

项目四 园林景观艺术设计

项目导读

"美是一种客观存在的社会现象，它是人类通过创造性的劳动实践，把具有真善德品质的本质力量在对象中实现出来，从而使对象成为一种能够引起爱慕和喜悦的感情的观赏形象，就是美。"景观美源于自然，又高于自然景观，是大自然造化的典型概括，是自然美的再现。它随着文学绘画艺术和宗教活动的发展而发展，是自然景观和人文景观的高度统一。

任务一 园林景观美学设计

园林景观美具有多元性，表现在构成景观的多元要素之中和各要素的不同组合形式之中。景观美也具有多样性，主要表现在其历史、民族、地域、时代性的多样统一之中。景观具有绝对与相对性差异，这是因为它包含自然美和社会美的缘故。

一、自然美

自然景物和动物的美称为自然美。自然美的特点偏重于形式，往往以其色彩、形状、质感、声音等感性特征直接引起人的美感，它所积淀的社会内涵往往是曲折、隐晦、间接的。人们对自然美的欣赏往往注重它形式的新奇、雄浑、雅致，而不注重它所包含的社会功利内容。

许多自然事物因其具有与人类社会相似的一些特征，而可以成为人类社会生活的一种寓意和象征，成为生活美的一种特殊形式的表现；另一些自然事物因符合形式美的法则，当人们直观时，以其所具有的条件及诸因素的组合给人以身心和谐、精神提升的独特美感，并能寄寓人的气质、情感和理想，表现出人的本质力量。景观的自然美有如下共性。

1. 变化性

随着时间、空间和人的文化心理结构的不同，自然美常常发生明显的或微妙的变化以及具有不稳定的状态。时间上的朝夕、四时，空间上的旷、奥，人的文化素质与情绪，都直接影响自然美的发挥。

2. 多面性

景观中的同一自然景物可以因人的主观意识与处境而向相互对立的方向转化；或景观中完全不同的景物可以产生同样的效应。

3. 综合性

景观作为一种综合艺术，其自然美常常表现在动、静结合中，如山静水动、树静风动、物静人动、石静影移、水静鱼游；在动静结合中，又往往寓静于动或寓动于静。

二、生活美

景观作为一个现实的物质生活环境，是一个可游、可憩、可赏、可学、可居、可食的综合活动空间，必须使其布局能保证游人在游园时感到非常舒适。

首先应保证景观环境的清洁卫生，空气清新，无烟尘污染，水体清透。要有适于人生活的小气候，使气温、湿度、风的综合作用达到理想的要求。冬季要防风，夏季能纳凉，有一定的水面、空旷的草地及大面积的庇荫树林。

景观的生活美，还应该有方便的交通、良好的治安保证和完美的服务设施。有广阔的户外活动场地，有安静的散步、垂钓、阅读休息的场所；在积极运动方面，有划船、游泳、溜冰等体育活动的设施；在文化生活方面，有各种展览、舞台艺术、音乐演奏等的场地。这些都将怡悦人们的性情，带来生活的美感。

三、艺术美

现实美是美的客观存在的形态，而艺术美则是现实美的升华。艺术美是人类对现实生活的全部感受、体验、理解的加工提炼、熔铸和结晶，是人类对现实审美关系的集中表现。艺术美通过精神产品传达到社会中去，推动现实生活中美的创造，成为满足人类审美需要的重要审美对象。

现实生活虽然丰富，却代替不了艺术美。从生活到艺术是一个创造过程。艺术家是按照美的规律和自己的审美理想去创造作品的。艺术有其独特的反映方式，就是艺术是通过创造艺术形象具体地反映社会生活，表现作者思想感情的一种社会意识形态。艺术美是意识形态的美。艺术美的具体特征有以下几点。

1. 形象性

形象性是艺术的基本特征，用具体的形象反映社会生活。

2. 典型性

作为一种艺术形象，它虽来源于生活，但又高于普通的实际生活，它比普通的实际生活更高更强烈，更有集中性，更典型，更理想，因此就更带有普遍性。

3. 审美性

艺术形象要具有一定的审美价值，能引起人们的美感，使人得到美的享受，培养和提高人的审美情趣，提高人的审美素质，而进一步提高人们对美的追求和对美的创造能力。

艺术美是艺术作品的美。景观作为艺术作品，景观艺术美也就是景观美。它是一种时空综合艺术美。在体现时间艺术美方面，它具有诗与音乐般的节奏与旋律，能通过想象与联想，使人将一系列的感受转化为艺术形象。在体现空间艺术美方面，它具有比一般艺术更为完备的三维空间，既能使人感受和触摸，又能使人深入其内，身历其境，观赏和体验到它的序列、层次、高低、大小、宽窄、深浅、色彩。中国传统景观是以山水画的艺术构图为形式，以山水诗的艺术境界为内涵的典型的时空综合艺术，其艺术美是融诗画为一体的，内容与形式协调统一的美。

四、形式美

自然界常以其形式美取胜而影响人们的审美感受，各种景物都是由外形式和内形式组成的。外形式是由景物的材料、质地、体态、线条、光泽、色彩和声响等因素构成；内形式是由上述因素按不同规律而组织起来的结构形式或结构特征。如一般植物都是由根、茎、叶、花、果实、种子组成的，然而它们由于其各自的特点和组成方式的不同而产生了千变万化的植物个体和群体，构成了乔、灌、藤、花卉等不同的形态。

形式美是人类社会在长期的社会生产实践中发现和积累起来的，它具有一定的普遍性、规定性和共同性。但是人类社会的生产实践和意识形态在不断地改变，并且还存在着民族性、地域性及阶级、阶层的差别。因此，形式美又带有变异性、相对性和差异性。但是，形式美发展的总趋势是不断提炼和升华的，表现出人类健康、向上、创新和进步的愿望。

从形式美的外形式方面加以描述，其表现形态主要有线条美、图形美、体形美、光影色彩美、朦胧美等几个方面。

人们在长期的社会劳动实践中，按照美的规律塑造景物外形式逐步发现了一些形式美的规律性。

（一）主与从

主体是空间构图的重心或重点，也起主导作用，其余的客体对主体起陪衬或烘托作用。这样主次分明，相得益彰，才能共存于统一的构图之中。若是主体孤立，缺乏必要的陪体衬托，就形同孤家寡人了。如过分强调客体，则喧宾夺主或主次不分，都会导致构图失败。所以，整个景观构图乃至局部都要重视这个问题（见图 4-1）。

（二）对称与均衡

对称与均衡是形式美在量上呈现的美。对称是以一条线为中轴，形成左右或上下在量上的均等。它是人类在长期的社会实践活动中，通过学习对自身、对周围环境观察而获得的规律，体现着事物自身结构的一种符合规律的存在方式。而均衡是对称的一种延伸，是事物的两部分在形体布局上不相等，但双方在量上却大致相当，是一种不等形但等量的特殊的对称形式。也就是说，对称是均衡的，但均衡不一定对称，因此，就分出了对称均衡和不对称均衡。

1. 对称均衡

对称均衡，又称静态均衡，就是景物以某轴线为中心，在相对静止的条件下，取得左右或上下对称的形式，在心理学上表现为稳定、庄重和理性。对称均衡在规则式景观中常被采用。如纪念性景观，公共建筑前的绿化，古典景观前成对的石狮、槐树，路两边的行道树、花坛、雕塑等。图 4-2 为某私人别墅式花园，入门道路直通建筑，左右除灯柱外，完全对称。

图 4-1　苏州盘门——主与从　　　　　　　　图 4-2　私人别墅式花园

2. 不对称均衡

不对称均衡，又称动态均衡、动势均衡。不对称均衡创作法一般有以下几种类型。

（1）构图中心法　即在群体景物之中，有意识地强调一个视线构图中心，而使其他部分均与其取得对应关系，从而在总体上取得均衡感。图 4-3 为美国宾夕法尼亚州花园以中间的圆形水池为视线构图中心，则其他四块水池及两侧绿地和景观形成相应对称的关系，从而得到整体的均衡对称感。

（2）杠杆均衡法　又称动态平衡法。根据杠杆力矩原理，对不同体量或重量感的景物置于相对应的位置而取得平衡感。如图 4-4 为美国俄亥俄州树木园的两侧不同质感的标示牌在主路两侧以取得均衡感。

（3）惯性心理法　或称运动平衡法。人在劳动实践中形成了习惯性重心感，若重心产生偏移，则必然出现动势倾向，以求得新的均衡。人体活动一般在三角形中取得平衡。根据这些规律，在景观造景中就可以广泛地运用三角形构图法（见图 4-5）、景观静态空间与动态空间的重心处理等，它们均是取得景观均衡的有效方法。

不对称均衡的布置小至树丛、散置山石、自然水池，大至整个景观绿地、风景区的布局。它常给人以轻松、自由、活泼、变化的感觉，所以被广泛地应用于一般游憩性的自然式景观绿地中。

图 4-3　美国宾夕法尼亚州花园　　　　　　图 4-4　美国俄亥俄州树木园

（三） 对比与协调

对比是比较心理的产物。对风景或艺术品之间存在的差异和矛盾加以组合利用，取得相互比较、相辅相成的呼应关系。协调是指明各景物之间形成了矛盾统一体，也就是在事物的差异中强调了统一的一面，使人们在柔和宁静的氛围中获得审美享受。景观要在对比中求协调，在协调中有对比，使景观丰富多彩，行动活泼，又风格协调，突出主题。

对比与协调只存在于统一性质的差异之间，要有共同的因素，如体量大小，空间的开敞与封闭，线条的曲直，色调的冷暖、明暗，材料质感的粗糙与细腻等。而不同性质的差异之间不存在协调对比，如体量大小与色调冷暖就不能比较。

图 4-5 植物造景在
三角形中取得平衡

（四） 比例与尺度

比例要体现的是事物的整体之间、整体与局部之间、局部与局部之间的一种关系。这种关系使人得到美感，就是合乎比例了。比例具有满足理智和艺术要求的特征。与比例相关联的是尺度，比例是相对的，而尺度涉及具体尺寸。景观中构图的尺度是景物、建筑物整体和局部构件与人或人所见的某些特定标准的尺度感觉。

比例与尺度受多种因素和变化的影响，典型的例子如苏州古典景观多是明清时期的私家宅园，各部分造景都是效法自然山水，把自然山水提炼后缩小到景观中。建筑道路曲折有致，大小适合，主从分明，相辅相成，无论在全局上，还是局部上，它们相互之间以及与环境之间的比例尺度都是很相称的。就当时的少数人起居来说，其尺度是合适的，但是现在随着旅游事业的发展，国内外游客大量增加，假山显得低而小，游廊显得矮而窄，其尺度就不符合现代游赏的需要。所以不同的功能要求不同的空间尺度，不同的功能也要求不同的比例。

（五） 节奏与韵律

图 4-6 韵律感

节奏产生于人本身的生理活动，如心跳、呼吸、步行等。在建筑和景观中，节奏就是景物简单的反复连续出现，通过时间的运动而产生美感，如灯柱、花坛、行道树等。而韵律则是节奏的深化，是有规律但又自由地起伏变化，从而产生富于感情色彩的律动感，使得风景、音乐、诗歌等产生更深的情趣和抒情意味。由于节奏与韵律有着内在的共同性，故可以用节奏韵律表示它们的综合意义。如图 4-6 为两旁用高篱封闭的步行道路，用两侧相同的带状花坛种植秋海棠与一种观赏禾草类植物，相互交替排列形成韵律感。

（六） 多样统一

这是形式美的基本法则，其主要意义是要求在艺术形式的多样变化中，要有其内在的和谐与统一关系，要显示形式美的独特性，又具有艺术的整体性。多样而不统一，必然杂乱无章；统一而无变化，则呆板单调。多样统一还包括形式与内容的变化与统一。景观是多种要素组成的空间艺术，要创造多样统一的艺术效果，可通过许多途径来达到。如形体的变化与统一、风格流派的变化与统一、图形线条的变化与统一、动势动态的变化与统一、形式内容的变化与统一、材料质地的变化与统一、线形纹理的变化与统一、尺度比例的变化与统一、局部与整体的变化与统一等。

任务二　园林景观色彩设计

一、色彩的概念

（一）色相

色相是指一种颜色区别于另一种颜色的相貌特征，简单地讲就是颜色的名称。不同波长的光具有不同的颜色，波长（单位：nm）与色相的关系如下。

波长　400—450—500—570—590—610—700
色相　紫　蓝　青　绿　黄　橙　红

（二）明度

明度是指色彩明暗和深浅的程度，也称为亮度、明暗度。同一色相的光，由于植物体吸收或被其他颜色的光中和时，就呈现该色相各种不饱和的色调。同一色相，一般可以分为明色调、暗色调、灰色调。

（三）纯度（色度、饱和度）

纯度是指颜色本身的明净程度，如果某一色相的光没有被其他色相的光中和或物体吸收，其便是纯色。

二、色彩的分类和感觉

（一）色彩的分类

人们看到的物体的颜色，是由物体表面色素将照射到它上面的光线反射到我们眼睛而产生的视觉，太阳光线是由红、橙、黄、绿、青、蓝、紫7种颜色光组成的。当物体被阳光照射时，由于物体本身的反射与吸收光线的特性不同而产生不同的颜色。在夜晚或光照很弱的条件下，花草树木的颜色无从辨认，因此，在一些夜晚使用的景观内，光照就显得特别重要（见图4-7，有彩图）。

红、黄、蓝3种颜色称为三原色。由这3种颜色经过调和可以产生其他颜色，任何两种颜色等量（1∶1）调和后，可以产生另外3种颜色，即红＋黄＝橙，红＋蓝＝紫，黄＋蓝＝绿，这3种颜色称为三原减色，这6种颜色称为标准色。

图4-7　景观中夜景的营造有着重要的位置

如果把三原色中的任意两种颜色按照 2：1 的比例调和，又可以产生另外 6 种颜色，如 2 红＋1 黄＝红橙，1 红＋2 黄＝黄橙，把这 12 种颜色用圆周排列起来就形成了 12 种色相。每种色相在圆环上占据 30°（1/12）圆弧，这就是常说的十二色相环。在色相环上，两个距离互为 180°的颜色称为补色，而距离相差 120°以上的两种颜色称为对比色，其中互为补色的两种颜色对比性最强烈，如红与绿为补色，红与黄为对比色，而距离小于 120°的两种颜色称为类似色，如红与橙为类似色。

（二）色彩的感觉

1. 色彩的温度感

在标准色中，红、橙、黄三种颜色能使人们联想起火光、阳光的颜色，因此具有温暖的感觉，称之为暖色系。而蓝色和青色是冷色系，特别是对夜色、阴影的联想更增加了其冷的感觉。而绿色是介于冷、暖之间的一种颜色，故其温度感适中，是中性色。人们用"绿杨烟外晓寒轻"的诗句来形容绿色是十分确切的。

在景观中运用色彩的温度感时，春、秋宜采用暖色花卉，严寒地区就应该多用，而夏季宜采用冷色花卉，可以引起人们的凉爽的联想。但由于植物本身花卉的生长特性的限制，冷色花的种类相对少，这时可用中性花来代替，例如白色、绿色均属中性色，因此，在夏季应是以绿树浓荫为主。

2. 色彩的距离感

一般暖色系的色相在色彩距离上有向前接近的感觉，而冷色系的色相有后退及远离的感觉。6 种标准色的距离感由远至近的顺序是紫、蓝、绿、红、橙、黄。

在实际景观应用中，作为背景的景观色彩为了加强其景深效果，应选用冷色系色相的植物。

3. 色彩的重量感

不同色相的重量感与色相间亮度差异有关，亮度强的色相重量感轻，反之则重。例如青色较黄色重，而白色的重量感较灰色轻。同一色相中，明色重量感轻，暗色重量感重。

色彩的重量感在景观建筑中关系较大，一般要求建筑的基础部分采用重量感强的暗色，而上部采用较基础部分轻的色相，这样可以给人一种稳定感，另外，在植物栽植方面，要求建筑的基础部分种植色彩浓重的植物种类。如图 4-8（有彩图）为美国白宫前的植物配置，主要以色彩浓重的植物进行装饰，前面的喷水池以黄色菊花装饰边缘，点缀出主体建筑——白宫，给人以疏淡平和、静雅无华的感觉，同时通过绿色和白色的对比给人以稳重的感觉。

图 4-8　白宫前的植物配置

图 4-9　在铺装上采用亮色，加上宽阔的水面，从整体上扩大了空间感

4. 色彩的面积感

一般橙色系色相，主观上给人一种扩大的面积感，青色系的色相则给人一种收缩的面积感。另外，亮度高的色相面积感大，而亮度弱的色相面积感小。同一色相，饱和的较不饱和的面积感大，如果将两种互为补色的色相放在一起，双方的面积感均可加强。色彩的面积感在景观中应用较多，在相同面积的前提下。水面的面积感最大，草地的面积感次之，而裸地的面积感最小。因此，在较小面积景观中，设置水面比设置草地更可以取得扩大面积的效果。在色彩构图中，多运用白色和亮色，同样可以产生扩大面积的错觉（见图4-9，有彩图）。

5. 色彩的运动感

橙色系色相可以给人一种较强烈的运动感，而青色系色相可以使人产生宁静的感觉。同一色相的明色运动感强，暗色运动感弱，而同一色相饱和的运动感强，不饱和的运动感弱，亮度强的色相运动感强，亮度弱的运动感弱。互为补色的二色相结合时，运动感最强烈。两个互为补色的色相共处一个色组中比任何一个单独的色相在运动感上要强烈得多。

在景观中，可以运用色彩的运动感创造安静与运动的环境。例如在景观中，休息场所和疗养地段可以多采用运动感弱的植物色彩，为人们营造一种宁静的气氛（图4-10，有彩图）；而在运动性场所，如体育活动区、儿童活动区等，应多选用具有强烈运动感色相的植物和花卉，营造一种活泼、欢快的气氛（图4-11，有彩图）。

图4-10 灰白色的石座椅配上灰色粗糙的卵石路，加上两侧的竹林，营造幽静的氛围

图4-11 运动感色相的植物和花卉，营造一种活泼、欢快的气氛

（三）色彩的感情

色彩容易引起人们的思想感情的变化，由于人们受传统的影响，对不同的色彩有不同的思想情感。色彩的感情是通过其美的形式表现的，色彩的美可以通过它引起人们的思想变化。色彩的感情是一个复杂、微妙的问题，对不同的国家、不同的民族、不同的条件和时间，同一色相可以产生许多种不同的感情，下面就这方面的内容作一简单介绍。

① 红色给人以兴奋、热情、喜庆、温暖、扩大、活动及危险、恐怖之感。
② 橙色给人以明亮、高贵、华丽、焦躁之感。
③ 黄色给人以温和、光明、纯净、轻巧及憔悴、干燥之感。
④ 绿色给人以青春、朝气、和平、兴旺之感。
⑤ 紫色给人以华贵、典雅、忧郁、恐慌、专横、压抑之感。
⑥ 白色给人以纯洁、神圣、高雅、寒冷、轻盈及哀伤之感。

⑦ 黑色给人以肃穆、安静、坚实、神秘及恐怖、忧伤之感。

以上只是简单介绍几种色彩的感情，这些感情不是固定不变的，同一色相用在不同的事物上会产生不同的感觉，不同民族对同一色相所引起的感情也是不一样的，这点要特别注意。

三、色彩在景观中的应用

（一）天然山水和天空的色彩

在景观设计中，天然山水和天空的色彩不是人们能够左右的，因此一般只能作背景使用。在景观中常用天空作一些高大主景的背景来增加其景观效果，如青铜塑像、白色的建筑等。如图 4-12（有彩图）为北京北海的白塔以蓝色的天空作为背景，下有绿色的湖面作掩映，增加了其塔的景观效果。

景观中的水面颜色与水的深度、水的纯净程度、水边植物、建筑的色彩等关系密切，特别是受天空颜色影响较大。通过水面映射周围建筑及植物的倒影，往往可以产生奇特的艺术效果，在以水面为背景或前景布置主景时，应着重处理主景与四周环境和天空的色彩关系，另外要注意水的清洁，否则会大大降低风景效果（见图 4-13，有彩图）。

图 4-12　北京北海　　　　图 4-13　苏州网师园注重水边景观与水中倒影的结合

（二）景观建筑、道路和广场的色彩

由于景观建筑、道路和广场都是人为建造的，所以其色彩可以人为控制，建筑的色彩一般要求注意以下几点。

① 结合气候条件设置色彩，南方地区以冷色为主，北方地区以暖色为主。

② 考虑群众爱好与民族特点，例如南方有些少数民族地区喜好白色，而北方地区群众喜欢暖色。

③ 与景观环境关系既有协调，又有对比。布置在景观植物附近的建筑色彩，应以对比为主，在水边和其他建筑边的色彩以协调为主。

④ 与建筑的功能相统一，休息性的以具有宁静感觉的色彩为主，观赏性的以醒目色彩为主。道路及广场的色彩多为灰色及暗色的，其色彩是由建筑材料本身的特性决定的。但近些年来，由人工制造的地砖、广场砖等色彩多样，如红色、黄色、绿色等，将这些铺装材料用在景观道路及广场上，丰富了景观的色彩构图。一般来说，道路的色彩应结合环境设置，其色彩不宜过于突出刺目，在草坪中的道路可以选择亮一些的色彩，而在其他地方的道路应以温和、暗淡为主。

图 4-14 上海世纪大道一侧的绿地植物配置，
不同种类植物的色彩和形态搭配

（三）景观植物的色彩

景观植物色彩构图的处理方法有以下几种。

① 单色处理。以一种色相布置于景观中，但必须通过个体的大小、姿态取得对比，例如绿草地中的孤立树，虽然均为绿色，但在形体上是对比，因而取得较好的效果。另外，在景观中的块状林地，虽然树木本身均为绿色，但有深绿、淡绿及浅绿等之分，同样可以创造出单纯、大方的气氛（见图 4-14，有彩图）。

② 多种色相的配合。其特点是植物群落给人一种生动欢快活泼的感觉，如在花坛设计中，常用多种颜色的花配于一起，创造出一种欢快的节日气氛（见图 4-15、图 4-16，有彩图）。

图 4-15 天安门广场"十一"摆花——"万众一心"，
运用色彩明快的花卉营造了欢快的节日气氛

图 4-16 以福娃为主体的大型节日摆花

③ 两种色彩配置在一起如红与绿，这种配合给人一种特别醒目、刺眼的感觉。在大面积草坪中，配置少量红色的花卉更具有良好的景观效果（见图 4-17，有彩图）。

④ 类似色的配合。这种配合常用在从一个空间向另一空间过渡的阶段，给人一种柔和安静的感觉（见图 4-18，有彩图）。

图 4-17 沈阳世界园艺博览会绿林间
点缀的成片郁金香

图 4-18 植物色彩在层次上的过渡
给人以柔和安静的感觉

（四）观赏植物配色

在实际的景观绿地中，经常以少量的花卉布置于绿树和草坪中，丰富景观的色彩。

1. 观赏植物补色对比

在绿色、浅绿色受光落叶树前，宜栽植大红的花灌木或花卉，可以得到鲜明的对比，例如红色的碧桃、红花的美人蕉、红花紫薇等。草本花卉中，常见的同时开花的品种配合有玉簪花与萱草、桔梗与黄波斯菊、郁金香中黄色与紫色、三色堇的金黄色与紫色等等。要了解具体哪些花卉可以使用，必须熟悉各种花的开花习性及色彩，才能在实际应用中得心应手。

2. 邻补色对比

用邻补色对比，可以得到活跃的色彩效果，金黄色与大红色、青色与大红色、橙色与紫色、金黄色与大红色的配合等均属此类型。

3. 冷暖色对比

暖色花在植物中较常见，而冷色花则相对较少，特别是在夏季。而一般要求夏季炎热地区要多用冷色花卉，这给景观植物的配置带来了困难。常见的夏季开花的冷色花卉有矮牵牛、桔梗、蝴蝶豆等。在这种情况下可以用一些中性的白色花来代替冷色花，效果也是十分明显的。

4. 类似色对比

类似色的植物应用在景观中常用片植方法。栽植一种植物，如果是同一种花卉且颜色相同，势必产生没有对比和节奏的变化。因此常用同一种花卉不同色彩的花种植在一起，这就是类似色，如金盏菊中的橙色与金黄色品种配植、月季的深红与浅红色品种配植等，这样可以使色彩显得活跃。在木本植物中，阔叶树叶色一般较针叶树要浅。而阔叶树中，在不同的季节，落叶树的叶色也有很大变化，特别是秋季。因此，在景观植物的配置中，就要充分利用这富于变化的叶色，从简单的组合到复杂的组合，创造丰富的植物色彩景观。

5. 夜晚色彩对比

一般在有月光和灯光照射下的植物，其色彩会发生变化，比如月光下，红色花变为褐色，黄色花变为灰白色。因此在晚间，植物色彩的观赏价值变低。在这种情况下，为了使月夜景色迷人，可采用具有强烈芳香气味的植物，使人真正感到"疏影横斜水清浅，暗香浮动月黄昏"的动人景色。可选用的植物有晚香玉、月见草、白玉兰、含笑、茉莉、瑞香、丁香、木樨、蜡梅等，这些植物一般布置于小广场、街心花园等夜晚游人活动较集中的场所。

几乎所有的景观都有相对固定的景，如燕京八景、西湖十景、圆明园四十景、避暑山庄七十二景等。所谓"景"即风景、景致，是指在景观绿地中，自然的或经人为艺术创造加工，并以自然美为特征的，供人们游憩欣赏的空间环境。一般景观中的景均根据其特征而命名，如"芦沟晓月""断桥残雪"，这些景有人工的也有自然的。人工造景要根据景观绿地的性质、功能、规模，因地制宜地运用景观绿地构图的基本规律去规划设计。

复习思考题

1. 简述园林艺术的概念及其内涵。
2. 园林布局有哪些形式？各有何特点？
3. 色彩在园林中有哪些应用？
4. 如何确定园林的形式？
5. 园林艺术的构图法则是什么？
6. 何为组团绿地？组团绿地的布置形式有哪几种？
7. 居住区绿化树种应如何选择？

项目五 园林景观的形式与构图设计

项目导读

景观的形式是景观设计的前提，有了具体的布局形式，景观内部的其他设计工作才能逐步进行。景观布局形式的产生和形成，是与世界各国、各民族的文化传统、地理条件等综合因素的作用分不开的。

任务一 园林景观形式设计

英国造园家杰克在 1954 年召开的国际风景园林师联合会第四次大会上致辞说：世界造园史三大流派，中国、西亚和古希腊。上述三大流派归纳起来，可以把景观的形式分为三类，即规则式、自然式和混合式。

一、规则式景观

规则式景观，又称整形式、几何式、建筑式景观。整个平面布局、立体造型以及建筑、广场、道路、水面、花草树木等都要求严格对称。在中世纪英国风景景观产生之前，西方景观主要以规则式为主，其中以文艺复兴时期意大利台地园（见图 5-1）和 19 世纪法国勒诺特平面几何图案式景观为代表。我国的北京天坛（见图 5-2）、南京中山陵（见图 5-3）都采用规则式布局。规则式景观给人以庄严、雄伟、整齐之感，一般用于气氛较严肃的纪念性景观或有对称轴的建筑庭园中。

中山陵的建筑风格中西合璧，钟山与各个牌坊、陵门、碑亭、祭堂和墓室，通过大片绿地和宽广的通天台阶，连成一个大的整体，显得十分庄严雄伟，既有深刻的含义，又有宏伟的气势，设计非常成功，所以被誉为"中国近代建筑史上的第一陵"。

（一）中轴线

全园在平面规划上有明显的中轴线，并大抵以中轴线的左右、前后对称布置，园地的划分大都成为几何形体。如图 5-4 为印度的泰姬陵采用左右完全对称的形式，以水池为中轴，

图 5-1　意大利台地园

图 5-2　北京天坛采用规则式的造园手法

图 5-3　南京中山陵

图 5-4　印度的泰姬陵

在心理学上表现其庄重、稳定和理性。

（二）地形

在开阔、较平坦地段，地形由不同高程的水平面及和缓倾斜的平面组成；在山地及丘陵地带，地形由阶梯式的大小不同的水平台地倾斜平面及石级组成，其剖面均为直线（见图 5-5）。

（三）水体

其外形轮廓均为几何形，主要是圆形和长方形，水体的驳岸多整形、垂直，有时加以雕塑；水景的类型有整形水池、整形瀑布、喷泉及水渠运河等。古代神话雕塑与喷泉构成水景的主要内容（见图 5-6）。

图 5-5　沈阳世界园艺博览会中的意大利台地园

图 5-6　印度新德里莫卧儿花园——以规整的长方形水池作为主要景观

（四）广场和道路

广场多为规则对称的几何形，主轴和副轴线上的广场形成主次分明的系统，道路多为直线形、折线形或几何曲线形。广场与道路构成方格形、环状放射形、中轴对称或不对称的几何布局（见图5-7）。

（五）建筑

主体建筑群和单体建筑多采用中轴对称均衡设计，多以主体建筑群和次要建筑群形成与广场、道路相组合的主轴、副轴系统，形成控制全园的总格局，如北京故宫（图5-8）。

图 5-7　意大利文艺复兴时期的朗特花园　　　　　图 5-8　北京故宫

（六）种植设计

配合中轴对称的总格局，全园树林配置以等距离行列式、对称式为主，树木修剪整形多模拟建筑形体、动物造型，绿篱、绿墙、绿柱为规则式景观较突出的特点。园内常运用绿篱、绿墙和丛林划分和组织空间，花卉布置常运用以图案为主要内容的花坛和花带，有时布置成大规模的花坛群（见图5-9）。

图 5-9　意大利文艺复兴花园——加贝阿伊阿花园　　　图 5-10　舒特住宅花园——
（全园采用整形篱的形式进行造园）　　　　　　　　配置于轴线的起点

（七）景观小品

景观雕塑、园灯、栏杆等装饰点缀了园景。西方景观的雕塑主要以人物雕像布置于室外，并且雕像多配置于轴线的起点、交点或终点。雕塑常与喷泉、水池构成水体的主景。规则式景观的设计手法从另一角度探索，景观轴线多为主体建筑室内中轴线向室外的延伸。一般情况下，主体建筑主轴线和室外轴线是一致的（见图 5-10）。

二、自然式景观

自然式景观，又称风景式、不规则式、山水式景观。中国景观从周朝开始，经历代发展，不论是皇家宫苑还是私家宅园，都是以自然山水景观规划设计为主流。保留至今的皇家景观，如北京颐和园、承德避暑山庄；私家宅园，如苏州的拙政园、网师园等都是自然山水景观的代表作品。自然式景观从 6 世纪传入日本，18 世纪后传入英国。自然式景观以模仿再现自然为主，不追求对称的平面布局，立体造型及景观要素布置均较自然和自由，相互关系较隐蔽含蓄。这种形式较能适合于有山、有水、有地形起伏的环境，以含蓄、幽雅的意境而见长。

（一）地形

自然式景观的创作讲究"相地合宜，构园得体"。主要处理地形的手法是"高方欲就亭台，低处可开池沼"的"得景随形"。自然式景观规划设计最主要的地形特征是"自成天然之趣"，所以，在景观中要求再现自然界的山峰、山巅、崖、岗、岭、峡、岬、谷、坞、坪、穴等地貌景观。在平原，要求自然起伏、和缓的微地形。地形的剖面线为自然曲线（见图 5-11）。

（二）水体

这种景观的水体讲究"疏源之去由，察水之来历"，景观规划设计水景的主要类型有湖、池、潭、沼、汀、溪、涧、洲、渚、港、湾、瀑布、跌水等。总之，水体要再现自然界水景。水体的轮廓为自然曲折，水岸为自然曲线的倾斜坡度，驳岸主要用自然山石、石矶等形式（见图 5-12）。在建筑附近根据造景需要也以部分条石砌成直线或折线驳岸。

图 5-11　苏州留园

图 5-12　苏州网师园中自然山石的驳岸

（三）广场与道路

除建筑前广场为规则式外，景观中的空旷地和广场的外形轮廓为自然式布置。道路的走向和布置多随地形。道路的平面和剖面多由自然起伏曲折的平面线和竖曲线组成（见图 5-13）。

（四）建筑

单体建筑多为对称或不对称的均衡布局；建筑群或大规模的建筑组群，多采用不对称均衡的布局。全园不以轴线控制，但局部仍有轴线处理。中国自然式景观中的建筑类型有亭、廊、榭、舫、楼、阁、轩、馆、台、塔、厅、堂、桥等（见图 5-14）。

图 5-13　道路随地形的变化而变化达到曲径通幽之感　　　　图 5-14　苏州拙政园中的单面亭建筑

（五）种植设计

自然式景观中植物种植要求反映自然界的植物群落之美，不成行成列栽植。树木一般不修剪，以孤植、丛植、群植、林植为主要形式栽植。花卉的布置以花丛、花群为主要形式。庭院内也有花台的应用（见图 5-15）。

图 5-15　苏州网师园中自然栽植的松及　　　　图 5-16　广州流花湖公园
竹篱围起的草台处处体现自然野趣

（六）景观小品

景观小品有假山、盆景、石刻、砖雕、石雕、木刻等形式。其中雕像的基座多为自然式，小品的位置多配置于透视线集中的焦点。如图 5-16 为广州流花湖公园内，一个岛取名"浮丘"，上面一条人工溪流，内有儿童戏鹅的一组雕塑。

图 5-17　伦敦市区公园

三、混合式景观

所谓混合式景观，主要指规则式、自然式交错组合，全园没有或形不成控制全园的主轴线和副轴线，只有局部景区、建筑以中轴对称布局，或全园没有明显的自然山水骨架，形不成自然格局。一般情况，多结合地形，在原地形平坦处，根据总体规划需要安排规则式的布局。在原地形条件较复杂，具备起伏不平的地带，结合地形规划成自然式的布局。类似上述两种不同形式规划的组合就是混合式景观。如图 5-17 为伦敦市区公园，这一圆形花园内容丰富，既有整齐对称，也有自然曲折，道路与园外相接十分方便。

四、景观形式的确定

（一）根据景观的性质

不同性质的景观必然有相对应的不同的景观形式，力求景观的形式反映景观的特性。纪念性景观、植物园、动物园、儿童公园等，由于各自的性质不同，决定了各自与其性质相对应的景观形式。如以纪念历史上某一重大历史事件中英勇牺牲的革命英雄、革命烈士为主题的烈士陵园，较有名的有中国广州起义烈士陵园（见图 5-18）、南京雨花台烈士陵园（见图 5-19）、长沙烈士公园，德国柏林的苏军烈士陵园，意大利的都灵战争牺牲者纪念碑园，美国华盛顿韩战纪念公园（见图 5-20、图 5-21）等，都是纪念性景观。这类景观的性质，主要是缅怀先烈革命功绩，激励后人发扬革命传统，起到爱国主义、国际主义思想教育的作用。这类景观布局形式多采用中轴对称、规则严整和逐步升高的地形处理，从而创造出雄伟崇高、庄严肃穆的气氛。而动物园主要属于生物科学的展示范畴，要求公园给游人以知识和美感，所以，从规划形式上，要求自然、活泼，创造寓教于游的环境。

图 5-18　广州起义烈士陵园——纪念碑

图 5-19　南京雨花台烈士陵园——烈士雕塑

图 5-20　美国华盛顿韩战纪念园——排雷兵雕塑群

图 5-21　美国华盛顿韩战纪念园——士兵雕塑

儿童公园更要求形式新颖、活泼，色彩鲜艳、明朗，公园的景色、设施与儿童的天真、活泼性格协调。景观的形式服从于景观的内容，体现景观的特性，表达景观的主题

图 5-22 儿童公园——儿童设施与
儿童的天真、活泼性格协调

（见图 5-22）。

（二）根据不同文化传统

由于各民族、国家之间的文化、艺术传统的差异，决定了景观形式的不同。中国传统文化的沿袭，形成了自然山水园的自然式规划形式。而同样是多山国家的意大利，由于意大利的传统文化和本民族特有的艺术水准和造园风格，所以意大利的景观多采用规则式布置。

（三）根据不同的意识形态

西方流传着许多希腊神话，神话把人神化，描写的神实际上是人。结合西方雕塑艺术，在景观中把许多神像规划在景观空间中，而且多数放置在轴线上，或轴线的交叉中心。中国传统的道教传说描写的神仙则往往住在名山大川中，所有的神像在景观中一般供奉在殿堂之内，而不展示在景观空间中，几乎没有裸体神像。上述事实都说明，不同的意识形态决定不同的景观表现形式。

（四）根据不同的环境条件

由于地形、水体、土壤、气候的变化，环境的差异，公园规划实施中很难做到绝对规则式和绝对自然式。往往对建筑群附近及要求较高的景观种植类型采用规则式布置，而在远离建筑群的地区，自然式布置则较为经济和美观，如北京中山公园（见图 5-23）。在规划中，如果原有地形较为平坦，自然树少，面积小，周围环境规则，则以规则式为主。如果原有地形起伏不平或水面和自然树林较多，面积较大，则

图 5-23 北京中山公园

以自然式为主。林荫道、建筑广场、街心公园等多以规则式为主。大型居住区、工厂、体育馆、大型建筑物四周绿地则以混合式为宜。森林公园、自然保护区、植物园等多以自然式为主。

任务二 景观构图设计

一、景观构图艺术

景观是一种综合大环境的概念，它是在自然景观基础上，通过人为的艺术加工和工程措施而形成的。景观艺术是指导景观创作的理论，进行景观艺术理论研究，应当具备美学、艺术、绘画、文学等方面的基础理论知识，尤其是美学知识的运用。

所谓景观构图是指应用天然形态的物质材料，依照美的规律来改造、改善或创造环境，使之成为更自然、更美丽、更符合时代社会审美要求的一种艺术创造活动。景观美实质上是一种艺术美。艺术是生活的反映，生活是艺术的源泉。这决定了景观艺术有其明显的客观性。从某种意义上说，景观美是一种自然与人工、现实与艺术相结合的融哲学、心理学、伦理学、文学、美术、音乐等于一体的综合性艺术美。景观美源于自然美，又高于自然美。正如歌德说的："既是自然的，又是超自然的。"

景观艺术是一种实用与审美相结合的艺术，其审美功能往往超过了它的实用功能，是以游赏为主的。

景观艺术是景观学（有时称造园学）研究的主要内容，是研究关于景观规划、创作的艺术体系，是美学、艺术、绘画、文学等多学科理论的综合运用，尤其是美学的运用。景观形式与特征是景观设计的前提，有了具体的布置形式，景观内部的其他设计工作才能逐步进行。

二、景观构图法则

（一）统一与变化

任何完美的艺术作品，都有若干不同的组成部分。各个组成部分之间既有区别，又有内在联系，通过一定的规律组成一个完整的整体。其各部分的区别和多样是艺术表现的变化，其各部分的内在联系和整体是艺术表现的统一。有多样变化，又有整体统一，是所有艺术作品表现形式的基本原则（见图 5-24、图 5-25）。

图 5-24　这一组建筑物屋顶、露台、　　　　图 5-25　颐和园后湖苏州街两岸石砌驳岸
栏杆、柱式都是在圆形中变化　　　　　　　　用直线的变化形成多样统一

（二）调和与对比

调和与对比，是事物存在的两种矛盾状态，它体现出事物存在的差异性。所不同的是，"调和"是在事物的差异性中求"同"，"对比"是在事物的差异性中求"异"。"调和"是把两个相当的东西并在一起，使人感到融合、协调，在变化中求得一致；"对比"则是把两种极不相同的东西放在一起，使人感到鲜明、醒目，富于层次美。在景观构图中，任何两种景物之间都存在一定的差异性，差异程度明显的，各自特点就会显得突出，对比鲜明；差异程度小的，显得平缓、和谐，具有整体效果。所以，景观景物的从对比到调和的统一，是一种差异程度的变化。

对比的手法很多，在空间程序安排上有欲扬先抑、欲高先低、欲大先小、以暗求明、以素求艳等。现就静态构图中的对比与调和分述如下。

1. 形象的对比

景观布局中构成景观景物的线、面、体和空间常具有各种不同的形状。在布局中只采用一种或类似的形状时易取得协调统一的效果，如在圆形广场中置圆形的花坛，因形状一致显得协调；而采用差异显著的形状时易于对比，可突出变化的效果，如在方形广场中布置圆形花坛或在建筑庭院布置自然式花台。在景观景物中应用形状的对比与调和常常是多方面的。如建筑广场与植物之间的布置，建筑与广场在平面上多采用调和的方法；而与植物尤其与树木之间多运用对比的手法，以树木的自然曲线与建筑广场的直线对比，来丰富立面景观（见图 5-26）。

2. 体量的对比

在景观布局中常常用若干较小体量的物体来衬托较大体量的物体，以突出主体，强调重点。如图 5-27 为北京颐和园的佛香阁与周围的廊，廊的规格小，显得佛香阁更加高大，更突出。

图 5-26 方形广场中布置圆形喷泉以取得形象上的对比　　图 5-27 北京颐和园的佛香阁

如图 5-28 为北京颐和园的后山，后湖北面的山比较平，在这座山上建有一个小庙，小庙的体量比一般的庙小得多，在相距不太远的万寿山上一望，庙小显得山远，山远则使本来很矮的山不显得低矮。

图 5-28 北京颐和园的后山　　　　　　　　图 5-29 北京北海公园的白塔

3. 方向的对比

在景观的体形、空间和立面的处理中，常常运用垂直和水平方向的对比，以丰富景观景物的方向。如图 5-29 为北京北海公园的白塔垂直方向高耸园中，与四周的平地及水面形成方向的对比，恰好突出主景白色的塔，与绿色的树、黄色的琉璃瓦建筑也是对比，同时高耸的白塔又与整个北海相协调。

4. 开闭的对比

在空间处理上，开敞的空间与闭锁空间也形成对比。在景观中利用空间的收放开合，形成敞景与聚景的对比。开敞空间景物在视平线以下，可远望；闭锁空间景物高于视平线之上，可近寻。开敞风景与闭锁风景两者共存于同一景观中，相互对比，彼此烘托，视线忽远忽近，忽放忽收。自闭锁空间窥视开敞空间，可增加空间的对比感，达到引人入胜的效果。

5. 明暗的对比

由于光线的强弱，造成景物、环境的明暗，环境的明暗，对于不同的人有不同的感觉。明，给人以开朗、活泼的感觉；暗，给人以幽静、柔和的感觉。一般来说，明暗对比强的景物令人有轻快振奋的感觉，明暗对比弱的景物令人有柔和沉郁的感觉。在密林中留块空地，叫林间隙地，是典型的明暗对比，如同较暗的屋中开个天窗，"柳岸花明又一村"（见图5-30、图 5-31、图 5-32）。

图 5-30 苏州留园的小院

利用明暗对比突出景物是一个准则。深灰色小院的墙色使一株春枫与秋菊显得格外明爽。

游人在日光下希冀走入林中寻求阴凉，在林中游览时又企盼阳光照射，在心理及生理上追求明暗的对比。图 5-31 和图 5-32 这两幅照片是在同一片树林内外拍摄的，一幅是由明入暗，一幅是由暗入明。同时这两幅照片在空间处理上，开敞的空间与闭锁空间也形成对比。

图 5-31 美国明尼苏达州的
风景树木园——糖槭林（一）

图 5-32 美国明尼苏达州的
风景树木园——糖槭林（二）

6. 虚实的对比

景观中的虚实常常是指景观中的石墙与空间，密林与疏林、草地，山与水的对比等。在景观布局中要做到虚中有实、实中有虚是很重要的（见图 5-33）。

图 5-33　苏州网师园的"月到风来亭"

月到风来亭主要供主人赏月，亭内墙壁上嵌有一面镜子，在中秋之夜于此亭可赏到"五个月亮"，即天上月、水中月、镜中月、盘中"月"、心中"月"。虚虚实实，真真假假。安装的镜子同时扩大了园子的空间感。

7. 色彩的对比

色彩的对比与调和包括色相和色度的对比与调和。色相的对比是指相对的两个补色产生对比效果，如红与绿、黄与紫；色相的调和是指相邻的色，如红与橙、橙与黄等。景观中色彩的对比与调和是指在色相与色度上，只要差异明显就可产生对比的效果，差异不明显就产生调和效果。利用色彩对比关系可引人注目，如"万绿丛中一点红"（见图 5-34、图 5-35，有彩图）。

图 5-34　詹克斯花园中的桥——
有"万绿丛中一点红"的味道

图 5-35　白色栏杆前面一丛一串红增添不少秋意，
在色彩上白色与红色形成鲜明对比

8. 质感的对比

在景观布局中，常常可以运用不同材料的质地或纹理来丰富景观景物的形象。材料质地是材料本身所具有的特性。不同材料质地给人不同的感觉，如粗面的石材、混凝土、粗木、建筑等给人感觉稳重，而细致光滑的石材、细木、植物等给人感觉轻松。

（三）均衡与稳定

由于景观景物是由一定的体量和不同材料组成的实体，因而常常表现不同的重量感。探讨均衡与稳定的原则，是为了获得景观布局的完整和安定感。稳定是指景观布局的整体上下轻重的关系。而均衡是指景观布局中的部分与部分的相对关系，例如左与右、前与后的轻重关系，具体又有以下几种形式。

1. 对称均衡

北海五龙亭（北海北岸西部，是明代建筑，专为皇帝垂钓而建。有亭子五座，曲折排列在岸边，宛如水中的一条游龙，故名五龙。中间最大的亭子叫龙泽亭，顶部为双重檐圆顶，呈伞形，亭四周台基前后都有长方形的月台；东边两座，一名澄祥，一名滋香；西边两座，一名诵瑞，一名浮翠）——整体完全对称（见图 5-36、图 5-37）。

图 5-36　北海五龙亭（一）

图 5-37　北海五龙亭（二）

2. 不对称均衡

为了功能与装饰的双重效果，入口道路两旁一边是龙柏，一边是毛白杨，打破了两侧相同的行道树的传统（见图 5-38）。

3. 质感均衡

美国俄亥俄州的树木园（见图 5-39）的接待中心大门外，右边一块顽石，左边一株大乔木，意欲求得平衡。

图 5-38　北京植物园大门内

图 5-39　美国俄亥俄州的树木园

4. 稳定

建筑基部体量大于上部，给人以稳重感（见图 5-40）。

（四）比例与尺度

景观是由景观植物、景观建筑、景观道路场地、景观水体、山、石等组成，它们之间都有一定的比例与尺度关系。

景观构图中的比例包括两方面的意义：一方面指景观景物、建筑物整体或者它们的某个局部构件本身的长、宽、高之间的大小关系；另一方面是景观景物、建筑物整体与局部，或局部与局部之间空间形体体量大小的关系。景观构图的尺度是景物、建筑物整体和局部构件与人或人

图 5-40　苏州盘门的瑞光塔

所习见的某些特定标准的大小关系（见图5-41）。

图5-41　武夷山——在九曲溪沿岸建玲珑亭，
因比例关系显出石山巍峨

月到风来亭两侧沿墙走廊采用比一般传统尺码矮小的规格，在池的对岸观之，觉得池面深远，扩大了空间感（见图5-33）。

景观构图中的比例与尺度都要以使用功能和自然景观为依据。高的比例不同给人的感受也不同：具有向上感1∶2.236；具有俊俏感1∶2；具有轻快感1∶1.732；具有豪华感1∶1.414；具有稳健感1∶1.68；具有端正感1∶1。

比例与尺度受多种因素和变化影响，典型的例子如苏州古典景观，是明清时期江南私家山水园，景观各部分造景都是效法自然山水，把自然山水经提炼后缩小在景观之中，建筑道路曲折有致，大小合适，主从分明，相辅相成。无论在全局上或局部上，它们相互之间以及与环境之间的比例尺度都是很相称的，就当时的人们起居游赏来说，其尺度也是合适的。但是现在随着旅游事业的发展，国内外游客大量增加，游廊显得矮而窄，假山显得低而小，庭院不敷回旋，其尺度就不符合现代功能的需要。所以不同的功能要求不同的空间尺度，另外不同的功能也要求不同比例。如颐和园是皇家宫苑景观，为显示皇家宫苑的雄伟气魄，殿堂山水比例均比苏州私家古典景观大。

（五）节奏与韵律

节奏韵律就是指艺术表现中某一因素作有规律的重复、有组织的变化。重复是获得韵律的必要条件，只有简单的重复而缺乏有规律的变化，就令人感到单调、枯燥。所以节奏、韵律是景观艺术构图多样统一的重要手法之一。景观构图的节奏与韵律方法很多，常见的有以下几种。

1. 简单韵律

简单韵律即由同种因素等距反复出现的连续构图。如等距的行道树，等高等距的长廊，等高等宽的登山道、爬山廊等（见图5-42）。

2. 交替的韵律

交替的韵律即由两种以上因素交替等距反复出现的连续构图。如行道树用一株桃树、一株柳树反复栽植，两种不同花坛的等距交替排列，登山道一段踏步与一段平面交替等（见图5-43）。

3. 渐变的韵律

渐变的韵律是指景观布局连续重复的组成部分，在某一方面作规律的逐渐增加或减少所产生的韵律，如体积的大小、色彩的浓淡、质感的粗细等，渐变韵律也常在各组成部分之间有不同程度或繁简上的变化。景观中山体的处理上、建筑的体型上，经常应用从下而上越变越小，如塔

图5-42　儿童游戏空间的风筝雕塑——同种因素等距反复出现的连续构图有着简单的韵律感

体下大上小、间距也下大上小等。如图 5-44 为西安大雁塔通过建筑体量上由底部较大而向上逐渐递减缩小，建筑的体型呈简便的韵律。

图 5-43　杭州西湖岸边碧桃和柳树相间隔
　　　　　种植形成交替的韵律感

图 5-44　西安大雁塔

4. 起伏曲折韵律

由一种或几种因素在形象上出现较有规律的起伏曲折变化所产生的韵律。如连续布置的山丘、建筑、树木、道路、花径等，可有起伏、曲折变化，并遵循一定的节奏规律，围墙、绿篱也有起伏式的。

5. 拟态韵律

既有相同因素又有不同因素反复出现的连续构图。如花坛的外形相同，但花坛内种的花草种类、布置又各不相同；漏景的窗框一样，而漏窗的花饰又各不相同等（见图 5-45）。

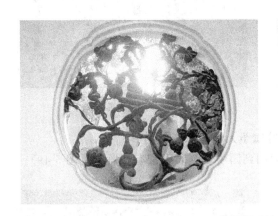
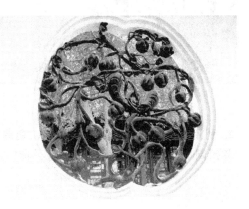

图 5-45　苏州狮子林中花饰不同的漏窗

6. 交错韵律

交错韵律即某一因素作有规律的纵横穿插或交替，其变化是按纵横或多个方向进行的。如空间一开一合、一明一暗，景色有时鲜明、有时素雅，有时热闹、有时幽静，如组织得好都可产生节奏感。在景观布局中，有时一个景物往往有多种韵律节奏方式可以运用，在满足功能要求的前提下，可采用合理的组合形式，能创作出理想的景观艺术形象，所以说韵律是景观布局中统一与变化的一个重要方面。如图 5-46 为苏州狮子林的园路铺装用各种材质组成纵横交错的各种花纹图案，连续交替出现，设计得宜，引人入胜。

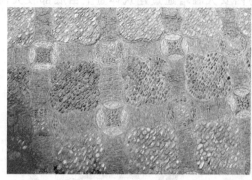

图 5-46　苏州狮子林的园路铺装

（六）比拟与联想

1. 模拟自然山水

苏州沧浪亭——模拟自然山水风景，创造"咫尺山林"的意境，使人有"真山真水"的感受，联想到名山大川、天然胜地，面对着园中的小山小水产生"一峰则华山千寻，一勺则江湖万里"的联想，这是以人力巧夺天工的"弄假成真"（见图 5-47、图 5-48）。

图 5-47　苏州沧浪亭　　　　　　　　　图 5-48　苏州沧浪亭一角

2. 利用植物的特性、姿态、形象、色彩等赋予人性比拟形象物

苏州网师园将岁寒三友"松、竹、梅"运用到园中使其园子富有诗意（见图 5-49）。

图 5-49　苏州网师园　　　　　　　　　图 5-50　苏州狮子林的九狮峰

3. 利用景观建筑小品、雕塑造型等创造比拟形象

苏州狮子林运用太湖石所造出的狮子造型使人产生比拟联想（见图 5-50）。

4. 利用文物、古迹的形象来比拟知识、思想、道德、精神

虎丘山位于苏州西北角，据传因外形远望像老虎而得名。虎丘依山傍水，风景秀丽，号称"三绝"；历代著名文人来此题诗作画，集中了吴中文化的精华；各种思想文化、宗教传说也使虎丘披上了神秘的色彩（见图 5-51）。

5. 利用文学作品如匾额、楹联、诗文等揭示园、景的立意

每当无风的月夜，水平似镜，秋月倒映湖中，令人联想起"万顷湖面长似镜，四时月好正宜秋"的诗句。把实境升华为意境，令人浮想联翩（见图 5-52）。

图 5-51　苏州虎丘

图 5-52　杭州西湖——平湖秋月

任务三　景观案例分析

一、景

景观中常有"景"的提法，如燕京十景、西湖十景、关中八景、圆明园四十景、避暑山庄七十二景等。所谓"景"即风景、景致，是指在景观中，自然的或经人为创造加工的，并以自然美为特征的一种供作游息观赏的空间环境。所谓"供作游息观赏的空间环境"，即是说景不仅是引起人们美感的画面，而且是具有艺术构思而能入画的空间环境，这种空间环境能供人游息欣赏，具有符合景观艺术构图规律的空间形象和色彩，也包括声、香、味及时间等环境因素。如西湖的"柳浪闻莺"、关中的"雁塔晨钟"、避暑山庄的"万壑松风"是有声之景；西湖的"断桥残雪"、燕京的"琼岛春阴"、避暑山庄的"梨花伴月"是有时之景。由此说明风景构成要素（即山、水、植物、建筑，以及天气和人文特色等）的特点是景的主要来源。

二、造景

造景，即人为地为景观绿地创造既符合一定使用功能又有一定意境的景区。人工造景要根据景观绿地的性质、功能、规模，因地制宜地运用景观绿地构图的基本规律去规划设计。

三、南京玄武湖水体景观分析

水作为一种晶莹剔透、洁净清心，既柔媚、又强韧的自然物质，以其特有的形态及所蕴含的哲理，不仅早已进入了我国文化艺术的各个领域，而且也成为景观艺术中不可缺少的、最富魅力的一种景观要素。古人云：水性至柔，是瀑必劲；水性至动，是潭必静。仅从水的本身而言，已是刚柔相济、动静结合的一种"奇物"。早在三千年前的周代，水已成为景观游乐的内容。在中国传统的景观中，几乎是"无园不水"，故有人将水喻为景观的灵魂。有了水，景观就更添活泼的生机，也更增加波光粼粼、水影摇曳的形声之美。但是，红花虽好，也要绿叶扶持。水影要有景物才能形成；水声要有物体才能鸣发；水舞要有动力才能跳跃；水涛要有驳岸才能起落……没有其他要素，也难以发挥水的本质的美。

（一）桑泊历史

历史上，像南京玄武湖这样命运多舛的湖泊并不多见，除了经常被迫更换名称之外，玄武湖忽大忽小，时有时无的经历，也不是其他湖泊所能比拟的。

玄武湖古名桑泊，距今已有两千三百年的历史，是在岩浆侵入体和断层破碎的软弱部位经过风化剥蚀发展而成的湖盆，接受钟山西北的地表径流，三国时期吴国孙权引水入湖后，玄武湖才初具湖泊的形态。历史上的湖面要比现存的广阔得多。玄武湖方圆近五里，分作五洲，洲洲堤桥相通，浑然一体，处处有山有水，终年景色如画。而玄武湖历史上曾有过"五洲公园"之称。公园五洲之格局，似乎寓意着五大洲人民团结的美好前景，同时象征着金陵人的博大胸怀和好客（见图5-53、图5-54）。

图 5-53　南京玄武湖景区平面图　　　　　图 5-54　南京玄武湖景

自玄武湖开始大量蓄水之后，人工改造的工程就从未停止过，湖泊本身也因地理位置、环境或功能的不同而频频更名。玄武湖初期的名称叫做"后湖"或"北湖"。取名后湖的原因是玄武湖的位置正好位于钟山之阴，对南京城的居民来说，山背的这座湖泊当然称为后湖；至于北湖名称的由来，则是因为玄武湖位于六朝京城之北。"玄武"是中国神话故事中的四神之一，它的具体形象是龟与蛇的复合体，青龙、白虎、朱雀和玄武共同代表着东西南北四个方位，"玄武"指的是"北方之神"。因此，玄武湖实际上就是北湖的意思。

（二）洲岛景观

玄武湖位于南京城中，钟山脚下，属于国家级风景区，并且是江南三大名湖之一。巍峨的明城墙、秀美的紫金山、古色古香的鸡鸣寺环抱其右。

玄武湖中分布有五块绿洲，形成五处景区：一为环洲，假山瀑布尽显江南景观之美，其中宋代花石纲的遗物太湖石组成的"童子拜观音"景点尤为壮观；二为菱洲，洲东濒临钟山，有"千云非一状"的钟山云霞，故有"菱洲山岚"的美名；三为梁洲，梁洲为五洲中开辟最早、风景最胜的一洲；四为樱洲，樱洲在环洲怀抱之中，是四面环水的洲中洲，洲上遍植樱花，早春花开，繁花似锦，人称"樱洲花海"；五为翠洲，翠洲风光幽静，别具一格。玄武湖五洲之间，桥堤相通，别具其胜。

1. 环洲

从玄武门开始，一条形如玉环的陆地，从南北两面深入湖中，即为环洲。步入环洲，碧波拍浪，细柳依依，微风拂来，宛如烟云舒卷，故有"环洲烟柳"之称（图5-55～图5-61）。

图 5-55　"环洲烟柳"

图 5-56　玄武门

图 5-57　假山瀑布奇石嶙峋

图 5-58　童子石

图 5-59 "童子拜观音"

图 5-60 郭璞亭

图 5-61 环洲林荫道

图 5-62 "菱洲山岚"

2. 菱洲

菱洲东濒临钟山，位于玄武湖中心，山峦萦回，风轻水漾；过去盛产红菱，有"千云非一状"的钟山云霞，自古就有"菱洲山岚"的美名（图 5-62～图 5-67）。

图 5-63 解放门

图 5-64 武庙古闸（一）

图 5-65 武庙古闸（二）

图 5-66 武庙古闸（三）

图 5-67 立体花坛——二龙戏珠

3. 梁洲

从环洲向北过芳桥便是梁洲。梁洲因梁朝时梁武帝的儿子昭明太子萧统在此建读书台而得名。当年太子在此聚书近三万卷，博览群书，还常召集贤士谈论古今，撰写文章，选编了一部我国最早的诗文选集《昭明文选》，这为以后的文学发展与研究产生了积极的影响。据说后来昭明太子在湖上荡舟游玩时，不慎落入水中，得病不治而死。人们为了纪念这位好学的太子，将他的读书台所在地称为梁洲。但是，目前观赏的读书台建在翠洲。梁洲一年一度的菊展，传统壮观，故有"梁洲秋菊"的美称。洲上有白苑餐厅、观鱼池、盆景馆、览胜楼、阅兵台、友谊厅、牡丹园、闻鸡亭、湖神庙、铜钩井等景点以及疯狂鼠、碰碰车、赛车场等游乐设施（图 5-68～图 5-75）。

4. 樱洲

樱洲位于环洲怀抱之中，有"樱洲花海"之誉。洲上樱花如火如霞，花瓣飞舞轻扬，长廊九曲回环，广场碧草如茵；游人信步绿涛花海之中，心旷神怡，飘飘然如入仙境。（图 5-76～图 5-79）。

图 5-68 "梁洲秋菊"

图 5-69 观鱼池

图 5-70 盆景馆

图 5-71 览胜楼——该楼重檐斗拱，
图案彩绘，为二层四角攒尖式建筑

图 5-72 读书台

图 5-73 梁洲菊花展

图 5-74 铜钩井

图 5-75 竹质凉亭

图 5-76　"樱洲花海"

图 5-77　紫藤长廊

图 5-78　后湖界碑

图 5-79　樱洲计时

5. 翠洲

　　从梁洲沿湖堤过翠桥就是翠洲。洲上建有露天音乐台、翠虹厅、水寨娱乐部。翠洲风光幽静，别具一格。长堤卧坡，绿带缭绕。苍松、翠柏、嫩柳、淡竹，构成"翠洲云树"特色（图 5-80～图 5-89）。

图 5-80　"翠洲云树"

图 5-81　翠洲的龙景墙

图 5-82　石牛

图 5-83　凝香室鸿雪姻缘图记

图 5-84　纪念亭

图 5-85　亭上的木雕花

图 5-86　为京剧大师梅兰芳的题字
"弘扬民族优秀文化，振兴京剧艺术"

图 5-87　弈亭

图 5-88　远致亭

图 5-89　露天音乐台

（三）山水相依景观

中国传统景观体系是崇尚自然的。自然界的景致，一般是有山多有水，有水多有山，因而逐步形成了中国传统景观的基本形式——山水园。山水相依，构成景观。无山也要叠石堆山，无水则要挖地取水。玄武湖的水体景观也是按照这个传统的方向而形成的。它沿用"一池三山"的理水模式，体现着人们对美好愿望和理想的一种追求。一平如镜的玄武湖，湖边杨柳依依，以水的诗情画意寓意人生哲理，引发人们对历史的深思。

山基本上是静态的，而水则有动静之分，即使它只是静态的湖，也以养鱼、栽花，结合光影、气象来使它动化。虽然没有万丈瀑布的壮景，但潺潺溪涧也足以把山"活化"，使它们动静结合构成一幅完美的园景。

山可以登高望远，低头观水，产生垂直与水平的均衡美。有山就有影，水中之影加强和扩大了玄武湖空间的景域，因而产生虚实之美。

1. 水体景观

玄武湖水体，尤其是大水面的功能是多方面的，它不仅仅是水景的观赏，如赏月、领略山光水色之美，也不仅仅是在水中取乐，如泛舟、垂钓……它还具有调节小气候、灌溉和养育树木花草（尤其水生植物）、养鱼以及特殊情况下的消防、防震等功能，还兼有蓄水、操练水军及生产鱼藻、荷莲的功能。所以，设置景观水面，的确是美观与实用、艺术与技术相结合的一种重要的景观内容。

水景大体上分为动、静两大类，静态的水景，平静、幽深、凝重，其艺术构图常以影为主，而动态的水景则明快、活泼、多姿，多以声为主，形态也十分丰富多样，形声兼备，可以缓冲、软化城市中"凝固的建筑物"和硬质地面，以增加城市环境的生机，有益于身心健康并满足视觉艺术的需要。

玄武湖以静态水体为主，湖的形状决定了水面的大小、形状与景观。静态的水色湖光本身一平如镜，它表现出的激滟、柔媚之态，使人陶醉。中间设堤、岛、桥、洲等，不论其大小、长短，目的是划分水面，增加水面的层次与景深，扩大空间感，增强水面景观，提高水上游览趣味和丰富水面的空间色彩，同时增添了景观的景致与趣味。它的水体景观设计还充分利用水态的光影效果构成极其丰富多彩的水景。

（1）倒影成双　景物反映水中形成倒影，使景物变一为二，上下交映，增加了景深，扩大了空间感。一座半圆洞的拱桥，变成了圆桥，起到了功半景倍的作用。水中倒影由岸边景物生成，岸边精心布置的景物如画，影也如画，取得双倍的光影效果，虚实结合，相得益彰。倒影还把远近错落的景物组合在一张画面上，如远处的山和近处的建筑、树木组合在一起，犹如一幅秀丽的山水画（图 5-90、图 5-91）。

（2）借景虚幻　由于视角的不同，岸边景物与水面的距离和周围环境也不同，在地面上能看到的景物部分，在水中不一定能看到，水中能看到的部分，地面上也不一定能看到。如走到某个方位，由于树林的遮挡，几乎看不到山上的塔楼，但从水面却可以看到其影，这就是从水面借到了塔的虚幻之景。故倒映水景的"藏源"手法，增加了游人"只见影，不见景"的寻幽乐趣。

图 5-90　一平如镜的玄武湖水中倒影　　　　　　　图 5-91　木樨苑
虚实结合，相得益彰

（3）优化画面　在色彩上看来不十分协调的景物，如倒映在绿色的水中，就有了共同的基调。如碧蓝的天空，有丝丝浮云，几只戏翔的小鸟与岸边配置得当的树木花草，反映于水中，就构成了一幅十分和谐的水景画。

（4）逆光剪影　岸边景物被强烈的逆光反射至水面，勾勒出景物清晰的外轮廓线，出现"剪影"，似乎产生出一种"版画"的效果。

（5）动静相随　风平浪静时，湖面清澈如镜，即使是阵阵微风也会送来细细的涟漪，给湖光水色的倒影增添动感，产生一种朦胧美。若遇大风，水面掀起激波，倒影则顿时消失。而雨点又会使倒影支离破碎，则又是另一种画面。水本静，因风因雨而动，小动则朦，大动则失。这种动与静的相随出现是受天气变化的影响，它丰富了玄武湖的水景，见图 5-92（有彩图）和图 5-93。

图 5-92　水因鱼游而动　　　　　　　　图 5-93　微风吹拂的玄武湖水面

（6）"水里广寒"　水中的月影本是一种极普通而简单的水景，然而在中国传统文学及传说中，却被大大地加以美化，进而达到十分高雅、完美的境界，几乎形成一种"水里广寒"了（图 5-94）。

图 5-94　月下的玄武湖

2. 水体的装饰

（1）置石　池岸旁时而突出一块石头于水边，既护岸又可观赏。以自然的叠石与人工驳岸相结合，岸边景观更为丰富活泼。时而在水中置石，以其旷、壮、昂增加其开阔、舒展的气氛。这些石块一般被置于池塘的一侧，既开拓了景深，也便于游人欣赏角度的选择。

（2）水边建筑及小品的设置　建筑物如亭、廊等多环绕水池而建，形成水榭、临水平台、水廊等，这些临水建筑物可以产生优美的倒影，扩大了玄武湖的欣赏面积，丰富了它的造型艺术。

至于跨水而过的桥和亭，则更是影响水景的重要景物。玄武湖的桥一般都位于洲岛交接处，位于落落大方的水面成为主景，可以在桥上停歇、赏景、观游鱼。而亭子的位置一般都偏于湖边一角（见图 5-69）。

（四）植物景观

植物是造园的重要因素，有了它，才可以显示和保持景观的生态美，而植物的生存必须依靠水。水是植物的生命之源，植物又是水景的重要依托，只有植物那变化多姿、色彩丰富的季相变化，才能使水的美得到充分的发挥。池边的枫叶，一到深秋就会染红一池秋水；飘荡的垂柳，像绿色的丝带挂落水面；鲜花怒放，落英缤纷（图 5-95）。

明清之后，至少是到 20 世纪 60 年代初，如烟的春柳一直是玄武湖的一大盛景。老一辈著名摄影家孙振先生在他的《醉在玄武湖》一文中，曾这样描述 1962 年夏的后湖烟柳："堤岸两边的垂柳，像青春年华的少女，一头茂密的长长的发丝，散披在轮廓清晰的双肩上，沐浴在金黄色的霞光里。清且平的湖水，像擦净了的镜子，照映着她们的苗条身影。湖面上升起了阵阵轻柔的水汽，缓慢地向堤边散延。含着柳叶清香的晨风，扑面而来，沁人肺腑。看那远处的长堤上，娉婷婀娜的垂柳，在晨雾中若隐若现。这一切，宛似神话中的仙境。"

中华人民共和国成立后，后湖杨柳达到鼎盛。环洲四岸，全是一棵棵粗壮的垂柳，

图 5-95　植物景观欣赏

那茂密的枝条直披湖面，把夏日的翠虹堤笼罩在绿荫之中，与满湖盛开的芙蓉构成一幅绮丽的画卷（图 5-96、图 5-97）。

图 5-96　柳树清逸的湖岸　　　　　　　图 5-97　细柳依依的湖畔

复习思考题

1. 景观形式与构图法则的概念及其内涵是什么？
2. 景观形式有哪些？各有何特点？
3. 构图设计在景观中有哪些应用？
4. 园林艺术的构图法则是什么？

项目六 景观布局设计

项目导读

园林景观是由一个个、一组组不同的景物组成的，这些景观不是以独立的形式出现的，而是由设计者把各景物按照一定的要求有机地组织起来的。在景观中把这些景物按照一定的艺术规则有机地组织起来，创造一个和谐完美的整体的过程称为景观布局。

人们在游览景观时，在审美要求上是欣赏各种风景，并从中得到美的享受。这些景物有自然的，如山、水、动植物；也有人工的，如亭、廊、榭等各种景观建筑。如何把这些自然的景物与人工景观有机地结合起来，创造出一个既完整又开放的优秀景观，这是设计者在设计中必须注意的问题。

任务一 景观布局原则

好的景观布局必须遵循一定的原则。

一、综合性与统一性

1. 景观的功能决定其布局的综合性

景观的形式是由景观的内容决定的，景观的功能是为人们创造一个优美的休息娱乐场所，同时在改善生态环境上起重要的作用。但如果只从这一方面考虑其布局的方法，而不从经济与艺术方面的条件考虑，这种功能也是不能实现的。景观设计必须以经济条件为基础，以景观艺术、景观美学原理为依据，以景观的使用功能为目的。只考虑功能，没有经济条件作保证，再好的设计也是无法实现的；同样在设计中只考虑经济条件，脱离其实用功能，这种景观也不会为人们所接受。因此，经济、艺术和功能这三方面的条件必须综合考虑，只有把景观的环境保护、文化娱乐等功能与景观的经济要求及艺术要求作为一个整体加以综合解决，才能实现创造者的最终目标。

2. 景观构成要素的布局具有统一性

景观构图的素材主要包括：地形、地貌、水体，动物、植物等自然景观，以及建筑、构筑物和广场等人文景观。这些要素中植物是景观中的主体，地形、地貌是植物生长的载体，这二者在景观中以自然形式存在。不经过人为干预的自然要素往往是最原始的产物，其艺术性往往达不到人们所期望的效果。在景观中，建筑是人们根据其使用的功能要求，而创造的人文景物，这些景物必须与天然的山水、植物有机地结合起来并融合于自然中，才能实现其功能要求。

以上三方面的要素在布局中必须统一考虑，不能分割开来，地形、地貌经过利用和改造可以丰富景观的内容，而建筑、道路是实现景观功能的重要组成部分，植物将生命赋予自然，将绿色赋予大地。没有植物就不能成为景观，没有丰富的、富于变化的地形、地貌和水体就不会满足景观的艺术要求。好的景观布局是将这三者统一起来，既有分工又要结合。

3. 起开结合，多样统一

对于景观中多样变化的景物，必须有一定的格局，否则会杂乱无章，既要使景物多样化，有曲折变化，又要使这些曲折变化有条有理，使多样的景物各有风趣，能互相联系起来，形成统一和谐的整体。

在我国的传统景观布局中使用"起开结合"来实现这种多样统一。清朝的沈宗骞在《芥舟学画编》中指出，布局"全在于势，势者，往来顺逆之间，则开合之所寓也。生发处是开，一面生发，即思一面收拾，则处处有结构而无散漫之弊。收拾处是合，一面收拾一面又思生发，则时时留有余意而有不尽之神，……如遇绵衍抱拽之处，不应一味平塌，宜思另起波澜。盖本处不好收拾，当从他处开来，庶棉平塌矣，或以山石，或以林木，或以烟云，或以屋宇，相其宜而用之。必于理于势两无妨而后可得，总之，行笔布局，一刻不得离开合"。这里就要求在布局时必须考虑曲折变化无穷，一开一合之中，一面展开景物，一面又考虑如何收合。

二、因地制宜、巧于因借

景观布局除了从内容出发外，还要结合当地的自然条件。我国明代著名的造园家计成在《园冶》中提出"景观巧于因借"的观点，他在《园冶》中指出："因者虽其基势高下，体形之端正……""因"就是因势，"借者，园虽别内外，得景则无拘远近""园地惟山林最胜，有高有凹，有曲有深，有峻而悬，有平而坦，自成天然之趣，不烦人事之工，入奥疏源，就低蓄水，高方欲就亭台，低凹可开池沼。"这种观点实际就是充分利用当地自然条件，因地制宜的最好典范。

1. 地形、地貌和水体

在景观中，地形、地貌和水体占有很大比例。地形可以分为平地、丘陵地、山地、凹地等。在建园时，应该最大限度地利用自然条件，对于低凹地区，布局应以水景为主，而丘陵地区，布局应以山景为主，要结合其地形地貌的特点来决定，不能只从设计者的想象来决定。例如北京陶然亭公园（见图 6-1），在中华人民共和国成立前为城南有名的臭水坑，电影《城南旧事》中讲的就是这一地区的故事。为了改善该地区的环境条件，采用挖湖蓄水的方法，把挖出的土方在北部堆积成山，在湖内布置水景，为人们提供一个水上活动场所，这样不仅改造了环境，同时也创造出一个景观秀丽、环境优美的景观景点。如果不是采用这种方法，而是从远处运土把坑填平，虽然可以达到整治环境的目的，但不会有今天这样丰富的景观。

在工程建筑设施方面应就地取材，同时考虑经济技术方面的条件。景观在布局的内容与规模上，不能脱离现有的经济条件。在选材上以就地取材为主，例如假山置石，在景观中的

(a)　　　　　　　　　　　　　　　　(b)

图 6-1　北京陶然亭公园

确具有较高的景观效果，但不能一味追求其效果而不管经济条件是否允许，否则必然造成很大的经济损失。宋徽宗在汴京所造万寿山就是一例。据史料记载，"公元 1106 年，宋徽宗为

图 6-2　北京颐和园中的"败家石"（青芝岫）

建万寿山，于太湖取石，高广数丈，载以大舟，挽以千夫，凿河断桥，毁堰折墙，数月乃至"，最终造成人力、物力和财力的巨大浪费，而北京颐和园中的"败家石"（青芝岫）的来历也是如此（见图 6-2）。

建园所用材料的不同，对景观构图会产生一定的作用，这是相对的，非绝对的。太湖石可谓置石中的上品，但并非必不可少，例如北京北海公园静心斋的假山（见图 6-3）所用石材为北京房山所产，广州流花湖公园的西苑假山（见图 6-4）为当地所产的黄德石等，均属就地取材的成功之例。

图 6-3　北京北海公园静心斋

图 6-4　广州流花湖公园——西苑假山

2. 植物及气候条件

中国景观的布局受气候条件影响很大。我国南方气候炎热，在树种选择上应以遮阳目的为主；而北方地区，夏季炎热，需要遮阳，冬季寒冷，需要阳光，在树种选择上就应考虑以

落叶树种为主。

在植物选择上还必须结合当地气候条件，以乡土树种为主。如果只从景观上考虑，大量种植引进的树种，不管其是否能适应当地的气候条件，其结果必是以失败而告终。

另外，必须考虑植物对立地条件的适应性，特别是植物的阳性和阴性、抗干旱性与耐水湿性等，如果把喜水湿的树种种在山坡上，或把阳性树种种在庇荫环境内，树木就不会正常生长，不能正常生长也就达不到预期的目的。景观布局的艺术效果必须建立在适地适树的基础之上。

景观布局还应注意对原有树木和植被的利用上。一般在准备建造景观绿地的地界内常有一些树木和植被，在布局时，要根据其可利用程度和观赏价值，将这些树木或植被最大限度地组织到构图中去。正如《园冶》中所讲的那样："多年树木，碍筑檐垣，让一步可以立根，砍树桠不妨封顶。斯谓雕栋飞楹构易，荫槐挺玉难成。"其中心思想就是要对原有植被充分利用，这一点在我国现代景观建设中得到了肯定。例如北京朝阳公园中有很多大树为原居住区内搬迁后保留下来的，该公园于 1999 年建成。这些大树在改善环境方面起到了很好的效果，它们多数以"孤赏树"的形式存在，如果全部伐去重新栽植新的树木，不但浪费人力、物力、财力，而且也不会很快达到理想的效果（见图6-5）。

图 6-5　北京朝阳公园

除此之外，在植物的布局中还必须考虑植物的生长速度。一般新建的景观，由于种植的树木在短期内不可能起到理想的效果，所以在布局中应首先选择速生树种为主，慢生树种为辅。在短期内，速生树种可以很快形成景观风景效果，在远期规划上又必须合理安排一些慢生树种。关于这一点在居住区绿地规划中已有前车之鉴。一般居住区在建成后，要求很快实现绿化效果。在植物配植上大面积种植草坪，同时为构图需要配以一些针叶树，绿化效果是达到了，但没有注意居民对绿地的使用要求。每到夏季烈日炎炎，居民很难找到纳凉之处，这样的绿地是不会受欢迎的。因此，在景观植物的布局中，要了解植物的生物学特性，既考虑远期效果，又要兼顾当前的使用功能。

三、主景突出、主题鲜明

任何景观都有固定的主题，主题是通过内容表现的。植物园的主题是研究植物的生长发育规律，对植物进行鉴定、引种、驯化，同时向游人展示植物界的客观自然规律及人类利用植物和改造植物的知识。因此，在布局中必须始终围绕这个中心，使主题能够鲜明地反映出来。

在整个景观绿化工作中，绿化固然重要，但必须有重点，美化才能实现其艺术要求。景观是由许多景区组成，这些景区在布局中要有主次之分，主要景区在景观中以主景的形式出现。

在整个景观布局中要做到主景突出，其他景观（配景）必须服从于主景的安排，同时又要对主景起到"烘云托月"的作用。配景的存在能够"相得而益彰"时，才能对构图有积极

图 6-6　北京颐和园鸟瞰图

意义。例如北京颐和园有许多景区，如佛香阁景区、苏州河景区、龙王庙景区等，但以佛香阁景区为主体，其他景区为次要景区，在佛香阁景区中，以佛香阁建筑为主景，其他建筑为配景（见图 6-6）。

配景对突出主景的作用有两方面，一是从对比方面来烘托主景，例如，平静的昆明湖水面以对比的方式来烘托丰富的万寿山立面（见图 6-7）。另一方面是从类似方式来陪衬主景，例如西山的山形、玉泉山的宝塔等则是以类似的形式来陪衬万寿山的（见图 6-8）。

图 6-7　北京颐和园（烘托主景）

图 6-8　北京颐和园（陪衬主景）

突出主景常用的方法有主景升高、中轴对称、对比与调和、动势集中、重心处理及抑景等。

四、景观布局在时间与空间上的规定性

景观是存在于现实生活中的环境之一，在空间与时间上具有规定性。景观必须有一定的面积指标作保证才能发挥其作用。同时景观存在于一定的地域范围内，与周边环境必然存在着某些联系，这些环境将对景观的功能产生重要的影响。例如北京颐和园的风景效果受西山、玉泉山的影响很大，在空间上不是采用封闭式，而是把园外环境的风景引入到园内，这种做法称之为借景。正如《园冶》所讲"晴峦耸秀，绀宇凌空，极目所至，俗则屏之，嘉则收之，不分町疃，尽为烟景"。这种做法超越了有限的景观空间（见图 6-9～图 6-11），但有些景观在布局中是采用闭锁空间，例如颐和园内谐

图 6-9　北京颐和园借玉泉山之美

趣园，四周被建筑环抱，园内风景是封闭式的，这种闭锁空间的景物同样给人秀美之感（见图 6-12、图 6-13）。

图 6-10 颐和园南湖之景

图 6-11 颐和园十七孔桥

图 6-12 四周被建筑环抱形成封闭式景观的谐趣园

图 6-13 谐趣园

　　景观布局在时间上的规定性，一方面是指景观功能的内容在不同时间内是有变化的，例如景观植物在夏季以为游人提供庇荫场所为主，在冬季则需要有充足的阳光。景观布局还必须对一年四季植物的季相变化作出规定，在植物选择上应是春季以绿草鲜花为主，夏季以绿树浓荫为主，秋季则以丰富的叶色和累累的硕果为主，冬季则应考虑人们对阳光的需求。另一方面是指植物随时间的推移而生长变化，直至衰老死亡，在形态上和色彩上也在发生变化。因此，必须了解植物的生长特性。植物有衰老死亡，而景观应该日新月异。

任务二　景观静态布景设计

一、静态风景设计

　　静态风景是指游人在相对固定的空间内所感受到的景观，这种风景是在相对固定的范围内观赏到的，因此，其观赏位置和效果之间有着内在的影响。

　　在实际游览中，往往是动静结合，动就是游、静就是息，游而无息使人筋疲力尽，息而不游又失去游览的意义。一般景观规划应从动与静两方面要求来考虑，景观规划平面总图设计主要是为了满足动态观赏的要求，应该安排一定的风景路线，每一条风景路线应达到像电影片镜头剪辑一样，分镜头（分景）按一定的顺序布置风景点，以使人行其间产生步移景之感，一景又一景，形成一个循序渐进的连续观赏过程。

分景设计是为了满足静态风景观赏的要求，初点与景物位置不变，如看一幅立体风景画，整个画面是一幅静态构图，所能欣赏的景致可以是主景、配景、近景、中景、侧景、全景甚至远景，或它们的有机结合，设计应使天然景色、人工建筑、绿化植物有机地结合起来，整个构图布置应该像舞台布景一样，好的静态风景观赏点正是摄影和画家写生的地方。

人们在静态风景观赏中有时对一些情节特别感兴趣，要进行细部观赏。为了满足这种观赏要求，可以在分景中穿插配置一些能激发人们进行细致鉴赏，具有特殊风格的近景、"特写景"等，如某些特殊风格的植物或某些碑、亭、假山、窗景等。

（一）静态空间的视觉规律

1. 景物的最佳视距

人们赏景，无论动静观赏，总要有个立足点。游人所在的位置称为观赏点或视点。观赏点与景物之间的距离，称为观赏视距。观赏视距适当与否对观赏的艺术效果关系甚大。

人的视力各有不同，一般正常人的明视距离为 25~30cm，对景物细部能够看清的距离为 40cm 左右，能分清景物类型的视距在 250~300cm 左右，当视距在 500cm 左右时只能辨认景物的轮廓。因此，不同的景物应有不同的视距。

2. 视域

正常的眼睛，在观赏静物时，其垂直视角为 130°，水平视角为 160°；但能看清景物的水平视角在 45°以内，垂直视角在 30°以内，在这个范围内视距为景宽的 1.2 倍。在此位置观赏景物其效果最佳，但这个位置毕竟是有限的范围，还要使游人在不同的位置观景。因此，在一定范围内需预留一个较大空间，安排休息亭榭、花架等以供游人逗留及徘徊观赏。

景观中的景物在安排其高度与宽度方面必须考虑其观赏视距问题。一般对于具有华丽外形的建筑，如楼、阁、亭、榭等，应该在距离建筑为建筑高度 1 倍至 4 倍的地方布置一定的场地，以供游人在此范围内以不同的视角来观赏建筑。而在花坛设计中，独立性花坛一般位于视线之下，当游人远离花坛时，所看到的花坛面积变小，不同的视角范围内其观赏效果是不同的，当花坛的直径在 9~10m 时，其最佳观赏点的位置在距花坛 2~3m 左右，如果花坛直径超过 10m 时，平面形的花坛就应该改成斜面的，其倾斜角度可根据花坛的尺寸来调整，但一般在 30°~60°时效果最佳，例如北京天安门广场的花坛，其直径近百米，且为平面布置，所以这种花坛从空中俯视效果要远比在广场上看到的效果好得多（见图 6-14）。

图 6-14　天安门广场的花坛

图 6-15　广州起义纪念碑

在纪念性景观中，一般要求其垂直视角相对要大些，特别是一些纪念碑、纪念雕像等。为增加其雄伟高大的效果，要求视距要小些，且把景物安排在较高的台地上，这样就更增加了其感染力（见图6-15）。

（二）不同视角的风景效果

在景观中，景物是多种多样的，不同的景物要在不同的位置来观赏才能取得最佳效果。一般根据人们在观赏景物时其垂直视角的差异将风景划分为平视风景、仰视风景和俯视风景三类。

1. 平视风景

平视风景是指视线平行向前，游人头部不必上仰下俯就可以舒服地平望出去而观赏的风景。这种风景的垂直视角在以视平线为中心的
30°范围内，观赏这种风景没有紧张感，给人一种广阔、宁静、深远的感觉，且不易疲劳，在空间上的感染力特别强。平视风景由于与地面垂直的线条，在透视上均无消失感，故景物高度效果感染力小，而不与地面垂直的线条均有消失感，表现出较大的差异，因而对景物的远近深度有较强的感染力。平视风景应布置在视线可以延伸到较远的地方。如一般用在安静休息处、休息亭廊、休疗场所。在景观中常把宽阔水面、平缓的草坪、开阔的视野和远望的空间以平视的观赏方式来安排。西湖风景的恬静感觉与多为平视景观分不开（见图6-16）。

图 6-16　西湖风景

2. 仰视风景

仰视风景景物高度很大，视点距离景物很近。一般认为当游人在观赏景物，其仰角大于45°时，由于视线的消失，景物对游人的视觉产生强烈的高度感染力，在效果上可以给人一种特别雄伟、高大和威严感。这种风景在我国皇家景观中经常出现，例如北京颐和园佛香阁建筑群体中，在德辉殿后面仰视佛香阁时，仰角为62°，使人感到佛香阁特别高大，给人一种高耸入云之感，同时也感到自我的渺小（见图6-17、图6-18）。

图 6-17　北京颐和园佛香阁

图 6-18　镇江金山寺——在山下仰望，给人以高大、庄严之感

仰景的造景方法一般在纪念性景观中常使用，在布置纪念碑、纪念雕塑等建筑的位置时，经常采用把游人的视距安排在主景高度的1倍以内的方法，不让游人有后退的余地，这

是一种运用错觉使对象显得雄伟的方法（见图 6-19）。

我国在造景中使用的假山也常采用这种方法。为使假山给人一种高耸雄伟的效果，并非从假山的高度上着手，而是从安排视点位置着眼，也就是把视距安排很小，使视点不能后退，因而突出了仰视风景的感染力。因此，假山一般不宜布置在空旷草地的中央。如图 6-20 为苏州狮子林中的假山将观赏点置于离假山很近的石桥上，给游人假山很高的错觉。

图 6-19　哈尔滨防洪纪念塔

图 6-20　苏州狮子林中的假山

3. 俯视风景及效果

当游人居高临下俯视周围景观时，其视角在人的视平线以下，景物也展现在视点下方。60°以外的景物不能映入视域内，鉴别不清时，必须低头俯视，此时视线与地平线相交，因而垂直地面的直线产生向下消失感，故景物越低就越显小，这种风景给人以"登泰山而小天下""一览众山小"之感。俯视易造成开阔和惊险的风景效果。这种风景一般布置在景观中的最高点位置，在此位置一般安排亭廊等建筑，居高临下，创造俯视景观。如泰山山顶、华山几个顶峰、黄山清凉台都是这种风景（见图 6-21、图 6-22）。

图 6-21　华山山顶

图 6-22　黄山清凉台

另外，在创造这种风景时，要求视线必须通透，能够俯视周围的美好风景，如果通视条件不好，或者所看到的景物并不理想，这种俯视的效果也不会达到预期的目的。北京某公园原设计一俯视风景，在园内的最高点安排一方亭，但由于周边树木过于高大，从亭内所看到的风景均被绿色树冠所遮挡，无法观赏到园内美好的景观。因此，没有达到预期的目的。

平视、俯视、仰视的观赏，有时不能截然公开，如登高楼、峻岭，先自下而上，一步一步攀登，抬头观看是一组一组仰视景观，登上最高处，向四周平望、俯视，然后一步一步向下，眼前又是一组一组俯视景观，故各种视觉的风景安排应统一考虑，使四面八方中安排最佳观景点，让人停息体验。

二、开朗风景与闭锁风景的处理

（一）开朗风景

所谓开朗风景是指在视域范围内的一切景物都在视平线高度以下，视线可以无限延伸到无穷远的地方。视线平行向前，不会产生疲劳的感觉，同时可以使人感到目光宏远、心胸开阔、壮观豪放。李白的"登高壮观天地间，大江茫茫去不还""孤帆远影碧空尽，唯见长江天际流"、秦观的"林梢一抹青如画，应是淮流转处山"正是开敞空间、开朗风景的真实写照（见图6-23和图6-24）。

图6-23 广州流花湖公园——西苑
（开阔的湖面形成开朗风景）

图6-24 北京颐和园（开阔的昆明湖面形成开朗风景）

在开朗风景中由于人们视线低，在观赏远景时常模糊不清，有时见到大片单调的天空，这样又会使风景的艺术效果变差，因此，在布局上应尽量避免这种单调性。

在很多景观风景中，开朗风景是利用提高视点位置，使视线与地面形成较大的视角来提高远景的辨别率并随之丰富远景。开朗风景多用湖面、江河、海滨、草原以及能登高望远之地。例如我国著名的黄山、庐山、华山、泰山等，由于视点位置高，视界宽阔，成为人们喜爱的风景名胜。正如王涣之《登鹳雀楼》所留下的名句"欲穷千里目，更上一层楼"。

（二）闭锁风景

当游人的视线被四周的树木、建筑或山体等遮挡住时，所看到的风景就为闭锁风景。

景物顶部与人视平线之间的高差越大，闭锁性越强，反之则越弱；这也与游人和景物的距离有关，距离越小，闭锁性越强，距离越大，则闭锁性越弱。闭锁风景的近景感染力强，四面景物可琳琅满目，但长时间的观赏又易使人产生疲劳感。闭锁风景多运用于小型庭院、林中空地、过渡空间、回旋的山谷、曲径或进入开朗风景的开敞空间之前，以达到开合的空间对比。北京颐和园中的谐趣园内的风景均为闭锁风景（见图6-25）。

图6-25 北京颐和园中的谐趣园

　　一般在观赏闭锁风景时仰角不宜过大，否则就会使人感到过于闭塞。另外，闭锁风景的效果受景物的高度与闭锁空间的长度、宽度的比值影响较大，也就是景物所形成的闭锁空间的大小。当空间的直径大于 10 倍周围景物的高度时，其效果较差，一般要求景物的高度是空间直径的 1/6～1/3 时，游人可以不必抬头就可以观赏到周围的建筑，如果广场直径过小而建筑过高，会产生一种较强的闭塞感（见图 6-26）。

　　在景观中的湖面、空旷的草地等周围种植树木所构成的景观一般多为闭锁风景，在设计时要注意其空间尺度与树体高度的问题（见图 6-27）。

图 6-26　北京天坛

图 6-27　亭子周围被竹子等植物环抱形成闭锁空间

（三）开朗风景与闭锁风景的对立统一

　　开朗风景与闭锁风景在景观风景中是对立的两种类型，但不管是哪种风景，都有不足之处，所以在风景的营造中不可片面地追求强调某一风景，二者应是对立与统一的。开朗风景缺乏近景的感染力，在观赏远景时，其形象和色彩不够鲜明；而长久观赏闭锁风景又使人感到疲劳，甚至产生闭塞感。所以景观构图时要做到开朗中有局部的闭锁，闭锁中又有局部的开朗，两种风景应综合应用。开中有合，合中有开，在开朗的风景中适当增加近景，增强其感染力。在闭锁的风景中可以通过漏景和透景的方式打开过度闭锁的空间。

　　中国的景观多半以水面为中心形成闭合空间。闭合程度以水面大小而异，谐趣园、静心斋、寄畅园、留园、拙政园等都是以水面为中心的闭合空间布置。为了打破闭合空间的闭塞感，常用虚隔、漏景等手法处理，如颐和园中的乐寿堂前的四合壁通过靠昆明湖一侧的墙上开一列景窗与外界空间联系、苏州狮子林中通过曲廊疏通水面的闭合空间与另一个院子联系（见图 6-28）。在开朗的水滨栽植一些孤植树或树丛，可以增加近景和层次，防止单调、平淡。在闭合的林口或林中空地，宜设疏林漏景，防止过于闭塞。

图 6-28　苏州狮子林（峦影波光"湖心亭"）

　　在景观设计时，大面积的草坪中央可以

用孤立木作为近景，在视野开阔的湖面上可以用园桥或岛屿来打破其单调性（见图 6-29）。著名的杭州西湖风景为开朗风景，但湖中的三潭印月、湖心亭及苏、白二堤等景物增加了其闭锁性，形成了秀美的西湖风景，达到了开朗与闭锁的统一（见图 6-30）。

图 6-29　北京颐和园的桥

图 6-30　杭州西湖三潭印月

任务三　景观动态布景设计

一、景观空间的展示程序

当游人进入一个景观内，其所见到的景观是按照一定程序由设计者安排的，这种安排的方法主要有三种。

（一）一般程序

对于一些简单的景观，如纪念性公园，用两段式或三段式的程序。两段式就是从起景逐步过渡到高潮而结束，其终点就是景观的主景。例如中国人民抗日战争纪念馆，从巨型雕塑"醒狮"开始，经过广场，进入纪念馆达到高潮而结束（见图 6-31）。而三段式的程序是可以分为起景—高潮—结景三个段式，在此期间可以有多次转折。例如颐和园的佛香阁建筑群中，以排云殿主体建筑为"起景"，经石阶向上，以佛香阁为"高潮"，再以智慧海为"结景"，其中主景在高潮的位置，是布局的中心（见图 6-6）。

（二）循环程序

对于一些现代景观，为了适应现代生活节奏，而采用多个入口、循环道路系统、多景区划分、分散式游览线路的布局方法。各景区以循环的道路系统相连，主景区为构图中心，次景区起到辅佐的作用。例如北京朝阳公园，其主景区为喷泉广场及相协调的欧式建筑，次景区为原公园内的湖面和一些娱乐设施（见图 6-32）。北京人定湖公园的次景区为规则式喷泉景点，而主景区为园中大型现代雕塑广场（见图 6-33、图 6-34）。

图 6-31　中国人民抗日战争纪念馆

图 6-32　北京朝阳公园喷泉广场

图 6-33　北京人定湖公园现代雕塑

图 6-34　北京人定湖公园规则式喷泉

（三）专类序列

以专类活动为主的专类景观，其布局有自身的特点。如植物园可以以植物进化史为组景序列，从低等到高等，从裸子植物到被子植物，从单子叶植物到双子叶植物。还可以按植物的地理分布组织，如热带到温带再到寒温带等。

二、风景序列创造手法

1. 风景序列的断续起伏

利用地形起伏变化而创造风景序列是风景序列创造中常用的手法。景观中连续的土山，连续的建筑，连续的林带等。常常用起伏变化来产生景观的节奏。通过山水的起伏将多种景点分散布置，在游步道的引导下，形成景序的断续发展，在游人视野中的风景，时隐时现，时远时近，从而达到步移景异、引人入胜的境界。

2. 风景序列的开与合

任何风景都有头有尾，有收有放，有开有合。这是创造风景序列常用的方法，展现在人们面前的风景包含了开朗风景和闭锁风景。北京颐和园的苏州河就是利用这种开与合，为游人创造了丰富的景观（见图 6-35、图 6-36）。

图 6-35　北京颐和园的苏州河（一）　　　　　　图 6-36　北京颐和园的苏州河（二）

3. 风景序列的主调、基调、配调和转调

任何风景，如果只有起伏、断续与开合，是难以形成美丽风景的。景观一般都包含主景、配景和背景。背景是从烘托角度方面烘托主景，配景则从调和方面来陪衬主景。主景是主调，配景是配调，背景则是基调。在景观布局中，主调必须突出，配调和基调在布局中起到烘云托月、相得益彰的作用。例如北京颐和园苏州河两岸，春季的主调为粉红色的海棠花，油松为基调，而丁香花的嫩红色及一些树叶的黄绿色为配调。秋季则以槭树的红叶为主调，油松为基调，其他树木为配调。任何一个连续布局不可能是无休止的，因此处于空间转折区的过渡树种为转调。转调方式有两种：一种是缓转，主调发生变化，而配调和基调逐渐发生变化，主调在数量上逐渐减少；另一种是急转，主调发生变化，变化为另一树种，而配调和基调之一逐渐减少，最后变为另一树种。一般规则式景观适合用急转，而自然式景观适合用缓转。

三、景观植物的景观序列与季节变化

景观植物是风景景观的主体。植物的景观受当地条件与气候的综合作用，在一年中有不同的外形与色彩变化。因此，要求设计者必须对植物的物候期有一全面的了解，以便在设计中做出多样统一的安排。从一般落叶树种的叶色来看，春季为黄绿色的，夏季为浓绿色的，而秋季多为黄色或红色的。而一些花灌木的开花时间也是不同的，以北京地区为例，3 月下旬迎春、连翘开始开花，4 月初开始开花的有桃花、杏花、玉兰等。以后直至 6 月中旬，开花的植物逐渐减少，而紫薇、珍珠梅等正是开花之时。到 9 月下旬以后就少有开花的树木了，但这时也是树木的果实、叶色最好的观赏期。因此，在种植构图中要注意这种变化，要求做到既有春季的满园春色，夏季绿树成荫，又有秋季硕果累累、霜叶如火的景象。吴自牧在《梦粱录》中是这样描写西湖风景的："春则花柳争妍，夏则荷榴竞放，秋则桂子飘香，冬则梅花破玉。四时之景不同，而赏心乐事者亦与之无穷也。"这正是对西湖的季相景观做出的评价。

任务四　景观布景设计手法

一、主景与配景

主景是景观的核心，一般一个景观由若干个景区组成，每个景区都有各自的主景，但各

景区中有主景区与次景区之分，而位于主景区中的主景是景观中的主题和重点；景观的主景，按其所处空间的范围不同，一般包含两个方面的含义：一是指整个园子的主景；二是指园子中由于被景观要素分割的局部空间的主景。以颐和园为例，前者全园的主景是佛香阁、排云殿一组建筑，后者如谐趣园的主景是涵远堂。配景起衬托作用，像绿叶与红花的关系一样。主景必须要突出，配景则必不可少，但配景不能喧宾夺主，要能够对主景起到"烘云托月"的作用，所以主景与配景是"相得益彰"的（见图6-37）。

常用的突出主景的方法有以下几种。

1. 主景升高

为了使构图主题鲜明，常把主景在高程上加以突出。主景抬高，观主景要仰视，可取蓝天远山为背景，主体造型、轮廓突出，不受其他因素干扰（见图6-38～图6-40）。

图6-37 北海公园景观示意——主景与配景

图6-38 广州越秀公园五羊石雕

图6-39 镇江金山寺主景

图6-40 苏州拙政园中的浮翠阁

2. 中轴对称

在规则式景观和景观建筑布局中，常把主景放在总体布局中轴线的终点，而在主体建筑两侧配置一对或一对以上的配体。中轴对称强调主景的艺术效果是宏伟、庄严和壮丽（见图6-41）。

3. 对比与调和

配景经常通过对比的形式来突出主景，这种对比可以是体量上的对比，也可以是色彩上的对比、形体上的对比等。例如，景观中常用蓝天作为青铜像的背景；在堆山时，主峰与次峰是体量上的对比；规则式的建筑以自然山水、植物作陪衬，是形体的对比等。如图6-42

图 6-41　夕阳下的古塔

图 6-42　北京菖蒲河公园

为北京菖蒲河公园中钢质菖蒲雕塑和后边的石质屏风在材质上形成对比，同时绿色的树木作为主雕塑的背景。

4. 运用轴线和风景视线的焦点

主景前方两侧常常进行配置对称体，以强调陪衬主景，对称体形成的对称轴称中轴线，主景总是布置在中轴线的终点，否则会感到这条轴线没有终结。此外主景常布置在景观纵横轴线的相交点，或放射轴线的焦点或风景透视线的焦点上（见图 6-43）。

5. 空间构图重心处理

主景布置在构图的中心处。规则式景观构图，主景常居于几何中心；而自然式景观构图，主景常布置在自然重心上。如中国传统假山园，主峰切忌居中，即使主峰不设在构图的几何中心，而有所偏，也必须布置在自然空间的重心上，四周景物要与其配合。

图 6-43　主景布置在风景透视线的焦点上

景观主景或主体如果体型高大，很容易获得主景的效果。但体量小的主景只要位置布置得当，也可以达到主景突出的效果。以小衬大、以低衬高，可以突出主景。同样以高衬低、以大衬小也可以成为主景。如园路两侧种植高大乔木，面对景观小筑，小筑低矮，反成主景。亭内置碑，碑成主景（见图 6-44）。

图 6-44　苏州虎丘山晴雪

图 6-45　杭州西湖的湖心岛

6. 动势集中

一般四面环抱的空间，例如水面、广场、庭院等周围次要的景色要有动势，趋向一个视线的焦点上，主景宜布置在这个焦点上。西湖周围的建筑布置都是向湖心的，因此，这些风景的动势集中中心便是西湖中央的主景孤山，形成了"众望所归"的构图中心（见图6-45）。

7. 抑景

中国传统景观的特色是反对一览无余的景色，主张"山重水复疑无路，柳暗花明又一村"的先藏后露的造园方法，该方法与欧洲景观的"一览无余"形式形成鲜明的对比（见图6-46、图6-47）。

图6-46　苏州留园中树木半遮挡的亭子　　　图6-47　上海豫园中植物半遮挡的楼阁

8. 面阳朝向

面阳朝向指屋宇建筑的朝向以南为好，因我国地处北纬，南向的屋宇条件优越。面阳朝向对其他景观景物来说也是重要的，山石、花木南向，有良好的光照和生长条件，各色景物显得光亮，富有生气，生动活泼。

图6-48　长白山天池

综上所述，主景是强调的对象，为达到强调主景的目的，一般在体量、形状、色彩、质地及位置上都被突出，为了对比，一般都用以小衬大、以低衬高的手法突出主景。但有时主景也不一定体量都很大、很高，在特殊条件下低在高处、小在大处也能取胜，成为主景，如长白山天池就是低在高处的主景（见图6-48）。

二、借景、对景与分景

（一）借景

根据景观周围环境特点和造景需要，把园外的风景组织到园内，成为园内风景的一部分，称为借景，"借"也是"造"。《园冶》中提到借景是这样描写的："园虽别内外，得景则无拘远近，晴峦耸秀，绀宇凌空，极目所至，俗则屏之，嘉则收之。""景观巧于因借，精在体宜。"所以在借景时要达到"精"和"巧"的要求，使借来的景色同本园空间的气氛环境巧妙地结合起来，让园内园外相互呼应，汇成一片。

借景能扩大空间、丰富园景、增加变化，按景的距离、时间、角度等，可分以下几种方式。

1. 远借

远借是把远处的园外景物组织进来，所借景物可以是山、水、树木、建筑等。成功的例子有很多，如北京颐和园远借西山及玉泉山之塔；避暑山庄借僧帽山磬锤峰；苏州寒山寺登枫江楼可借狮子山、天平山及灵岩峰。拙政园中借邻近的北塔入园中（见图 6-49～图 6-51）等等。

图 6-49 苏州拙政园——
夏天远借北塔入园

图 6-50 苏州拙政园——
透过窗眼看北塔

图 6-51 苏州拙政园——
冬天看北塔

2. 邻借（近借）

邻借就是把园子邻近的景色组织进来。周围环境是邻借的依据，周围景物，只要是能够利用成景的都可以利用，不论是亭、阁、山、水、花、木、塔、庙，如避暑山庄邻借周围的"八庙"。苏州沧浪亭园内缺水，而邻园有河，则沿河做假山、驳岸和复廊，不设封闭围墙，从园内透过漏窗可领略园外河中景色，园外隔河与漏窗也可望园内，园内园外融为一体，这就是一个很好的例子（见图 6-52、图 6-53）。

图 6-52 苏州沧浪亭

图 6-53 苏州拙政园中的"与谁同坐轩"
借用邻近的亭顶为己用

3. 仰借

仰借系利用仰视所借之景物，借居高之景物，借到的景物一般要求较高大，如山峰、瀑布、高阁、高塔等（见图 6-54 和图 6-55）。

图 6-54　仰借从高处降落的瀑布为景

图 6-55　镇江金山寺

4. 俯借

俯借指利用俯视所借之景物，许多远借也是俯借，登高才能望远，"欲穷千里目，更上一层楼"。登高四望，四周景物尽收眼底，就是俯借。借之景物甚多，如江湖原野、湖光倒影等（见图 6-56、图 6-57）。

图 6-56　从雷峰塔上可眺望到西湖全景

图 6-57　从雷峰塔观西湖一角景色

5. 应时而借

应时而借系利用一年四季、一日之时，大自然的变化和景物的配合而成。如以一日来说，日出朝霞，晓星夜月；以一年四季来说，春光明媚，夏日原野，秋天丽日，冬日冰雪。就是植物也随季节转换，如春天的百花争艳，夏天的浓荫覆盖，秋天的层林尽染，冬天的树木姿态。这些都是应时而借的意境素材，许多名景都是应时而借成名的，如"琼岛春阴""曲院风荷""卢沟晓月""春亭""荷塘月色"等（见图 6-58～图 6-62）。

图 6-58　"琼岛春阴"

图 6-59　"曲院风荷"

图 6-60 "卢沟晓月"

图 6-61 苏州拙政园"春亭"春季观牡丹花

（二）对景

位于景观轴线及风景线端点的景物叫对景。对景可以使两个景观相互观望，丰富景观景色。为了观赏对景，要选择最精彩的位置设置供游人休息逗留的场所作为观赏点，如安排亭、榭、草地等与景相对。景可以正对，也可以互对。正对是为了达到雄伟、庄严、气魄宏大的效果，在轴线的端点设景点。互对是在景观轴线或风景视线两端点设景点，互成对景。互为对景也不一定有非常严格的轴线，可以正

图 6-62 "荷塘月色"

对，也可以有所偏离，如颐和园佛香阁建筑与昆明湖中龙王庙岛山的涵虚堂。图 6-63 为上海豫园中的一处读书轩与水池对面的亭子形成对景，这样避免了读书轩对面只有白墙无景观的情况。如图 6-64 是拙政园的西园中"浮翠阁""笠亭""倒影楼""扇亭"四处建筑之间互为对景。

对景也可以分为以下两种。

（1）严格对景 要求两景点的主轴方向一致，位于同一条直线上。

（2）错落对景 比较自由，只要两景点能正面相向即可，主轴虽方向一致，但不在一条直线上。

图 6-63 上海豫园中的读书轩与水池对面的亭子

图 6-64　拙政园西园中的"浮翠阁""笠亭"
"倒影楼""扇亭"

图 6-65　苏州拙政园入口处起到障景作用
的"缀云峰"

（三）分景

我国景观含蓄有致，意味深长，忌"一览无余"，要能引人入胜。所谓"景愈藏，意境愈大；景愈露，意境愈小"。分景常用于把景观划分为若干空间，使之园中有园，景中有景，湖中有岛，岛中有湖。园景虚虚实实，景色丰富多彩，空间变化多样。分景按其划分空间的作用和艺术效果可分为障景和隔景。

1. 障景（抑景）

在景观绿地中，凡是抑制视线、引导空间屏障景物的手法叫障景。障景可以运用各种不同的题材来完成，可以用土山做障，用植物题材的树丛叫做树障，用建筑题材做成转折的廊院叫做曲障等，也可以综合运用。障景一般是在较短距离之间才被发现，因而视线受到抑制，有"山穷水尽疑无路"的感觉，于是改变空间引导方向，而逐渐展开园景，达到"柳暗花明又一村"的境界，即所谓"欲扬先抑，欲露先藏，先藏后露，才能豁然开朗"。

障景的手法是我国造园的特色之一。以著名宅园为例，进了园门穿过曲廊小院或宛转于丛林之间或穿过曲折的山河来到大体欣赏园景的地点，此地往往是一面或几面敞开的厅轩亭之类的建筑，便于停息，但只能略窥全园或园中主景。这里把园中美景的一部分只让人隐约可见，但又可望而不可即，使游人产生欲穷其妙的向往，引起悬念，达到了引人入胜的效果。

障景还能蔽不美观或不可取的部分，可障远也可障近，而障本身自成一景（见图 6-65）。

2. 隔景

凡将景观分隔为不同空间、不同景区的手法称为隔景。为使景区、景点有特色，避免各景区的相互干扰，增加园景构图变化，隔断部分视线及游览路线，令空间"小中见大"。隔景的手法，常用绵延的土岗把两个不同意境的景区划分开来，或同时结合运用一水之隔。划分景区的景物不用高，两三米挡住视线即可。隔景方法、题材也很多，如树丛、植篱、粉墙、漏墙、复廊等。运用题材不一，目的都是隔景分区，但效果和作用依主体而定，或虚或实，或半虚半实，或虚中有实、实中有虚。简单说来，一水之隔是虚，虽不可越，但可望及；一墙之隔是实，不可越也不可见；疏林是半虚半实；漏墙是虚中有实，似见而不能越过。图 6-66 为上海豫园中的墙体在阻隔空间中特别是此处水域空间时，用了一个半拱墙来阻隔，使水面纵深感增强。图 6-67 为上海豫园中的水廊将水面隔成两个空间，其本身起到

图 6-66 上海豫园（一）

图 6-67 上海豫园（二）

图 6-68 苏州留园中的"冠云峰"

图 6-69 上海豫园（三）

隔景作用，使两个空间达到半虚半实的景观效果。图 6-68 为苏州留园中的"冠云峰"，其观赏处和景观处被一池之水分割，其水池起到虚的隔景作用。图 6-69 为上海豫园中的回廊和漏墙庭院隔离，起到实中有虚，虚中有实的隔景作用。

运用隔景手法划分景区时，不但把不同意境的景物分隔开来，同时也使景物有了一个范围，一方面也使从一个景区到另一个不同主题的景区不相干扰，感到各自别有洞天，自成一个单元，而不致像没有分隔那样，有骤然转变和不协调的感觉。

三、框景、夹景、漏景、添景

（一）框景

空间景物不尽可观，或平淡兼有可取之景，利用门框、窗框、山洞等，有选择地摄取空间优美景色，而把不要的隔绝遮住，使主体集中，鲜明单纯，恰似一幅嵌于镜框中的立体美丽画面。这种利用框架所摄取景物的手法叫框景。

框景的作用在于把景观绿地的自然美、绘画美与建筑美高度统一于景框之中，因为有简洁的景框为前景，约束了人们游览时分散的注意力。使视线高度集中于画面的主景上是一种有意安排强制性观赏的有效办法，处理成不经意中的佳景，给人以强烈的艺术感染力。框景务必设计好入框之对景，观赏点与景框应保持适当距离，视线最好落在景框中心（见图6-70～图 6-74）。

图 6-70 苏州留园中一处景门其将另一处
的盆景恰如其分地框入门中形成一景

图 6-71 景窗框到如
画般的景观

图 6-72 拙政园待霜亭景
门框到的画般金秋景观

图 6-73 拙政园透过廊观赏到的
"小飞虹"的景观

图 6-74 承德避暑山庄中高大的牌坊恰如其分
地框到后边的亭廊形成一处独特景观

（二）夹景

当远景的水平方向视界很宽时，其中并非所有景色都很动人，因此，为了突出理想的景色，常将左右两侧以树丛、树干、土山或建筑等加以屏障，于是形成左右遮挡的狭长空间，这种手法叫夹景。夹景是运用轴线、透视线突出对景的手法之一，可增加园景的深远感。夹景是一种引导游人注意的有效方法，沿街道的对景，利用密集的行道树来突出，就是这种方法（见图 6-43、图 6-75、图 6-76）。

（三）漏景

漏景是由框景发展而来，框景景色全观，而漏景若隐若现，有"犹抱琵琶半遮面"的意境，含蓄雅致。漏景不限于漏窗看景，还有漏花墙、漏屏风等。除建筑装饰构件外，疏林树干也是好材料，植物宜高大，树叶不过分郁闭，树干宜在背阴处，排列宜与远景并行（见图 6-77、图 6-78）。

图 6-75　苏州留园中假山和置石形成
夹景增强了庭院的深远感

图 6-76　广州流花湖公园——西苑（一）

图 6-77　美国明尼苏达州——风景景观
树木园糖槭林形成的漏景效果

图 6-78　苏州拙政园中的厅堂的
门窗形成的漏景效果

（四）添景

当风景点与远方的对景之间没有其他中景、近景过渡时，为求主景或对景有丰富的层次感，加强远景"景深"的感染力，常做添景处理。添景可用建筑的一角或建筑小品、树木花卉，用树木作添景时，树木体型宜高大，姿态宜优美。如在湖边看远景常有几丝柳枝条作为近景的装饰就很生动（见图 6-79）。

图 6-79　广州流花湖公园——西苑（二）

图 6-80　拙政园四季亭中的"夏亭"

四、点景

抓住每一个景观特点，根据它的性质、用途，结合空间环境的景象和历史，高度概括，做出形象化、诗意浓、意境深的景观题咏。其形式多样，有匾额、对联、石碑、石刻等。题咏的对象更是丰富多彩，无论什么景象，亭台楼阁，一门一桥，一山一水，甚至名木古树，都可以给以题名、题咏。如颐和园万寿山、爱晚亭、花港观鱼、正大光明、纵览云飞、碑林等。景观题咏不但丰富了景的欣赏内容，增加了诗情画意，点出了景的主题，给人以艺术联想，还有宣传装饰和导游的作用，各种景观题咏的内容和形式是造景不可分割的组成部分。我们把创作设计景观题咏称为点景手法。它是诗词、书法、雕刻、建筑艺术等的高度综合。如"迎客松""南天一柱""兰亭""知春亭"等。图 6-80 为苏州拙政园四季亭中的"夏亭"，亭上"四壁荷花三面柳，半潭清水一方山"的诗句为其周围景观再添了一笔美意。图 6-81 为苏州拙政园中的"绿漪亭"全景，此处水竹清幽，有诗云"戢鳞隐繁藻，颁首承绿漪"，故名。图 6-82 为苏州拙政园的"梧竹幽居"。

图 6-81　拙政园中的"绿漪亭"

图 6-82　苏州拙政园的"梧竹幽居"

建筑风格独特、构思巧妙别致的梧竹幽居是一座亭，为中部池东的观赏主景。此亭外围为廊，红柱白墙，飞檐翘角，背靠长廊，面对广池，旁有梧桐遮阴、翠竹生情。亭的绝妙之处还在于四周白墙开了四个圆形洞门，洞环洞，洞套洞，在不同的角度可看到重叠交错的分圈、套圈、连圈的奇特景观。四个圆洞门既通透、采光、雅致，又形成了四幅花窗掩映、小桥流水、湖光山色、梧竹清韵的美丽框景画面，意味隽永。"梧竹幽居"匾额为文徵明题。"爽借清风明借月，动观流水静观山"对联为清末名书家赵之谦撰书，上联连用两个借字，点出了人类与风月、与自然和谐相处的亲密之情；下联则用一动一静、一虚一实相互衬托、对比，相映成趣。

五、近景、中景、全景与远景

景色就空间距离层次而言有近景、中景、全景和远景。

近景是近视范围较小的单独风景；中景是目视所及范围的景致；全景是相应于一定区域范围的总览景色，远景是辽阔空间伸向远处的景致，即一个较大范围的景色。远景可以作为景观开阔处瞭望的景色，也可以作为登高处鸟瞰全景的背景。山地远景的轮廓称轮廓景，晨昏和阴雨天的天际线起伏称为蒙景。合理地安排前景、中景与背景，可以加深景的画面，使景色富有层次感，使人获得深远的感觉（见图 6-83、图 6-84）。

图 6-83　苏州盘门（一）

其近景、中景、远景加深了景的画面

图 6-84　苏州盘门（二）

其近景、中景、远景、全景加强了景观本身的效果

前景、中景、远景不一定都具备，要视造景要求而定，如要开朗广阔、气势宏伟，前景就可不要，只要简洁背景烘托主题即可。

复习思考题

1. 景观布局的概念及其内涵是什么？
2. 景观布局有哪些形式？各有何特点？
3. 景观布局在设计中有哪些应用？
4. 如何确定园林中的景观布局形式？
5. 调查了解本市中的绿地是自然式布局、规则式布局还是混合式布局。

 **公园规划设计**

项目导读

公园是城市系统的重要组成部分，是城市居民文化生活不可缺少的重要因素。它不仅为城市提供大面积的绿地，而且具有丰富的户外游憩活动内容，适合于各种年龄和职业的城市居民进行一日或半日的游赏活动。它是群众性的文化教育、娱乐、休息的场所，并对城市面貌、环境保护、社会生活起着重要的作用。公园设计以创造优美的绿色自然环境为基本任务，并根据公园的不同类型，确定其特有的内容。

任务一 综合性公园规划设计

一、综合性公园的类型

综合性公园按其服务范围和在城市中的地位可划分为两种。

（一）市级公园

市级公园为全市居民服务，一般在城市公共绿地中是面积较大、内容和设施最完善的绿地，用地面积随全市居民总人数的多少而不同。市级公园在中、小城市设 1～2 处，其服务半径为 2～3km；在大城市及特大城市可设 5 处左右，其服务半径为 3～5km。

（二）区级公园

区级公园是在较大城市中，为满足一个行政区内的居民休闲娱乐、活动及集合的要求而建的公共绿地，其用地属全市性公共绿地的一部分。区级公园的面积按该区居民的人数而定，功能区划不宜过多，应强化特色，园内应有较丰富的活动内容和设施。一般在城市各区分别设置 1～2 处区级公园，其服务半径为 1～1.5km。

二、综合性公园的任务

综合性公园除具有城市绿地的一般作用外，还负担如下任务。

（一）游乐休息方面

为增强人们的身心健康设置游览、娱乐、休息设施，要全面考虑不同年龄、性别、职业、爱好、习惯等不同的要求，尽可能使游人各得其所。

（二）政治文化方面

宣传党和国家的方针、政策及有关法规，介绍时事新闻，举办节日游园活动和国际友好活动，为党、团及少先队的组织活动提供场所。

（三）科普教育方面

宣传科学技术的新成就，普及工农业生产知识、军事国防知识，普及科学教育，提高群众科学文化水平。

三、综合性公园的面积和位置的确定

（一）综合性公园的面积

根据综合性公园的性质和任务要求，综合性公园应包含较多的活动内容和设施，故用地面积较大，一般不少于 $10 \mathrm{hm}^2$，在假日和节日里游人的容纳量为服务范围居民人数的 $15\% \sim 20\%$，每个游人在公园中的活动面积为 $10 \sim 50 \mathrm{m}^2$。在 50 万人口以上的城市中，全市性综合公园至少应容纳全市居民中 10％的人同时游园。

综合性公园的面积还应结合城市规模、性质、用地条件、气候、绿化状况、公园在城市中的位置与作用等因素全面考虑。

（二）综合性公园位置的确定

综合性公园在城市中的位置应结合城市总体规划和城市绿地系统规划来确定。

① 综合性公园的服务半径应方便生活居住用地内的居民使用，并与城市主要道路有密切的联系，有便利的公共交通工具供居民乘坐。

② 利用不宜于工程建设及农业生产的复杂破碎的地形和起伏变化较大的坡地建园。要充分利用地形，避免大动土方，要因地制宜地创造多种多样的景观，既节约城市用地和建园的投资，又利于丰富园景。

③ 可选择在具有水面及河湖沿岸景色优美的地段建园，使城市园林绿地与河湖系统结合起来，充分发挥水面的作用，有利于改善城市的小气候，增加公园的景色，并可利用水面开展各项水上活动，丰富公园的活动内容。另外，利用这些地段还有利于地面排水，沟通公园内外的水系。

④ 可选择在现有树木较多和有古树的地段建园。在森林、丛林、花圃等原有种植的基础上加以改造建设公园，投资少，见效快。城市公园从规划建设开始到形成较好的环境和一定的规模需要较长的一段时间，而如果利用原有的植被则可以早日形成较好的绿化面貌。

⑤ 可选择有历史遗址和名胜古迹的地方建园。将现有的建筑、名胜古迹、革命遗址、纪念人物事迹和历史传说的地方加以扩充和改建，补充活动内容和设施。在该类地段建园，

不仅丰富公园的景观,还有利于保存民族遗产,起到爱国主义和民族传统教育的作用。

⑥ 公园规划应考虑近期与远期相结合,社会的进步与发展影响着人们的观念及思想。人们追求更完善的休闲与娱乐的场所,对景观质量的需求也越来越高。因此,在公园规划时既要尊重现实,又要着眼于未来,尤其是对综合性公园的活动内容,人们会提出更多的项目和设施的要求,作为设计者在规划时应考虑一定面积的发展用地的规划。

在城市园林绿地系统规划时还应重视综合性公园的出入口位置,考虑应设置的主要内容和设施的规模,以使综合性公园进行规划设计时能有全局观点的依据。

总之,在进行综合性公园规划时其面积和位置的确定应遵循服从城市总体规划的需要、布局合理、因地制宜、均衡分布、立足当前、着眼未来的原则。

四、综合性公园项目内容的确定

(一) 综合性公园的内容

1. 观赏游览

观赏风景、山石、水体、名胜古迹、文物、花草树木、盆景、花架、建筑小品、雕塑、动物等。

2. 安静活动

品茶、垂钓、棋艺、划船、散步、健身、读书等。

3. 儿童活动

学龄前儿童与学龄儿童的游戏娱乐、障碍游戏、迷宫、体育运动、集会、各类兴趣小组、科学文化普及教育活动、阅览室、少年气象站、自然科学园地、小型动物园、植物园、园艺场等。

4. 文娱活动

露天剧场、游艺室、俱乐部、戏水、浴场、电影、电视、音乐、舞蹈、戏剧、曲艺节目的表演及公众的团体文娱活动等。

5. 政治文化和科普教育

展览、陈列、阅览、科技活动、演说、座谈、动物园、植物园、纪念性广场等。

6. 服务设施

餐厅、茶室、休息处、小卖部、摄影部、租借处、公用电话亭、问讯处、物品寄存处、导游图、指路牌、园椅、园灯、厕所、垃圾箱等。

7. 园务管理

办公室、民警值班室、苗圃、温室、花圃、变电站、水泵房、广播室、工具间、仓库、车库、工人休息室、堆放场、杂院等。

规划综合性公园应根据公园面积、位置、城市总体规划要求以及周围环境情况综合考虑,可以设置上列各种内容或部分内容。如果只以某一项内容为主,则成为专类公园。如:以儿童活动内容为主,则为儿童公园;以展览动物为主,则为动物园;以展览植物为主,则为植物园;以纪念某一件事或人物为主,则为纪念性公园;以观赏文物古迹为主,则为文物公园;以观赏某类园景为主,亦可成为岩石园、盆景园、花园、雕塑公园、水景园等。综合性公园规划时应注重特色的创造,减少内容与项目的重复,使一个城市中的每个综合性公园都有鲜明的特色。

（二）影响综合性公园项目内容设置的因素

1. 当地人们的习惯爱好

公园内可考虑按当地人们所喜爱的活动、风俗、生活习惯等地方特点来设置项目内容，使公园具有明显的地方性和独特的风格。这是创造公园特色的基本因素。

2. 公园在城市中的地位

在整个城市的规划布局中，城市园林绿地系统对公园的要求是确定公园项目内容的决定因素。位置处于城市中心地区的公园，一般游人较多，人流量大，而且游人停留时间较短。因此，规划该类公园时要求内容丰富，景物富于变化，设施完善。而位于城郊地区的公园则较有条件考虑安静观赏的内容，规划时以自然景观或以自然资源构成公园主要内容。

3. 公园附近的城市文化娱乐设置情况

公园附近如已有大型文娱设施，公园内就不应重复设置，以便减少投资，降低工程造价和维护费用。如公园附近已经有剧院、保龄球馆、健身馆等设施，则公园内就可不再设置类似项目。

4. 公园面积的大小

大面积的公园设置的项目多，规模大，游人在园内的停留时间一般较长，对服务和游乐设施有更多的要求。

5. 公园的自然条件

自然生长的植物、山石、岩洞、水体、起伏的地形是极佳的自然景观，同时，良好的自然条件也可创造丰富多彩的项目内容，如攀岩、划船、漂流、探险等项目。

6. 其他

公园内的文物、革命纪念遗址、名胜古迹、历史传说等均可以成为公园游览的项目内容。

五、综合性公园规划的原则

① 贯彻国家在园林绿化建设方面的方针政策及有关法规。

② 继承和革新我国造园艺术的传统，吸取国外的先进经验，创造功能齐全、设施完备的有时代特征的新园林。

③ 要表现地方特点和风格。每个公园都要有其特色，避免景观的重复。

④ 依据城市园林绿地系统规划的要求，从全局考虑，尽可能满足人们文化娱乐、观赏、游览活动的需要，设置人们喜爱的项目内容。

⑤ 充分利用现状及自然条件，有机地组织公园的各个部分。

⑥ 规划设计中要考虑满足不同的季节、气象状况、早晚时间、观赏地点、角度等各种情况的要求。

⑦ 规划设计要切合实际，分期规划，分步实施，以便于管理。

综合性公园规划设计时，应注意与周围环境配合，与邻近的建筑群、道路网、绿地等取得密切的联系，使公园自然地融合在城市之中，成为城市园林绿地系统的有机组成部分，而不是一个孤立的园林据点，避免以高高的围墙把公园完全封闭起来的做法。为方便管理，可利用地形、水体、绿篱、建筑等综合手段将公园与周围环境隔离。如苏州沧浪亭以水为界，达到城市空间与园林空间的互相渗透。对公园周围的建筑物亦要考虑园林的因素，例如在中国古典园林的近旁修建高层的现代建筑，这种不协调的建筑风格往往会影响园景的自然气氛及造景的效果。因此，在城市规划中应对公园，特别是古典园林的周边环境予以充分考虑，使公园内外环境协调一致。

六、综合性公园出入口的规划

（一）出入口位置的规划

公园出入口的位置选择是公园规划设计中的一项重要内容，它影响到游人是否能方便快捷地进出公园，影响到城市道路的交通组织与街景，还影响到公园内部的规划结构、分区和活动设施的布置。

公园可以有一个主要出入口，一个或若干个次要出入口及专用出入口。主要出入口的位置应设在城市居民来往的主要方向及有公共交通的地方，要在城市主要道路上，但要避免设在对外交通的干道上。如上海长风公园，原来设计的主要出入口为一号门，但现在离公共交通站点较远，出入的人流反比二号门少。确定出入口位置时，还应考虑公园内用地情况，配合公园的规划设计要求，使出入口有足够的人流集散用地，与园内道路联系方便，符合导游路线的意图。主要出入口尽可能接近主要功能区或主景区，次要出入口是辅助性的，为附近局部地区居民服务，设于人流来往的次要方向，还可以设在公园内有大量集中人流集散的设施附近，如设在园内的表演厅、展览馆、露天剧场和大型活动场地等项目附近。

主要出入口和次要出入口的内外都需要设置游人集散广场，目的是缓解人流、疏导交通。园门外广场要大一些，园门内广场可小一些。附近设有停车场时，则出入口附近要设汽车停车场和自行车停车棚。现有公园出入口广场的大小差别较大，最小长宽不能小于 $12m \times 6m$，以 $(30 \sim 40)m \times (10 \sim 20)m$ 的居多。

（二）出入口的类型

（1）主要出入口　位于人流的主要来源方向和主要公共交通道路附近。

（2）次要出入口　位于居住区附近和城市次要道路附近。

（3）专用出入口　是根据公园管理工作的需要设置的，它是由公园园务管理区、动物区、花圃、苗圃、餐厅等直接通向园外，专为杂务管理的需要而使用的出入口，不供游人使用。

（4）无障碍出入口的规划　专为残疾人通行设置的出入口，一般结合公园其他出入口设置，采用坡道的形式。

（三）出入口的内容规划

出入口内容的规划应按公园面积、性质、内容而设置，一般包括园门建筑、售票处、收票处、小卖部、休息廊，还可以有服务部，包括问讯处、公用电话亭、寄存处、租借处（旅行工具、雨具、生活用品等）、值班室、办公室、导游图、图片陈列栏、宣传画廊等。在出入口广场上还可设置水池、花坛、草地、雕塑、山石等园林小品。此外，要考虑机动车和自行车停放的需要，规划一定面积的停车场地。

七、综合性公园的功能分区

根据公园的任务和内容，游人在公园内有多种多样的游乐活动，所以对活动内容、项目与设施的设置就应满足各种不同的功能、不同年龄人群的爱好和需要。这些活动的内容对用地的自然条件有不同的要求，而且按其功能使用情况，有的要求宁静的环境，有的要求热闹的气氛，有的专为部分人使用，而有的要求互相之间需要取得联系，有的需要隔离及防止干扰的影响，还要便于经营管理，因此要根据活动内容分类分区布置，一般可分为安静游览区、文化娱乐区、儿童活动区、园务管理区及服务区。

公园内各功能的分区亦不能生硬地划分，尤其是 30hm² 以下的小公园，园内娱乐项目较少，要求设置干扰不大的项目。当用地较紧张时，明确分区往往有困难，常将各种不同性质的活动内容做整体的合理安排。在对面积较大的公园进行规划设计时，功能分区比较重要，主要是使各类活动使用方便，互不干扰，尽可能按照自然环境和现状特点布置分区，必要时亦可穿插安排，坚持"因地制宜"的原则来划分各功能区。

（一）安静游览区

安静游览区是以观赏、游览和休息为主的空间，包含如下内容：亭、廊、轩、榭、阅览室、棋艺室、游船码头、名胜古迹、文物展览、建筑小品、雕塑、盆景、花卉、棚架、草坪、树木、山石岩洞、河湖溪瀑及观赏鱼鸟等小动物的庭馆等。因这里游人较多，并且要求游人的密度较小，故需大片的风景绿地。安静游览区内每个游人所占的用地定额较大，一般为 100m²/人，因此在公园内占有较大面积的用地，常为公园的重要部分。安静活动的空间应与喧闹的活动空间隔开，以防止活动时受声响的干扰，又因这里无大量的集中人流，故离主要出入口可以远些。用地应选择在原有树木最多、地形变化最复杂、景色最优美的地方，譬如丘陵起伏的山地、河湖溪瀑等水体、大片花草森林的地区，以形成峰回路转、波光云影、树木葱茏、鸟语花香等动人的景色。安静游览区可灵活布局，允许与其他区有所穿插。若面积较大时，亦可能分为数块，但各块之间可有联系。用地形状不拘，可有不同的布置手法，空间要多变化。要根据内容的不同，结合地形灵活地处理空间。

（二）文化娱乐区

文化娱乐区是为游人提供活动的场地和各种娱乐项目的场所，是游人相对集中的空间，包含如下内容：俱乐部、游戏场、表演场地、露天剧场或舞池、溜冰场、旱冰场、水上娱乐项目、展览室、画廊、动植物园地、科普活动区等。园内一些主要建筑往往设在这里，因此文化娱乐区常位于公园的中部，成为公园布局的重点。布置时也要注意避免区内各项活动之间的相互干扰，要使有干扰的活动项目相互之间保持一定的距离，并利用树木、建筑、地形等加以分隔。

由于上述一些娱乐项目的人流量较大，而且集散的时间集中，所以要妥善组织交通，需要接近公园出入口或与出入口有方便的交通联系，以避免不必要的拥挤，用地定额一般为 30m²/人。规划该类用地时要考虑设置足够的道路广场和生活服务设施。因全园的主要建筑往往设在该区，故要有适当比例的平地和缓坡，以保证建筑和场地的布置。适当的坡地且环境较好，可用来设置开阔的场地；较大的水面，可设置水上娱乐项目。建筑用地的地形地质要有利于基础工程的建设，节省填挖土方量和建设投资。园林建筑的设置需要考虑到全园的艺术构图和建筑与风景的关系，要增加园景，不应破坏景观。

（三）儿童活动区

儿童活动区规模按公园用地面积的大小、公园的位置、周围居住区分布情况、少年儿童的游人量、公园用地的地形条件与现状条件来确定（表7-1）。

表7-1 公园内儿童活动区的规模

公园名称	儿童活动区面积/hm²	占全园用地/%
南京玄武湖公园	16	7
天津水上公园	24	6
北京陶然亭公园	2	2.5

　　公园中的少年儿童常占游人量的15%～30%，但该百分比与公园在城市中的位置关系较大，在居住区附近的公园，少年儿童人数比重大，离大片居住区较远的公园比重小。

　　在儿童活动区内可设置学龄前儿童及学龄儿童的游戏场、戏水池、少年宫或少年之家、障碍游戏区、儿童体育活动区（场）、竞技运动场、集会及夏令营区、少年阅览室、科技活动及园地等，用地定额应在50m²/人，并按用地面积的大小确定设置内容的多少。规模大的与儿童公园类似，规模小的只设游戏场。游戏设施的布置要活泼、自然、色彩鲜艳，最好能与风景结合。不同年龄的少年儿童，如学龄前儿童和学龄儿童要分开活动。现在公园中的儿童乐园根据儿童的年龄或身长，一般以1.25m为限划分活动的区域。区内的建筑、设备等都要考虑到少年儿童的尺度，建筑小品的形式要适合少年儿童的兴趣。要富有教育意义，可有童话、寓言的色彩，使少年儿童心理上有新奇、亲切的感觉。区内道路的布置要简捷明确，容易辨认，主要路面要能通行童车。花草树木的品种要丰富多彩，色彩鲜艳，引起儿童对大自然的兴趣；不要种有毒、有刺、有恶臭的浆果植物；不要用铁丝网。为了布置各项不同要求的内容，规划用地内平地、山地、水面的比例要合适，一般平地占40%～60%，山地占15%～20%，水面占30%～40%。该区规划时应接近出入口，且宜选择距居住区较近的地方，并与其他用地适当分隔。由于有些儿童游园时由成人携带，因此要考虑成人的休息和成人照看儿童时的需要。区内应设置卫生设施、小卖部、急救站等服务设施。

（四）园务管理区

　　园务管理区是为公园经营管理的需要而设置的内部专用分区，可设置办公室、值班室、广播室、管线工程建筑物和构筑物修理工厂、工具间、仓库、堆场杂院、车库、温室、棚架、苗圃、花圃、食堂、浴室、宿舍等。按功能使用情况区内可分为：管理办公部分、仓库工厂部分、花圃苗木部分、生活服务部分等。这些内容根据用地的情况及管理使用的方便，可以集中布置，也可分成数处。集中布置可以有效地利用水、电、热、气，降低工程造价，减少经常性的投资。园务管理区要设置在相对独立的区域，同时要便于执行公园的管理工作，又便于与城市联系，四周要与游人有隔离，对园内外均要有专用的出入口，不应与游人混杂。到区内要有车道相通，以便于运输和消防。该区要隐蔽，不要暴露在风景游览的主要视线上。温室、花圃、花棚、苗圃是为园内四季更换花坛、花饰、节日用花、盆花及补充部分苗木之用，为了对公园种植的花木抚育管理方便。面积较大的公园，在园务管理区外还可分设一些分散的工具房、工作室，以便提高管理工作的效率。

（五）服务设施

　　服务设施类的项目内容在公园内的布置受公园用地面积、规模大小、游人数量与游人分布情况的影响较大。在较大的公园里，可能设有1～2个服务中心点，按服务半径的要求再设几个服务点，并将休息和装饰用的建筑小品、指路牌、园椅、废物箱、厕所等分散布置在园内。服务中心点是为全园游人服务的，应按导游线的安排结合公园活动项目的分布设在游人集中、停留时间较长、地点适中的地方；服务中心点的设施可有饮食、休息、整洁仪表、电话、问讯、摄影、寄存、租借和购买物品等项服务。服务点是为园内局部地区的游人服务的，应按服务半径的要求，在游人较多的地方设服务点。设施可有饮食、小卖部、休息、公用电话等项，并且还必须根据各区活动项目的需要设置服务设施，如钓鱼活动的地方必须设租借渔具、购买鱼饵的服务设施。

根据服务方便的原则，规划时也可采取中心服务区与服务小区的方式。既可在公园主要景区设置设施齐全的服务区，也可专门规划中心服务区，同时在每一个独立的功能区中以服务小区或服务点的方式为游人提供相对完善的服务。

八、综合性公园的景色分区

公园景观可分为自然景观与人造景观。在规划时可将景观进行适当分类，划分成相应景区，便于游人有目的地选择游览内容。景色分区要使公园的风景与功能要求相配合，增强功能要求的效果；但景色分区不一定与功能分区的用地范围完全一致，有时也需要交错布置，形成同一功能区中有不同的景色，使观赏园景能有变化、有节奏、生动多趣，以不同的景色给游人以不同情趣的艺术感受。如上海虹口公园鲁迅墓，以浓郁的树木围构幽静的空间，以规则布置的道路场地、平台和雕像形成平易近人而又庄严肃穆的景区，增强纪念敬仰的效果。在这以外的娱乐区又是一种轻松的气氛，不同景色的感受丰富了游人的观赏内容。

公园功能区的划分，除功能明确的区域外，还应规划出一些过渡区域，这些区域的规划起到承上启下的作用，同时又使公园的空间活跃，产生节奏和韵律。公园中常见的景色分区如下。

（一）按景区视觉和心理感受划分

1. 开朗的景区

开阔的视野，宽广的水面，大片的草坪，都往往能形成开朗的景观。如：上海中山公园的大草坪，长风公园的银锄湖，北京紫竹院公园的大湖。大片开阔的地段都是游人集中活动的景区。

2. 雄伟的景区

利用挺拔的植物、陡峭的山形、耸立的建筑等形成雄伟庄严的气氛。如南京中山陵大石阶和广州起义烈士陵园的主干道两旁植常绿大树，使人们的视线集中向上，利用仰视景观，使游人在观赏时，达到巍峨壮丽的令人肃然起敬的目的。

3. 安静的景区

利用四周封闭而中间空旷的环境造成宁静的休息条件，如林间隙地、山林空谷等。在有一定规模的公园里常常设置安静的景区，使游人能安宁地休息观赏。

4. 幽深的景区

利用地形的变化、植物的庇荫、道路的曲折、山石建筑的障隔和联系，造成曲折多变的空间，达到幽雅深邃的境界。如：北京颐和园的后湖，镇江焦山公园的后山，有峰回路转、曲径通幽的景象。

（二）按围合方式划分的景区

这种景区本身是公园的一个局部，但又有相对的独立性，如：颐和园的谐趣园，杭州西湖三潭印月。园中之园、岛中之岛、水中之水,借外景的联系而构景的山外山、楼外楼,都属此类景区。

(三) 按季相特征划分的景区

扬州个园的四季假山;上海龙华植物园的假山园以樱花、桃花、紫荆等为春岛的春色,以石榴、牡丹、紫薇等为夏岛风光,以红枫、槭树供秋岛观红叶,以松柏为冬岛冬景;武汉青山公园的岛中岛以春夏秋冬四岛联成,秋岛居中,冬岛为背景,衬托观赏面朝外的春岛与夏岛;无锡蠡园的四季亭临水相对,以植物的季相变化衬托四季的特点,垂柳、碧桃突出春景,棕榈、荷花等突出夏景,菊花、桂花、枫树、槭树突出秋景,红梅、绿梅、天竹、蜡梅突出冬景。这些都是利用植物花、果、枝、叶的季相变化的特点,组织景区的风景特色。

(四) 以不同的造园材料和地形为主体构成的景区

1. 假山园

以人工叠石构成山林,如上海豫园的黄色大假山、苏州狮子林的湖石假山、广州的黄蜡石假山。

2. 岩石园

利用自然林立的或人工的山石或岩洞构成游览的风景。

3. 水景园

利用自然的或模仿自然的河、湖、溪、瀑,人工构筑的规则形的水池、运河、喷泉、瀑布等水体构成的风景。

4. 山水园

山石水体互相配合、组织而成的风景。

5. 沼泽园

以沼泽地形的特征显示的自然风光。

6. 花草园

以多种草或花构成的百草园、百花园、药草园或突出某一种花卉的专类园,如牡丹、芍药、月季、菊花等类的花园。

7. 树木园

以浓荫大树组成的密林,具有森林的野趣,可作为障景、背景使用。以枝叶稀疏的树木构成的疏林,能透过树林看到后面的风景,增加风景的层次,丰富景色。以古树为主也可构成风景。还可以在某一地段环境中突出某一种树木而构成风景,如梅园、牡丹园、月季园、紫竹园、雕塑园、盆景园等。

以虫、鱼、鸟、兽等动物为主要观赏对象也可以构成景区,如金鱼池、百鸟馆、花港观鱼等。另外,还有文物古迹、历史事迹的景区,如碑林、大雁塔、中山堂、大观园等。

九、公园的艺术布局

公园的布局要有机地组织各个不同的景区,使各景区间既有联系而又有各自的特色,全园既有景色的变化又有统一的艺术风格。

公园的景色,要考虑其观赏的方式,何处是以停留静观为主,何处是以游览动观为主。静观要考虑观赏点、观赏视线,往往观赏与被观赏是相互的,既是观赏风景的点,也是被观赏的点。动观要考虑观赏位置的移动要求,从不同的距离、高度和角度,在不同的时间、天气和季节，可观赏到不同的景色。公园景色的观赏要组织导游路线，引导游人按观赏程序游览。景色的变化要结合导游线来布置，使游人在游览观赏的时候，产生一幅幅有节奏的连续风景画面。导游线常用道路广场、建筑空间和山水植物的景色来吸引游人，按设计的艺术境界循序游览，可增强造景艺术效果的感染力。如要引导游人进入一个开阔的景区时，先使游人经过一个狭窄的地带，使游人从对比中更加强了这种艺术境界的效果。导游线应该按游人兴致曲线的高潮起伏来组织，由公园入口起，即应设有较好的景色，吸引游人入园。如某园的大门外，透过方池，可看到部分水景，起引景的作用，以吸引游人。从进入公园起即应以导游线串联各个园景，逐步引人入胜，到达主景进入高潮，并在游览结束前应以余景提高游兴，使得游人产生无穷的回味，离园时留下深刻的印象。导游线路的组织是公园艺术布局的重要设计内容。

公园的景色布点与活动设施的布置要有机地组织起来，在公园中有构图中心。在平面布局上起游览高潮作用的主景，常为平面构图中心；在主体轮廓上起观赏视线焦点作用的制高点，常为立面构图中心。平面构图中心与立面构图中心可以分为两处。杭州的花港观鱼以金鱼池为平面构图中心，以较高的牡丹亭为立面构图中心。平面构图中心与立面构图中心也可以合二为一。北京的景山公园以山上五亭组成的景点是景山公园的平面构图中心，也是立面构图中心。北京的陶然亭公园则以中央岛为中心。

平面构图中心的位置一般设在适中的地段，较常见的是由建筑群、中心广场、雕塑、岛屿、"园中园"及特殊的景点组成。上海虹口公园以鲁迅墓作为平面构图中心。在全园可有一两个平面构图中心。当公园的面积较大时，各景区可有次一级的平面构图中心，以衬托补充全园的构图中心，起群星捧月的作用。两者之间既有呼应与联系，又有主从的区别。

立面构图中心较常见的是由雄峙的建筑和雕塑、耸立的山石、高大的古树及标高较高的景点组成的，如颐和园以佛香阁为立面构图中心。立面构图中心是公园立体轮廓的主要组成部分，对公园内外的景观都有很大的影响，是公园内观赏视线的焦点，是公园外观的主要标志，也是城市面貌的组成部分。如：北京的白塔是北海公园的特征建筑；镇江北固公园耸立的峰峦，北临浩浩大江，南接攘攘市尘，立面构图中心的主峰与中峰余脉连贯形成的主体轮廓，成为城市面貌的特殊部分。

公园立体轮廓的构成是由地形、建筑、树木、山石、水体等的高低起伏而形成的，常是远距观赏的对象及其他景物的远景。在地形起伏变化的公园里，立体轮廓必须结合地形设计，填高挖低，造成有节奏、有韵律、层次丰富的立体轮廓。在地形平坦的公园中，可利用建筑物的高低、树木树冠线的变化构成立体轮廓。公园中常利用园林植物的外形及色彩等的变化种植成树林，形成在平面构图中具有曲折变化的、层次丰富的林缘线。在立面构图中，具有高低起伏、色彩多样的林冠线，可以增加公园立体轮廓的艺术效果。造园时也常以人工挖湖堆山，造成具有层次变化的立体轮廓。如上海的长风公园铁臂山，是以挖银锄湖的土方堆山，主峰最高达 26.63m，并以大小高低不同的起伏山峦构成了公园的立体轮廓。公园里以地形的变化形成的立体轮廓比以建筑、树林等形成的立体轮廓形象效果更显著，但为了使游人活动时有足够的平坦用地，起伏的地段或山地不宜过多，并应适当集中。

公园规划布局的形式有规则的、自然的与混合的三种。规则的布局强调轴线对称，多用几何形体，比较整齐，布置均有规律，有庄严、雄伟、开朗的感觉。当公园设置的内容需要形成这种效果，并且有规则地形或平坦地形的条件，适于用这种布局的方式，如北京中山公园、天坛公园。自然的布局是完全结合自然地形、原有建筑、树木等现状的环境条件或按美观与功能的需要灵活布置，可有主体和重点。但无一定的几何规律，有自由、活泼的感觉。在地形复杂、有较多不规则的现状条件的情况下，采用自然式比较适合，可形成富有变化的风景视线，如上海长风公园、南京白鹭洲公园。混合的布局是部分地段为规则式，部分地段为自然式，在用地面积较大的公园内常采用，可按不同地段的情况分别处理。如：在主要出入口处及主要的园林建筑地段采用规则的布局，安静游览区则采用自然的布局，以取得不同的园景效果，如北京东单公园。

十、综合性公园规划设计程序

① 了解公园规划设计的任务情况，建园的审批文件、征收用地及投资额，建设施工的条件（技术力量、人力、施工的机械和建筑材料供应情况）。

② 了解公园用地在城市规划中的地位与其他用地的关系。

③ 收集公园用地的历史、现状及自然资料。

④ 研究分析公园用地内外的景观情况。

⑤ 依据设计任务的要求，考虑各种影响因素，拟定公园内应设置的项目内容与设施，并确定其规模大小。

⑥ 进行公园规划，确定全园的总布局，计算工程量，编制造价概算，安排分期建设的计划。

⑦ 公园规划经申报审批同意后，可进行各内容和各个地段的详细规划与设计。

⑧ 绘制局部详图，包括园林工程设计与施工图，建筑设计与施工图、结构设计与施工图，并编制预算及写出文字说明。

规划设计的步骤根据公园面积的大小、工程的复杂程度，可按具体情况增减。如公园面积很大，则需先有总体规划；如公园规模不大，则公园规划与详细设计可结合进行。

园林建设与其他工程建设相比有较大的灵活性，特别是自然式的公园规划，在施工过程中调整规划与设计必不可少，因此在施工放样时，对规划设计结合地形的实际情况需要校核、修正和补充。地形处理时的土方工程，在施工后必须进行地形测量，以便复核整形。有些园林工程内容，如叠石、大树的种植等除在设计中安排外，在施工过程中还必须根据现场实际情况，如山石的石形、石质、石理、石色、大树的高低姿态等进行现场设计。

十一、公园规划设计的内容

规划设计的各个阶段都有一整套设计图纸、分析计算图表与文字说明。图纸的比例要考虑现有地形图比例的因素，按需要表达的内容而定。施工详图阶段为了将细部做法表达清楚，常用较大的比例。

（一）现状分析

对公园用地的情况进行调查研究和分析评定，为公园规划设计提供基础资料。包括以下内容。

① 公园在城市中的位置，附近公共建筑及停车场地情况，游人的主要人流方向、数量及公共交通的情况，公园外围及园内现有的道路广场情况，如性质、走向、标高、宽度、路面材料等。

② 当地多年积累的气象资料，包括每月最低、最高及平均气温，水温，湿度，降雨量

及历年最大暴雨量，冰冻层，每月阴天日数，风向和风力等。

③ 用地的历史沿革和现在的使用情况。

④ 公园规划范围界线，周围红线及标高，园外环境景观的分析、评定。

⑤ 现有园林植物，古树、大树的品种、数量、分布、高度、覆盖范围、地面标高、质量、生长情况、姿态及观赏价值的评定。

⑥ 现有建筑物和构筑物的立面形式、平面形状、质量、高度、基地标高、面积及使用情况。

⑦ 园内及公园外围现有地上地下管线的种类、走向、管径、埋置深度、标高和柱杆的位置高度。

⑧ 现有水面及水系的范围，水底标高，河床情况，常水位，最高及最低水位，历史上最高洪水位的标高，水流的方向，水质及岸线情况，地下水的常水位及最高、最低水位的标高，地下水的水质情况。

⑨ 现有山峦的形状、坡度、位置、面积、高度及土石的情况。

⑩ 地貌、地质及土壤情况的分析评定，地基承载力，抗剪强度，内摩擦角度，塑性指数，土壤坡度的自然安息角度。

⑪ 地形标高坡度的分析评定。

⑫ 风景资源与风景视线的分析评定。

（二）综合性公园总体规划

确定整个公园的总布局，对公园各部分做全面的安排。常用的图纸比例为 1：1000 或 1：2000。包括的内容如下。

① 公园的范围，公园用地内外分隔的设计处理与四周环境的关系，园外借景障景的分析和设计处理。

② 计算用地面积和游人量，确定公园活动内容、需设置的项目、设施的规模、建筑面积和设备要求。

③ 确定出入口位置，并进行园门布置和安排汽车停车场、自行车停车棚的位置。

④ 根据公园活动内容的功能分区进行活动项目和设施的布局，确定园林建筑的位置和组织建筑空间。

⑤ 景色分区，按各种景色构成不同风景造型的艺术境界来进行分区。

⑥ 公园河湖水系的规划，水底标高、水面标高的控制，水上构筑物的设置。

⑦ 公园道路系统、广场硬地的布局及组织导游线。

⑧ 规划设计公园的艺术布局，安排平面的及立面的构图中心和景点，组织风景视线和景观空间。

⑨ 地形处理，竖向规划，估计填挖土方的数量、运土方向和距离，进行土方平衡。

⑩ 园林工程规划，包括护坡、驳岸、挡土墙、围墙、水塔、水工构筑物、变电所、厕所、化粪池、消防用水、灌溉和生活给水、雨水排水、污水排水、电力线、照明线、广播通信线等管网的布置。

⑪ 植物群落的分布，树木种植规划，制订苗木计划，估算树种规格与数量。

⑫ 公园规划设计意图的说明，土地使用平衡表，工程量计算，造价概算，分期建园计划。

（三）详细设计

在全园规划的基础上，对公园的各个地段及各项工程设施进行详细的设计，常用的图纸比例为 1：500 或 1：100。包括的内容如下。

① 主要出入口、次要出入口和专用出入口的设计，包括园门建筑、内外广场、服务设施、园林小品、绿化种植、市政管线、室外照明、汽车停车场和自行车停车棚等的设计。

② 各功能区的设计。包括各区的建筑物、室外场地、活动设施、绿地、道路广场、园林小品、植物种植、山石水体、园林工程、构筑物、管线、照明等的设计。

③ 园内各种道路的走向、纵横断面、宽度、路面材料及做法、道路中心线坐标及标高、道路长度及坡度、曲线及转弯半径、行道树的配置。

④ 各种园林建筑初步设计方案。包括平面、立面、剖面、主要尺寸、标高、坐标、结构形成、建筑材料和主要设备。

⑤ 各种管线的规格、管径尺寸、埋置深度、标高、坐标、长度、坡度或电杆灯柱的位置、形式、高度，水电表位置、变电或配电间、广播室位置、广播喇叭位置、室外照明方式和照明点位置、消防栓位置。

⑥ 地面排水的设计。包括分水线、汇水线、汇水面积、明沟或暗管的大小、线路走向、进水门和窨井位置。

⑦ 土山、石山设计。包括平面范围、面积、坐标、等高线、立面、立体轮廓、叠石的艺术造型。

⑧ 水体设计。包括河湖的范围、形状、水底的土质处理、标高、水面控制标高、岸线处理。

⑨ 各种建筑小品的位置、平面形状、立面形式。

⑩ 植物种植的设计

依据树木种植规划，对公园各地段进行植物配置，常用的图纸比例为 1：500 或 1：200。包括的内容有以下几个方面。

a. 树木种植的位置、标高、品种、规格、数量。

b. 树木配植形式。包括平面、立面形式及景观，乔木与灌木、落叶与常绿、针叶与阔叶等树种的组合方式。

c. 蔓生植物的种植位置、标高、品种、规格、数量、攀缘与棚架情况。

d. 水生植物的种植位置、范围、水底与水面的标高，以及品种、规格、数量。

e. 花卉的布置。花坛、花境、花架等的位置、标高、品种、规格、数量。

f. 花卉种植排列的形式。图案排列的式样，自然排列的范围与疏密程度，不同的花期、色彩、高低、草本与木本花卉的组合形式。

g. 草地的位置、范围、标高、地形坡度、品种。

h. 园林植物的修剪要求，自然的与整形的形式。

i. 园林植物的生长期，速生与慢生品种的组合，在近期与远期需要保留、疏伐与调整的方案。

j. 植物材料表。包括植物的品种、规格、数量和种植日期。

（四）施工详图

按详细设计的示意图，对部分内容和复杂工程进行结构设计，制定施工图纸与说明。常用的图纸比例为 1:100、1:50 或 1:20，包括的内容如下。

① 给水工程。包括水池、水闸、泵房、水塔、水表、消防栓、灌溉用水的水龙头等的施工详图。

② 排水工程。包括雨水进水口、管渠、明沟、窨井及出水口的铺饰，厕所化粪池的施工图。

③ 供电及照明。包括电表、配电间或变电所、电杆、灯柱、照明灯等施工详图。

④ 广播通信。包括广播室施工图、广播喇叭的装饰设计。

⑤ 煤气管线、煤气表具。

⑥ 废物收集处和废物箱的施工图。

⑦ 护坡、驳岸、挡土墙、围墙、台阶等园林工程的施工图。

⑧ 叠石、雕塑、栏杆、踏步、说明牌、指示路牌等小品的施工图。

⑨ 道路广场硬地的铺饰及回车道、停车场的施工图。

⑩ 园林建筑、庭院、活动设施及场地的施工图。

（五）编制预算及说明书

对各阶段布置内容的设计意图、经济技术指标、工程的安排等用图表及文字形式说明，内容包括以下几点。

① 公园建设的工程项目、工程量、建筑材料、价格预算表。

② 园林建筑物、活动设施及场地的项目、面积、容量表。

③ 公园分期建设计划，要求在每期建设后，在建设地段能形成园林的面貌，以便分期投入使用。

④ 建园的人力配备。包括工种、技术要求、工作日数量和工作日期。

⑤ 公园概况、在城市园林绿地系统中的地位、公园四周情况等的说明。

⑥ 公园规划设计的原则、特点及设计意图的说明。

⑦ 公园各个功能分区及景色分区的设计说明。

⑧ 公园的经济技术指标，游人量、游人分布、每人用地面积及土地使用平衡表，各种设施和植物材料的类别及数量统计。

⑨ 公园施工建设程序。

⑩ 公园规划设计中要说明的其他问题。

为了表现公园规划设计的意图，除绘制平面图、立面图、剖面图外，还可绘制轴侧投影图、鸟瞰图、透视图和制作模型，以便更形象地表现公园的设计。

任务二 专类园规划设计

一、植物园规划设计

植物园创造适于多种植物生长的良好的立地环境条件，具有体现植物多姿多彩的艺术风格和特点的功能，设立植物科普展览区和相应的科研实验区。专类植物园以展出具有明显地域性特征或重要意义的植物为主要内容。盆景园以展出各种盆景为主要内容。我国著名的植物园有北京植物园、上海植物园、杭州植物园、华南植物园、海南热带作物植物园、西双版纳热带植物园等。

（一）植物园的基本任务

植物园是以植物科学研究为主，以引种驯化、栽培实验为中心，培育和引进国内外优良品种，不断发掘扩大野生植物资源在农业、园艺、林业、医药、环保、园林等方面应用的综合研究机构。同时植物园还担负着向人们普及植物科学知识的任务。这个植物世界的博物馆，既可作为中小学生植物学的教学基地，也是有关团体参观实习的场所。除此之外，植物园还应为广大人民群众提供游览和休息的地方，配置的植物要丰富多彩，风景要像公园一样优美。

当然，要全面完成上述任务，只能是针对规模较大的综合性植物园而言。而一般性植物园由于规模、任务、属性不尽相同，对完成上述任务总会有所侧重，尤其是一些大专院校、机关团体所属的植物园，往往只是一个活的植物标本栽植地而已。

（二）植物园规划内容

综合性植物园主要分两大部分，即：以科普为主，结合科研与生产的展览区；以及以科研为主，结合生产的苗圃试验区。此外还有职工生活区。

1. 科普展览区

目的在于把植物世界的客观自然规律，以及人类利用植物、改造植物的知识展览出来，供人们参观学习。主要内容如下。

（1）植物进化系统展览区　该区是按照植物进化系统分目、分科布置，井然有序地反映出植物由低级到高级的进化过程，使参观者不仅能得到植物进化系统的概念，而且对植物的分类、各种属特征也有个概括的了解。但是往往在系统上相近的植物，对生态环境、生活因子要求不一定相近；在生态习性上能组成一个群落的植物，在分类系统上又不一定相近。所以在植物配置上只能做到大体上符合分类系统的要求，即在反映植物分类系统的前提下，结合生态习性要求和园林艺术效果进行布置。这样做既有科学性，又切合客观实际，容易形成较完美的公园外貌。

（2）经济植物展览区　经过搜集以后认为大有前途，经过栽培试验确属有用的经济植物才栽入该区展览，为农业、医药、林业以及园林结合生产提供参考资料，并加以推广。布置按照用途分区，如药用植物、纤维植物、芳香植物、油料植物、淀粉植物、橡胶植物、含糖植物等，并以绿篱或园路为界。

（3）抗性植物展览区　随着工业高速发展，导致环境污染，不仅危害人们的身体健康，就是对农作物、渔业等也有很大的损害。植物能吸收氟化氢、二氧化硫、二氧化氮、溴气、氯气等有害气体的能力，早已被人们所了解，但是其抗有毒物质的强弱，吸收有毒气体的能力大小，常因树种不同而不同。这就必须进行研究、试验，培育出对大气污染物质有较强抗性和吸收能力的树种，按其抗毒物质的类型、强弱，分组移植该区进行展览，为园林绿化选择抗性树种提供可靠的依据。

（4）水生植物区　根据植物有水生、湿生、沼泽生等不同特点，喜静水或动水的不同要求，在不同深浅的水体里或山石涧溪之中布置成独具一格的水景，既可普及水生植物方面的知识，又可为游人提供良好的休息环境。但是水体表面不能全然为植物所封闭，否则水面的倒影和明暗的变化等都会被植物所掩盖，影响景观，所以经常要用人工措施来控制其蔓延。

（5）岩石园　岩石园多设在地形起伏的山坡地上，利用自然裸露岩石或人工布置山石，配以色彩丰富的岩石植物和高山植物进行展出，并可适量布置一些体形轻巧活泼的休息建筑，构成园内一个风景点。岩石园用地面积不大，却能给人留下深刻的印象。

岩石园在国外比较盛行，主要是以植物的鲜艳色彩取胜，而我国传统的假山园主要是表现山石形态艺术美，忽略了植物的配置，所以感到缺少生气。如能中西结合，取西方岩石园之长，舍我国假山园之短，在姿态优美、玲珑透漏出奇的山石旁边，适当配置一些色彩丰富的岩石植物，可使环境饶有生趣，效果可能会更好。

（6）树木园　树木园是展览本地区和引进国内外一些在当地能够露地生长的主要乔灌木树种的园区。树木园一般占地面积较大，对用地的地形、小气候条件、土壤类型、厚度都有要求，以适应各种类型植物的生态要求。

按地理分布栽植，借以了解世界木本植物分布的大体轮廓。按分类系统布置，便于了解植物的科属特性和进化线索。究竟以何种形式布置植物为宜，酌情而定。

（7）植物专类园　植物专类园把一些具有一定特色、栽培历史悠久、品种变种丰富、具有广泛用途和很高观赏价值的植物加以收集，辟为专区集中栽植。如山茶、杜鹃、月季、玫瑰、牡丹、芍药、荷花、棕榈、槭树等，任何一种都可形成专类园。也可以由几种植物根据生态习性、观赏效果等加以综合考虑配置，能够收到更好的艺术效果。杭州植物园中的槭树杜鹃园以配置杜鹃、槭树为主，槭树树形、叶形都很美观，杜鹃一树千花，色彩艳丽，两者相配衬以置石，便可形成一幅优美的画面。但是它们都喜阴湿环境，故以山毛榉科的常绿树为上木，槭树为中木，杜鹃为下木，既满足了生态习性要求，又丰富了垂直构图的艺术效果。园中辟有草坪，建有凉亭，供游人休息，环境十分优美。

（8）温室展览区　把一些不能在本地区露地越冬，必须有温室设备以满足对温度的要求才得以正常生长发育的植物展出，供游人观赏，谓之温室展览区。为了适应体型较大的植物生长和游人观赏的需要，温室的高度和宽度都远远超过繁殖温室。温室展区体积庞大，外观雄伟，是植物园中的重要建筑。温室面积的大小，与展览内容多少、品种体型大小以及园址所在的地理位置等因素有关。譬如，北方天气寒冷，进温室的品种必然多于南方，所以温室面积就要比南方的大一些。

至于植物园设几个科普展览区为好，应结合当地实际情况而定。杭州植物园位于西湖风景区，设有观赏植物区、山水园林区；庐山植物园在高山上，辟有岩石园；广东植物园位于亚热带，所以设有棕榈区等。这些都是结合地方特点而设立的。

2. 苗圃及试验区

苗圃及试验区是专供科学研究和结合生产用地，为了避免干扰，减少人为破坏，一般不对群众开放，仅供专业人员参观学习。主要部分如下。

（1）温室区　主要用于引种驯化、杂交育种、植物繁殖、贮藏不能越冬的植物以及其他科学实验。

（2）苗圃区　植物园的苗圃包括实验苗圃、繁殖苗圃、移植苗圃、原始材料圃等。用途广泛，内容较多。

苗圃及试验区用地要求地势平坦，土壤深厚，水源充足，排水方便，地点应靠近实验室、研究室、温室等。用地要集中，还要有一些附属设施，如荫棚、种子和球根贮藏室、土壤肥料制作室、工具房等。

3. 职工生活区

植物园大多位于郊区，路途较远，为了方便职工上下班，减少市区交通压力，植物园应修建职工生活区，包括宿舍、饭堂、托儿所、理发室、浴室、锅炉房、综合服务商店、车库等。布置同一般生活区。

（三）植物园的位置与面积

1. 植物园位置的确定

① 要有方便的交通，离市区不能太远，游人易于到达，这样才有利于科普工作。但是应该远离工厂区或水源污染区，以免植物遭到污染而发生大量死亡。

② 为了满足植物对不同生态环境、生活因子的要求，园址应该具有较为复杂的地形、地貌和不同的小气候条件。

③ 要有充足的水源，最好具有高低不同的地下水位，既方便灌溉，又能解决引种驯化栽培的需要。就丰富园内景观来说，水体也是不可缺少的因素。

④ 要有不同的土壤条件、不同的土壤结构和不同的酸碱度。同时要求土层深厚，腐殖质含量高，排水良好。

⑤ 园址最好具有丰富的天然植被，供建园时利用，这对加速实现植物园的建设是个有利条件。

2. 植物园用地面积的确定

植物园的用地面积是由植物园的性质与任务、展览区的数量、收集品种多少、国民经济水平、技术力量情况以及园址所在位置等综合因素所确定的。鉴于我国人口多，耕地少，占地过多往往造成浪费，过小又难以完成上述任务，从国内这些年的实践经验来看，一般综合性植物园的面积（不包括水面）以 $55\sim150hm^2$ 比较合宜。当然一切事物都不是一成不变的，因此在做总体规划时，应该考虑到将来有发展的可能性，留有余地，暂时不用的土地可以缓征或征后作为单位生产基地。

（四）植物园规划的要求

① 首先明确建园目的、性质与任务。

② 决定植物园的分区与用地面积，一般展览区用地面积较大可占全园总面积的40％～60％，苗圃及实验区用地占25％～35％，其他用地占25％～35％。

③ 展览区是面向群众开放，宜选用地形富于变化、交通联系方便、游人易于到达的地方。另一种偏重科研或游人量较少的展览区，宜布置在稍远的地点。

④ 苗圃试验区是进行科研和生产的场所，不向群众开放，应与展览区隔离，但是要与城市交通线有方便联系，并设有专门出入口。

⑤ 确立建筑数量及位置。植物园建筑有展览建筑、科学研究用建筑及服务性建筑三类。

a. 展览建筑。包括展览温室、大型植物博物馆、展览荫棚、科普宣传廊等。展览温室和植物博物馆是植物园的主要建筑，游人比较集中，应位于重要的展览区内，靠近主要入口或次要入口，常构成全园的构图中心。科普宣传廊应根据需要，分散布置在各区内。

b. 科学研究用建筑。包括图书资料室、标本室、试验室、人工气候室、工作间、气象站等。苗圃的附属建筑还有繁殖温室、繁殖荫棚、车库等。布置在苗圃试验区内。

c. 服务性建筑。包括植物园办公室、招待所、接待室、茶室、小卖店、食堂、休息亭廊、花架、厕所、停车场等，这类建筑的布局与公园情况类似。

⑥ 道路系统与广场。道路广场的布局与公园有许多相似之处，一般分为三级。

a. 主干道。4～7m，主要是方便园内交通运输，引导游人进入各主要展览区与主要建筑物，并可作为整个展览区与苗圃试验区或几个主要展览区之间的分界线和联系纽带。

b. 次干道。2.5～3m，是各展览区的主要道路，不通汽车，必要时可供小汽车通行。它把各区中的小区或专类园联系起来，多数又是这些小区或专类园的界线。

c. 游步道。1.5～2m，是深入到各小区内的道路，一般交通量不大，方便参观者细致观赏各种植物，也方便日常养护管理工作，有时也起分界线作用。

道路系统不仅起着联系、分隔、引导作用，同时也是园林构图中一个不可忽视的因素。我国几个大型综合性植物园的道路设计，除入园主干道有采用林荫大道，形成浓荫夹道的气氛外，多数采用自然形式布置。由于主干道担负方便交通运输的任务，所以对坡度应有一定的控制，而其他两级道路都应充分利用原地形起伏变化，因势利导，形成峰回路转、起伏变化、步移景异的效果。道路的铺装、图案花纹的设计应与周围环境相互协调配合，纵横坡度一般要求不严，但应该保证平整、舒服，以不积水为准。

广场多设在主要出入口和大型建筑物前游人比较集中的地方，供群众聚散、停车、回车等用。广场的形式和大小，可根据使用需要和构图要求进行规划。

⑦ 植物种植设计。除与一般公园种植设计相同外，还要特别突出其科学性、系统性。由于植物的种类丰富，完全有条件满足按生态习性要求进行混合，为充分发挥园林构图艺术提供了丰富的物质基础。展览区是科普的场所，因此所种的植物应方便游人观赏。植物园除种植乔灌木、花卉以外，其他所有裸露地面都应铺设草坪，一方面可供游人活动休息，另一方面也可作为将来增添植物的预留地，同时也丰富了园林自然景观。草地面积一般以占总种植面积的 20％～30％为宜。

⑧ 植物园的排灌工程。植物园的植物种植丰富，要求生长健壮良好，养护条件要求较高。因此在总体规划的同时，必须做出排灌系统规划，保证旱可浇，涝可排。一般以利用地势起伏的自然坡度或暗沟将雨水排入附近的水体中为主，但是在距离水体较远或者排水不顺的地段必须敷设雨水管辅助排水。一切灌溉系统（除利用附近自然水体外）均以埋设暗管供水为宜，避免明沟纵横，破坏园林景观。整个管线采用自动控制，实行喷灌、滴灌、加湿喷雾等多种方式。

二、动物园规划设计

动物园具有适合动物生活和生存的良好环境，具有游人参观、休息、科普的设施，具有安全、卫生隔离的设施和绿带，饲料加工场以及动物医院等设施。检疫站、隔离场和饲料基地一般不设在园内。我国较为大型的动物园有北京动物园、上海动物园、杭州动物园等。专类动物园以展出具有地区性或独具类型特点的动物为主要内容，如水族馆、海洋馆等。动物园一般位于交通便捷的风景优美的郊区；可以分为传统动物笼养和现代自由放养两种方式。后者面积较大，动物的活动范围和生活方式类似于自然生态环境。

（一）动物园的性质与任务

动物园是集中饲养、展览和科研种类较多的野生动物或附有少数优良品种家禽家畜的公共绿地。它不同于动物处在野生状态下的地区，如动物自然保护区（或称禁猎区），也不同于以推广畜牧业先进生产经验为主要目的而展览畜禽优良品种的地方，如农业展览馆和农村流动展览场，更不同于进行文化娱乐流动表演的马戏团。

动物园，首先要满足广大群众的游览观赏的需要，同时要以生动的方式普及动物科学知识和配合有关部门进行科学研究。以上三项任务之间的比重是因园而变的，一般全国性大型动物园的宣教和科研任务较重。

① 普及动物科学知识，使游人认识动物，知道世界尤其是中国动物资源的丰富，了解动物概况，包括珍贵动物以及动物与人的利害关系、经济价值等。

② 作为中小学生的直观教材和动物专业学生的实习基地，帮助他们丰富动物学知识，掌握动物形态学、生态学、分类学、生理学、饲养学知识等。

③ 研究动物的驯化和繁殖、病理和治疗法、习性和饲养学，并进一步揭示动物变异进化的规律，创造新品种，使动物为人类服务。尤其是在现代空间科学技术迅速发展的今天，动物已经成为探索太空必不可少的试验品。

④ 宣传我国与外国的动物交换与赠送活动，增进国际友谊。

（二）动物园的分类与用地规模

1. 动物园的分类

（1）根据用地规模和品种规模分类

① 全国性大型动物园。如北京动物园、上海动物园、广州动物园等，每个动物园规划展出品种达 600 多种，用地面积在 $60hm^2$ 以上。

② 综合性中型动物园。如哈尔滨动物园、西安动物园、成都动物园，规划展出品种 400 种左右，用地面积宜在 $15\sim60hm^2$。

③ 特色性中型动物园。如杭州、南宁等省会城市动物园，以展出本省、本地区特产动物为主，展出品种宜在 200 种左右，用地面积宜在 $60hm^2$ 以内。

④ 小型动物园。指附设在综合性公园内的动物展览区，如南京玄武湖菱州动物园、上海杨浦公园动物展览区等，展出品种在 200 种以下，用地面积在 $15hm^2$ 以下。

（2）根据规划构景风格分类

① 自然式。如杭州动物园依山就势布置动物笼舍，造成各种适应动物自然环境的景观；大连野生动物园也是采用这种布局形式。

② 建筑式。如苏州城东公园动物展览区，动物笼台均系建筑式，自然绿化用地少，是利用原有建筑改建而成。

③ 混合式。兼有自然式和建筑式的特点，如北京动物园。

④ 模拟天然动物园。该类动物园用地面积大，可达数百公顷，动物散养，人乘车在园中观赏动物，给游人以身临其境的感觉，如秦皇岛野生动物园。

2. 动物园的用地规模

动物园用地规模的大小取决于城市的大小及性质、动物园的类型、动物品种与数量、动物笼舍的营造形式、全园规划构景风格、自然条件、周围环境及动物饲料来源、经济条件等因素。

用地规模的确定依据如下。

① 保证足够的动物笼舍面积，包括动物活动、饲料堆放、管理参观面积。

② 在分类分组分区布置时，各组、各区之间应有适当距离的绿化地段。

③ 给可能增加的动物和其他设施预留足够的用地，在规划布局上应有一定的机动性。

④ 游人活动和休息设施的用地。

⑤ 办公管理、服务设施的用地，有的还要考虑饲料生产基地的用地。

（三） 用地选择

动物园的园地用地应考虑公园的适当分工，根据城市绿地系统来确定。

在地形方面，由于动物种类繁多，而且来自不同的生态环境，故地形宜高低起伏，要有山岗、平地、水面、良好的绿化基础和自然风景条件。

在卫生方面，动物时常会狂吠吼叫或发出恶臭，并有通过疫兽、粪便、饲料等传染疾病的可能，因此动物园最好与居民区有适当的距离，并且位于下游、下风地带。园内水面要防止城市污水的污染，周围要有卫生防护地带，该地带内不应有住宅、公共福利设施、垃圾场、屠宰场、动物加工厂、畜牧场、动物埋葬地等。此外，动物园还应有良好的通风条件，保证园内空气清新，减少疾病的发生。

在交通方面，动物园客流量较集中，货物运输量也较多，如果动物园位于市郊，更需要注意交通联系。一般停车场和动物园的入口宜在道路一侧，较为安全。停车场应与动物园入口广场隔开。

在工程方面，应有充分的水源和良好的地基，地下无流沙现象，便于建设动物笼舍和开挖隔离沟或水池，并有经济而安全地供应水电的条件。

动物园用地宜选择在地形形式较丰富（即有山地、平地、谷地、池沼、湖泊等自然风景条件）的地段。

为满足上述要求，通常大中型动物园都选择在城市郊区或风景区内。如：上海动物园，离静安区商业中心 7～8km；南宁市动物园位于市区西北部，离市中心 5km；杭州动物园在西湖风景区，与虎跑风景点相邻；哈尔滨虎林园地处松花江北岸，与市区隔水而望。有些综合性公园内规划有动物展览区，只适合饲养一些小型动物或人工驯养的动物。

（四） 动物园总体规划

1. 动物园总体规划的内容

大型综合性动物园各组成部分和布局概略如下。

（1）宣传教育、科学研究部分 是全国科普科研活动中心，主要由动物科普馆组成，一般布置在出入口地段，交通方便，场地开阔。

（2）动物展览部分 由各种动物笼舍组成，占有最大的用地面积。

（3）服务休息部分 包括休息亭廊、接待室、饭馆、小卖部、服务站等。该部分不能过分集中，应较均匀地分布于全园，便于游人使用，因而往往与动物展览部分混合毗邻。

（4）经营管理部分 包括饲料站、兽疗所、检疫站、行政办公室等，宜设在隐蔽偏僻处，并要有绿化隔离，但要与动物展览区、动物科普馆等有方便的联系。要有专用出入口，以便运输和对外联系，有的动物园将兽疗所、检疫站设在园外。

（5）职工生活部分 为了避免干扰和卫生防疫，一般在动物园附近另设一区。

（6）隔离过渡部分 规划一定宽度的隔离林带，一方面可以提高公园的绿化覆盖率，形成过渡空间，另一方面可以减少疾病的传播。

动物园规划除考虑以上分区外，起着决定性作用的就是动物展览顺序的确定。

从动物园的任务要求出发，我国绝大多数动物园规划都突出动物的进化顺序，由低等动物到高等动物，即无脊椎动物—鱼类—两栖类—爬行类—鸟类—哺乳类。在这个前提下，结合动物的生态习性、地理分布、游人爱好、地方珍贵动物、建筑艺术等，做局部调整。在规划布置中还要争取有利的地形安排笼舍，以利动物饲养和参观，形成由数个动物笼舍组合而成的既有联系又有绿化隔离的动物展览区。

此外，由于特殊条件的要求，也可以有以下的展览顺序。

• 按动物地理分布安排。即按动物生活的地区，如欧洲、亚洲、非洲、美洲、澳洲等安排，有利于创造不同景区的特色，给游人以明确的动物分布概念，但投资大，不便管理。

• 按动物生态安排。即按动物生活的环境，如水生、高山、疏林、草原、沙漠、冰山等安排。这种布置对动物生长有利，园容也生动自然，但人为创造这种景观很不容易。

• 按游人爱好、动物珍贵程度、地区特产动物安排。如大熊猫是四川的特产，我国的珍奇动物之一，成都动物园就突出熊猫馆，将其安排在入口附近的主要地位。再如，一般游人较喜爱猴、猿、狮、虎，也有将它们布置在主要位置的。

动物展览部分一般分为3～4个区，即鱼类（水族馆、金鱼馆等）、两栖爬虫类、鸟类（游禽、鸣禽、猛禽等）、哺乳类（为便于饲养管理，又可分为食肉类、食草类和灵长类）。有的动物园缺鱼类。个别动物园还可展出无脊椎动物，如昆虫等，可结合在两栖爬虫馆或动物科普馆中展出。

动物园往往需10～20年才能基本建成，因此必须遵循总体规划、分期建设、全面着眼、局部着手的原则，并要有科学观点、艺术观点和生产观点。

2. 动物园布局的要求

① 要有明确的功能分区，做到不同性质的交通互不干扰，但又有联系，达到既便于动物的饲养、繁殖和管理，又能保证动物的展出和便于游客的参观休息。

② 要使主要动物笼舍、公共建设与出入口广场和导游线有良好的联系，以保证使全面参观和重点参观的游客均很方便。一般动物园道路与建筑的关系有三种基本形式。

a. 串联式。建筑出入口与道路一一连接，无选择参观动物的灵活性，适于小型动物园。

b. 并联式。建筑在道路的两侧，需次级道路联系，便于车行和选择参观，但如规划导游路线不良，参观时易遗漏或难以找到少数笼舍，适于大中型动物园。

c. 放射式。从入口或接待室起可直接到达园内主要各区或笼舍，适于目的性强、时间短暂的对象，如国内外宾客及科研人员等参观。

采用何种道路形式，通常视实际情况而定，可以采取上述某一种形式或是几种形式结合起来。

③ 动物园的导游线是建议性的，绝非展览会路线那样强制。设置时应以景物引导，符合人行习惯（一般逆时针靠右走）。园内道路可分为主要导游路（主要园路），次要导游路（次要园路），便道（小径），园务管理、接待等专用道路。主要道路或专用道路要能通行消防车，便于运送动物、饲料和尸体等。道路路面必须便于清洁。

④ 动物园的主体建筑应该设置在面向主要出入口的开阔地段上，或者在主景区的主要景点上，也可以在全园的制高点以及某种形式的轴线上。广州动物园是将动物科普馆设置在出入口广场的轴线上。

应该重视动物科普馆的建设与作用，馆内可设标本室、解剖室、化验室、研究室、宣传室、阅览室，也可进行电化宣传，如放映幻灯电影的小会堂，并负责在园内组织生动活泼的动物表演。

笼舍布置宜力求自然，可采用以下几种方式。分散与集中相结合，如鸣禽、攀禽、雉鸡、游禽、涉禽、走禽、小猛兽、狮、虎、黑熊、白熊、棕熊、象、长颈鹿、河马，可分别适当集中。游步与观览相结合，如当人们游步在上海西郊公园天鹅湖沿岸时，既可观赏湖面景色，又可观赏沿途鸳鸯、涉禽、游禽。闹与静相结合，鸣禽可布置在水边树林中，创造鸟语花香、一框一景的诗情画意，如杭州动物园鸣禽馆。大连野生动物园的笼舍沿山坡而建，更显自然、灵活，与自然融为一体。

服务休息设施应有良好的景观，有的动物园将其布置在中部，与动物展览区有方便的联系，如成都动物园。厕所、服务站等还可结合在主要动物笼舍建筑内，方便游客使用。园内通常不设立俱乐部、剧院、音乐厅、溜冰场等，以免妨碍动物夜间休息或发生瘟疫。服务设施应采取大集中、小分散的布局原则，园内设一个服务中心和若干个服务点。

⑤ 动物园四周应有砖石围墙、隔离沟或林墙，并要有方便的出入口及专用出入口，以防动物逃出园外，伤害人畜，保证发生火灾时安全疏散。

（五）动物笼舍建筑设计要求

动物笼舍建筑有三个基本组成部分。

动物活动部分：包括室内外活动场地、串笼及繁殖室。

游人参观部分：包括进厅、参观厅或参观廊，直至露天参观道路。

管理与设备部分：包括管理室、贮藏室、饲料间、燃料堆放场、设备间、锅炉间、厕所、杂院等。

如按其展览方式分，可有室内展览、室外展览、室内外展览三种。

动物笼舍建筑形式可分为自然式和建筑式、网笼式。

① 自然式笼舍即在露天布置动物室外活动场，其他房间则在隐蔽处，并模仿动物自然生活环境，布置山水和绿化，考虑动物不同的弹跳、攀缘等习性，设立不同的围墙、隔离沟、安全网，将动物放养其内，自由活动。这种笼舍能反映动物的生活环境，适于动物生长，增加宣教效果，提高游人的兴趣，但用地较大，有时投资也高，如广州动物园河马池。

② 建筑式笼舍是以动物笼舍建筑为主体，适用于不能适应当地气候和生活条件或者在饲养时需特殊设备的动物，如天津水上公园熊猫馆。有些中小型动物园为节约用地和节省投资，大部分笼舍采用建筑式。

③ 网笼式笼舍是将动物活动范围以铁丝网和铁栅栏相围，如上海西郊公园猛禽笼。它适于终年室外露天展览的禽鸟类或作为临时过渡性的笼舍。

动物笼舍是多功能性建筑，必须满足动物生活习性、饲养管理和参观展览方面的要求，而其中动物的习性是起决定性作用的，包括对朝向、日照、通风、给排水、活动器具、温度、湿度等的要求。如大象热天怕热、冷天怕冷，因而只能供室内外季节性展览。室外活动场必须设水池，供动物洗澡。冬季室内却需暖气装置或采用保暖围墙和窗门等。

保证安全是动物笼舍设计的主要特点，要使动物与人、动物与动物之间适当隔离，使动物之间不自相残杀殴斗或传染疾病，铁栅栏的间距和铁丝网孔眼的大小要适当，防止动物伤人。要充分估计动物跳跃、攀缘、飞翔、碰撞、推拉的最大威力，避免动物越境外逃。

动物笼舍的建筑设计还必须因地制宜，与地形紧密结合，创造动物原产地的环境气氛，笼舍的造型必须考虑展出动物的体型和反映动物的性格。如：鸟类笼舍应玲珑轻巧，大象、河马则应厚实稳重，熊舍要粗壮有力，鹿苑宜自然质朴，长颈鹿馆的造型可应用高直的线条与其体型相呼应。笼舍在色调上要善于和周围环境协调，以淡色为主，以和绿化水面构成对比。但以上多样形式的建筑造型，其风格务必求得统一协调。

（六）动物园绿化规划

自然式动物园绿化的特点是模仿并营造中国甚至世界各地各种动物的自然生态环境，包括植物、气候、土壤、水、地形、地势等。所以绿化布置首先要解决异地动物生活环境的创造或模拟，其次要配合总体布局，把各种不同环境组织在同一园内，适当地联系过渡，形成一个统一完整的群体。

绿化布置的主要内容有：①动物园分区与地段绿化；②道路场地绿化；③动物笼舍绿化；④卫生防护林带、饲料场、苗圃等。

在绿化布置上可采用中国传统的"园中有园"的布置方式，将大中型动物园同组或同区的动物地段以及城市综合性公园中的动物展览区（或称"小动物园"）视为具有相同内容的"小园"，在各"小园"之间以过渡性的绿带、树群、水面、山庭等隔离之。其次也可采用专类园的方式。如：展览大小熊猫的地段可布置高山竹岭，栽植各品种的竹丛，既能反映熊猫的生活环境，又可观赏休息；大象、长颈鹿产于热带，可构成棕榈园、芭蕉园、椰林的景色；也可采用四季园的方式，将植物依生长季节区分为春夏秋冬各类，并视动物产地（温带、热带、寒带）而相应配植，叠山理水，以体现该种动物的气候环境。当然也可在同一地段种植四季花果，供观赏和作饲料之用，如猴山种植以桃为主的花果树为宜。

植物材料可选择该种动物生活环境中的品种，其中有些必定是动物的饲料，这对经济和观赏都有利；另外，也要考虑园林的诗情画意，如孔雀与牡丹、狮虎与松柏、相思鸟与相思树（又名红豆树）等。

笼舍环境的绿化要强调背景的衬托作用，尤其是具有特殊观赏肤色的动物更是如此，如梅花鹿、斑马、东北虎等。同时还要防止动物对树木的破坏，可将树木保护起来。

园内还可适当布置动物雕塑和动物形式的儿童游戏器械等建筑小品，以增风趣。

三、儿童公园规划设计

儿童公园是供学龄前和学龄儿童进行游戏、娱乐、体育活动及文化科学普及教育的城市专业性公园。儿童公园作为儿童活动的专用园地，单独设置供儿童游戏和接受科普教育的活动场所，具有良好的绿化环境和较完善的游戏设施，能满足不同年龄阶段的儿童需要。这种公园也叫做儿童乐园。

建设儿童公园的目的是为儿童创造丰富多彩的以户外活动为主的良好条件，让儿童在活动中接触大自然，熟悉大自然，接触科学、热爱科学，从而锻炼了身体，增长了知识，使其在德、智、体诸方面健康成长。

（一）儿童公园的类型

1. 综合性儿童公园

综合性儿童公园分市属和区属的两种，如杭州儿童公园和哈尔滨儿童公园为市属，西安建国儿童公园是区属。综合性儿童公园内容比较全面，能满足多样活动的要求，可设各种球场、游戏场、小游泳池、戏水池、电动游戏器械、障碍活动场、露天剧场、少年科技站、阅览室、小卖部等。

2. 特色性儿童公园

特色性儿童公园突出某一活动内容，且比较系统、完整。如哈尔滨儿童公园突出"北京站—哈尔滨站"的 2km 长的儿童小火车，其铁轨沿着公园周围椭圆形布置，由 7 节列车组成，往返 10min。在辅导员的组织指导下，由儿童自己驾驶管理，分批培养了近万名铁路小员工，同时也培养了儿童们爱祖国、爱科学、爱劳动、团结互助的精神，所以自 1954 年建园以来深受国内外来宾的赞扬。除小火车之外，中部也设置了一些一般性儿童活动场地。儿童交通公园可系统地布置各种象征性的城市交通设施，使儿童通过活动了解城市各种交通的一般活动及一些交通规划，培养儿童遵守交通制度等的良好习惯。

3. 小型儿童乐园

小型儿童乐园的作用与儿童公园相似，但一般设施简易，数量较少，占地也较小，通常设在城市综合性公园内，如上海杨浦公园、无锡锡惠公园儿童乐园。

（二）儿童公园规划

1. 儿童公园规划原则

① 满足不同年龄儿童对游戏内容的要求。

② 规划的场地、道路、建筑及各种设施符合儿童的尺度要求。

③ 寓教于乐，集知识性、趣味性于一体。

④ 鲜艳明快的色彩，别致的造型，生动的形象。

⑤ 培养儿童自立和勇敢精神。

2. 儿童公园规划的内容

① 供学龄前儿童使用的内容。游戏用的小屋、休息亭廊、荫棚、凉亭等。

游戏用的外场地，如草地、沙地、水池、假山、硬地等。

游戏用的设备玩具，包括学步用的栏杆、攀缘用的梯架、跳跃用的跳台、充气跳床、滑梯、小型电动游具。

② 供学龄儿童使用的内容。供室外活动的场地，如体操、舞蹈、集体游戏、障碍活动的场地，运动场，水上活动设施及项目，卡丁车运动场，大型电动设施，迷园，冰上活动项目等。

室内活动的少年之家，墙上可悬挂哈哈镜，可设有称体重、看温度、打气枪及电动游戏等场地，同时还可酌情设置供少年分组兴趣活动、进行晚会表演、阅览、展览的地方，供业余动植物爱好者小组活动的小植物园、小动物园和农艺园地。

另外，也可规划出培养儿童冒险精神的项目，如攀岩、吊桥、丛林探险、"悬崖"跳水等内容。

③ 供成人使用的内容。因为儿童常有父母等成人陪同，故尚需考虑成人的休息亭廊、坐凳（椅）等服务设施。

除以上内容之外，儿童公园还要设置儿童使用的盥洗室、厕所，有的还可设服务中心。

3. 儿童公园的功能分区

功能分区要以不同儿童对象和活动要求来进行，一般可分以下几个区。

① 幼儿区。属学龄前儿童活动的地区。

② 学龄儿童区。为学龄儿童游戏活动的地区。

③ 体育活动区。进行体育活动的小场地。

④ 娱乐和少年科学活动区。其内可设各种娱乐活动项目和少年科学爱好者活动设备以及科普教育设施等。

⑤ 办公管理区。对公园内建筑、设施、植物及游客实施管理。

4. 规划布置要点

① 要按照不同年龄儿童使用比例划分用地，并注意用地日照、通风等条件。

② 为创造良好的自然环境，绿地面积宜占50%，绿化覆盖率宜占全园的70%。

③ 道路网宜简单，便于儿童辨别方向，寻找活动场所。路面宜平整，避免儿童摔跤，便于推行幼儿车和儿童骑小三轮车等，因此在主要园路上不宜设踏步和台阶。

④ 幼儿活动区最好靠近大门出入口，方便幼儿寻找、行走和童车的推行。

⑤ 综合性儿童公园中的较大建筑物，如少年之家、游戏室等，特色性儿童公园中的代表性建筑，如哈尔滨儿童公园的"小北京站"和"小哈尔滨站"，位于构图中心上。

⑥ 儿童公园的建筑小品、雕塑应有一定的象征性，并可运用易被儿童接受的民间传说故事、童话、寓言主题。如西安建国儿童公园娃娃骑金鱼的雕塑水池，池边又筑以供儿童穿行的假山洞。

儿童公园的建筑与玩具造型宜形象生动，色彩应鲜明丰富，如卡通式的小屋，模拟海、陆、空的电动游具，动物滑梯等，以符合儿童天真活泼的生理特点。

⑦ 要搞好全园的给排水。儿童喜爱水，戏水池、小游泳池、涉水池以及观赏水景可给儿童公园带来极其生动的景象和活动内容。

⑧ 各活动场地附近应设置座椅、休息亭廊等，供陪同儿童来园的成人使用。

⑨ 儿童玩具、游戏器械是儿童公园活动的重要内容，必须组合和布置好这些活动场地。儿童玩具、游戏器械依其活动方式分为以下几种。

滑：一般滑梯、组合滑梯、动物造型滑梯、城堡式大滑梯等。

转：电动转马，电动海、陆、空游乐设施，转椅，转伞，风车等。

摇：摇船、摇马、摇篮等。

荡：秋千、浪船、浪木等。

钻：钻混凝土洞、钻山洞、钻动物造型的洞等。

爬：爬绳、爬梯、爬井架等。

乘：乘小火车、小游艇、飞机、碰碰船等。

水：戏水池、涉水池、游泳池等。

也可将以上活动方式组合起来，组织障碍活动区或迷园，或在水池内设以上某些玩具，如带滑梯的涉水池等。

（三）儿童公园的绿化规划

儿童公园一般都位于城市生活居住区内，为了创造自然环境，周围必须以浓密的乔灌木或设置假山以屏障之，公园内各区也应以绿化等适当隔离。尤其幼儿活动区要保证安全，要注意园内的庇荫，适当种植行道树和庭荫树。

在植物选择方面，要兼顾扩大儿童植物知识和保护儿童身心健康两方面，布置要丰富多彩，反映"天天向上"的气氛，但要忌用下列植物。

① 有毒植物。凡花、叶、果等有毒的植物均不宜选用，如凌霄、火炬树、夹竹桃等。

② 有刺植物。易刺伤儿童皮肤和刺破儿童衣服，如枸骨、刺槐、蔷薇等。

③ 有刺激性和有奇臭的植物。如漆树等。

④ 易招致病虫害及易结浆果植物。如柿树等。

四、纪念性公园

纪念性公园又称历史名园，是指具有悠久历史、知名度高的园林，往往属于全国、省、市、县级的文物保护单位。为保护或参观使用而设置相应的防火设施、值班室、厕所及水电等工程管线，建设和维护不能改变文物原状。北京颐和园、苏州拙政园、扬州个园、山东潍坊石笏园等都是历史名园，其中颐和园、拙政园等是联合国教科文组织认定的世界文化遗产。

五、体育公园规划设计

体育公园是指有较完备的体育运动及健身设施，供各类比赛、训练及市民的日常休闲健身及运动之用的专类公园。

（一）体育公园的面积指标及位置选择

体育公园不是一般的体育场，除了完备的体育设施以外，还应有充分的绿化和优美的自然景观，因此一般用地规模要求较大，面积应以 $10\sim50hm^2$ 为宜。

体育公园的位置宜选在交通方便的区域。由于其用地面积较大，如果在市区没有足够用地，则可选择距市区车程 30min 左右的地区。在地形方面，宜选择有相对平坦区域及地形起伏不大的丘陵或有池沼、湖泊等的地段。这样一来，可以利用平坦地段设置运动场，起伏山地的倾斜面可利用为观众席，水面则可开展水上运动。

（二）体育公园规划

1. 功能分区

按不同功能组织进行分区，体育公园一般可以分为以下几个功能区。

（1）运动场　具有各种运动设备的场所，是体育公园主要的组成部分。其通常以田径运动场为中心，根据具体情况在其周围布置其他各类球场。

（2）活动馆　各种室内的运动设施及管理接待设施，可集中布置或根据总体布局情况分散布置，一般可布置于公园入口附近，这样可有方便的交通联系。

2. 体育游览区

可利用地形起伏的丘陵地布置疏林草坪，供人们散步、休息、游览用。

3. 后勤管理区

后勤管理区内为管理体育公园所必要的后勤管理设施。一般宜布置在入口附近，如果规模较大也可在公园外就近设置。

任务三　主题公园规划设计

一、主题公园的概念与特点

以特定的文化内容为主题，以经济盈利为目的，以现代科技和文化手段为表现，以人为设计创造景观和设施使游客获得旅游体验的封闭性的现代人工景点或景区。主要特点有以下几点：

① 强烈的个性与普遍的适宜性的结合，具有创新性；

② 采用被动游憩形式的经营管理方式；

③ "三高"——投入高，维护费用高，消费高；

④ 占地规模大，主题活动多样；

⑤ 成功的主题公园对邻近地区的经济影响大。

二、历史沿革

主题公园是现代人创造的一种娱乐形式，从其概念的确定到今日，已经有 50 多年的历史。游乐园是主题公园的前身，它的形式最早可追溯至古希腊、古罗马时代的集市杂耍。随着贸易形态的转变，逐渐演变成专门的户外游乐场地。17 世纪初，欧洲兴起了以绿地、广场、花园与设施组合再配以背景音乐、表演和展览活动的娱乐花园，这可称为游乐园的雏形。至 1873 年的维也纳世界博览会，其中展示的乘驰及多种机械娱乐设施使得世界各地的游客为之一惊，随后各地纷纷效仿，使气氛温和轻松的娱乐花园最终转变成了以机械游具为特色、追求喧哗刺激的游乐园。游乐园理念很快由欧洲传至美国，1845 年在纽约市辟建的 Vauxhau Garden 是美国游乐园的起点标志。1910～1930 年是机械游乐园的黄金时代。

真正导致游乐园危机的是二战后的科技发展和经济繁荣。汽车工业的蓬勃发展导致了交通形态的改变，私家车拥有量的增多使人们可以到离家更远的地方去娱乐度假。游乐园的游人量开始急剧下降。主题公园的兴起与游乐园的衰落并不意味着人们对娱乐需求的放弃，只不过他们需要一种全新的、与时代相符的娱乐形态。电影动画师沃尔特·迪士尼顺应时代潮流，1955 年成功地在加利福尼亚州建成了世界上第一个主题公园——迪士尼乐园，他将以往制作动画电影所运用的色彩、魔幻、刺激、娱乐、惊悚和游乐园的特性相融合，使游乐形态以一种戏剧性、舞台化的方式表现出来，用主题情节暗示和贯穿各个游乐项目，使游客很容易进入角色，从而极大地改进了游乐方式。以前游乐园中的机械游具虽然还被使用，但已退居次要角色。迪士尼乐园开幕后引起了巨大的轰动，游人趋之若鹜，主题公园这种形式很快风靡了美国各地。

20 世纪 50～60 年代是一个特殊时期，美国人生活在朝鲜战争、越南战争、核威胁、东西冷战的阴影之下，许多人对现实生活感到失望、厌倦和恐惧，转而对迪士尼乐园这种梦幻世界贯注极大的热情，以期获得暂时的麻醉和放松。迪士尼企业抓住机遇，又于佛罗里达州的奥兰多市辟建了全世界最大的主题公园——迪士尼世界。这个耗资 6 亿美元的主题公园于 1971 年开幕。

迪士尼乐园获得成功以后，主题公园开始了大发展。到 20 世纪 80 年代末，北美每年超过 100 万游人的主题公园有 30 个。欧洲有 21 个大型主题公园。1990 年，日本已有 14 个大型主题公园开业。迪士尼乐园的开发成功，使主题公园的建设像雨后春笋一样在世界各地开展起来。现在，主题公园已遍布世界各地。据统计，目前全世界大型主题公园近千家，总收入约 300 亿美元，还形成了诸如迪士尼、环球影城、六旗山等主题公园集团企业。亚洲的主题公园业近几年也有很大的发展，除东京、香港、上海迪士尼外，还有印度尼西亚的"塔曼迷你印尼"，日本长崎的"豪斯登堡"，韩国首尔的"乐天世界"。至于小型主题公园，更是不胜枚举了。整体而言，知名度高的大型主题公园效益普遍较好，中、小型主题公园则各有千秋、境况各异。

三、我国主题公园的分类

我国第一个主题公园——锦绣中华于1989年9月在深圳诞生，获得了巨大的经营收益，具有典型的代表意义。目前，我国已有2500多个类似的主题公园，但由于策划、设计、经营等各种问题，大部分处于亏损状态。

依据主题公园的形式与内容，我国的主题公园可分为六种类型。

1. 微缩景观类

该类主题公园以深圳锦绣中华首开先河，此后有北京世界公园、天津杨村小世界、深圳世界之窗和长沙世界之窗等。它们的共同特点是在有限的空间中将世界奇观、历史遗迹、古今名胜以及世界民居等展示在游人眼前，是以人类文明史为主题的公园，体现了自然与人文并重，历史、现实与幻想共存的精神。

2. 民俗景观、仿古建筑类

该类主题公园比较有代表性的有深圳中国民俗文化村、广州世界大观、成都世界乐园、北京中华民族园、昆明云南民族村、珠海圆明新园。它们的共同特点是以各民族的文化为背景，具有民族性、历史文化性、参与性，在其中能让游人跨越时空的隧道亲身体验民族文化的博大精深。

3. 影视城类

该类主题公园有中央电视台无锡影视基地、隋唐城、三国城、水浒城等。它们是旅游产品和影视拍摄相结合的经典之作，集观赏性和实用性于一身。

4. 动物景观类

该类主题公园比较有代表性的有深圳野生动物园、广州香江野生动物世界、广州海洋馆、济南野生动物园等。动物是人类的朋友和伙伴，回归自然是人类的天性。在此驻足，游人会体悟到奇妙无比的生物世界的奥妙。

5. 主题游乐园

该类主题公园比较有代表性的有苏州乐园、广州航天奇观、广州东方乐园、上海热带风暴水上乐园、深圳水上乐园、广州大河马水上世界以及深圳欢乐谷。它们以现代高科技为背景，体现了参与性、刺激性的特点，让游人体会到现代科技的无穷魅力。

6. 观光农业园

该类主题公园有代表性的有深圳青青世界、广州百万葵园等。观光农业园通过特色农业和农业技术的展示展览，将农业领域的文化历史和技术通过艺术化的环境表达出来，带给游人的不仅是生命的物质基础，还有与之相连的农业文化和科学知识。

中国的主题公园主要集中在经济与旅游业较为发达的珠江三角洲、长江三角洲和北京地区。由于主题公园是以赢利为目的的一种经营性产业，主题公园的规划理念在规划建设目标和规划内容上与传统意义上的城市公园不同。它们不是公益性事业，而是属于企业或个人，在提供给游人绿色游赏空间的同时，重点在于创造高额的旅游经济回报。

四、主题公园的规划

随着社会的进步，消费群体的消费水平也在逐步提高，消费观日趋成熟，人们也越来越讲究本身所需求的物质要对应自己的品位。我们在多方调查和研究大量案例过程中发现：特色是吸引人的关键；生态是资源可持续的基础；传统文化是人们意识里的渴望。而吸收与提炼传统，在传统中创新又是我们一直坚持的思想。故在主题公园的景观设计中应着重注意旅游功能分区，主要通过对重要景观的识别、控制、修复和合理改造，力图在恢复和维持自然多样性、保护和持续发展原有自然资源的前提下，实现旅游景观空间的合理布局。

主题公园是为了满足游览者多样化休闲娱乐需求而建造的一种具有创意性游园活动和策划性活动方式的现代旅游观光形式，是根据特定的主题创意，以虚拟生态环境与园林环境载体为特点的休闲娱乐活动空间，是一种以赢利为目的的公园经营模式。它以文化复制、文化移植、文化陈列以及高新技术等手段迎合游人的好奇心，以主题情节贯穿于公园各个游乐项目和活动之中。其景物实体的美学特征、表现手段的技术性以及主题创意所表现出的整体功能性是主题公园规划与设计的主要影响因素。

（一）主题定位

主题定位是主题公园建设成功与否的关键。鲜明的主题、具有个性的特点，构成整个主题公园的灵魂。它统率着公园的整体形象和艺术风格，是主题公园之间相区别的决定性因素。主题定位与选择的原则如下。

① 填补现代游览观光的空白，创造独特新颖的旅游观光模式。为此，需要研究和发掘游人的游览动机，探索和发掘新的游览和观光形式，从中概括和抽象出公园的主题内涵。

② 主题内容的表现形式可以分为寓意主题和实物主题。寓意主题是指空间环境欲表达的环境意义，可以表现为纪念物或一种场所。实物主题则是指以游乐、游览环境中本身具有的突出个性的景观表现景区的主题思想，如迪士尼乐园中的"冒险家乐园"就是实物主题的典型代表。在公园主题层次上，适当划分出大小不同的主题梯级，围绕一个中心主题展开。如南京的"明城"，以反映明代社会风俗文化为主题，园中分四个区，分别以宫廷礼仪、王府建筑、官衙和民俗民风为次一级的主题，使得整个园区富有变化，层次鲜明。

成功的主题定位主要是考虑它的吸引力和经济回报能力。以深圳为例，锦绣中华为中国历史之窗、中国文化之窗和中国旅游之窗；中国民俗文化村为表现民族文化的深度和广度的公园；世界之窗为纵览世界、汇集世界建设精粹的公园；欢乐谷是高科技游乐园；野生动物园主题是野兽。几座主题公园保持互不交叉的主题特色，保证了各自对游人的吸引力。

（二）文化内涵

主题公园具有独特的文化内涵，利用文化内涵进行成功的策划，创造出表现这种内在文化特色的活动，是吸引大量游客的重要原因。深圳的主题公园为了延长生命力，始终把文化活动内容的更新放在首位。锦绣中华的民族艺术园、土风歌舞团、民族服饰团、编钟乐园，世界之窗的五洲艺术团，时常排演新节目。主题公园在经历旺势之后，只有不断充实文化内涵，使旅游产品不断得到完善、充实和更新，才能吸引顾客，创造较好的社会效益和经济效益。

（三）交通区位条件

从主题公园的外部交通条件来看，主题公园的选址与主要客源市场的距离以行程 2h 内为佳。深圳的三个主题公园集中在深圳的西部——深圳湾畔，交通便捷，能吸引大量的游人。苏州乐园距上海 80km，在此范围内居住人口超过 300 万，是中国经济最发达的地区之一，也是交通最为便捷的地区之一。从苏州乐园现有的客源市场分析，一半来自江苏省，其中苏州占 30%，另一半为外省，上海游客占 40%，所以交通区位条件是主题公园成功的关键。

（四）表现手法

主题公园主题定位明确以后，主题内容的表现手法和艺术形式成为规划设计的重点。主题内容的表现手法有以下几种。

1. 游戏参与性设计原则

通过游人的参与性活动而不是参观活动，将游览观感和心理体验等融为一体。如扮演角色、成为舞台上的演员，在民俗活动的主题公园中，此类活动居多。

2. 现代科技手段的运用原则

先进的声、光、点等现代高科技的运用，可以创造出日常生活中无法体验和感受的梦幻离奇环境氛围。如太空景色和时空隧道的模拟。让人体会过去和未来，感受宇宙的神奇。计算机模拟技术的大量应用、人类史前遗迹如侏罗纪恐龙世界等，带给游人的不仅是好奇，还有科普伦理等知识的传授。

（五）园内交通线路组织

由于大型主题公园面积较大，游览参与项目众多，为此，园内交通线路的组织好坏，直接影响到游园活动的效果。在游园交通组织上，首先进行合理布局，规划客流流程，使游人对全园的观光和活动项目有一个明晰的认识，进而有选择地进行观光活动。

在园内交通工具的形式选择上，如传统马车、单轨火车、电动火车的运用，不仅节省游人的时间，而且给游人一种复古性的车行体验和感受。

（六）主题公园植物景观规划

创造绿色的、健康的园林游赏空间，是主题公园景观设计的重要特点。园林植物的种植设计，与传统公园的种植设计原则上没有根本区别。但是在主题公园里面，种植设计必须要围绕公园的主题进行。如深圳世界大观各种异国景区的周边植物景观上也要有相应的异国情调，而锦绣中华的微缩景观区的植物就以和建筑模型的比例相适应为基本要求。

主题乐园与城市公园的植物景观规划有许多互通之处，其首要之处是创造出一个绿色氛围。主题乐园的绿地率一般都应在 70% 以上，这样才能形成一个良好的适于游客参观、游览、活动的生态环境。世界上成功的主题乐园，也是绿地最美的地方，使游人不但体会主题内容给予的乐趣，而且可以在林下、花丛边、草坪上享受植物给予的清新和美感。

植物景观规划可以从以下几个方面重点考虑。

① 绿地形式采用现代园林艺术手法，成片、成丛、成林，讲究群体色彩效应，乔、灌、草相结合，形成复合式绿化层次，利用纯林、混交林、疏林草地等结构形式组合不同风格的绿地空间。

② 各游览区的过渡都结合自然植物群落进行，使每一个游览区都掩映在绿树丛中，增强自然气息，突出生态造园。

③ 采用多种植物配置形式与各区呼应，如规则式场景布局则采用规则式绿地形式，自

由组合的区域布局则用自然种植形式与之协调，使绿地与各区域形成一个统一和谐的整体。

④ 植物选择上立足于乡土树种，合理引进优良品系，形成乐园的绿地特色。

⑤ 充分利用植物的季相变化来增加乐园的色彩和时空的变幻，做到四季景致鲜明。常绿树和落叶树、秋色叶树的灵活运用以及观花、观叶、观干树种的协调搭配，可以使植物景观更加绚丽多彩、丰富多样。

任务四 森林公园规划设计

一、森林公园概述

随着城市化速度的加快和人口数量的增加，城市环境日益恶化，人们接触自然环境的机会越来越少，但愿望却更加迫切。森林正是这一社会性需求的理想境域。在森林中游憩，可以尽快恢复身心疲劳，从而提高人们的工作能力、劳动生产率及创造的积极性，还可防治多种疾病，让人们享受同大自然交往的乐趣。

19 世纪初，美国等发达国家就围绕森林是以木材生产为主还是以保护生态、发展森林游憩等多种效益为主展开了争论。随着第二次世界大战后的经济复苏，人们生活水平提高，闲暇时间增多，参加户外游乐活动的人成倍增加，森林也面临着严重的旅游压力。因此，1872 年，世界上第一个国家公园——美国黄石国家公园建成，这标志着森林旅游业作为一项产业已初步形成。1960 年美国国会通过了"国有林的多种利用与永续生产"的条例，明确规定了国有林的经营目标是游憩、放牧、生产木材和保护集水区及野生动物。目前美国森林面积的 27％用于游憩，19％用于狩猎，6％用于自然保护，用于木材生产的仅占 47％，森林游憩成为森林资源利用的重要方面。

目前我国参加森林游憩的人数迅猛增长，许多大中城市郊外的防护林带和国营林场所辖有的林地都有众多自发组织的森林游憩者。为适应这种需求，1980 年 8 月，中华人民共和国林业部发出了《关于风景名胜区国营林场保护山林和开展旅游事业的通知》，标志着林业部门从事旅游业的开端。1982 年成立的张家界国家森林公园是我国第一个国家森林公园，至 2000 年我国建立森林公园 1217 处，面积 11.3 万公顷，仅"九五"期间就接待中外游客 2.78 亿人次。

二、森林公园的含义

森林公园是指在城市边缘或郊区的森林环境中为城市居民提供较长时间游览休息，可开展多种森林游憩活动的绿地。因此，它既不同于风景名胜区，也有异于城市公园。森林公园通常选择风景优美、面积较大的郊区林地改造而成；也可选择虽远离城市但交通便捷、森林资源丰富、景观质量较高的天然林，在科学保护、适度开发的前提下建立森林公园；郊区没有大面积林地的城市还可在合理规划后再行建立森林公园。在城市边缘建立森林公园，因面积大、森林的群落与结构相对复杂、郁闭度高、调节市区气候、改善大气卫生状况等环境效益比城市绿地更显著，还可组织居民开展游憩活动，加深人们对自然的理解和认识，进行科普教育等。

三、森林公园的类型

在森林公园的总体规划阶段，为了明确开发方向、选准优势开发项目和重点保护优势旅游资源，应该对公园的旅游资源和环境条件等进行系统深入的研究与评价，认清公园所属类型，找出它在同一区域内的众多森林公园中最具特色之处，以吸引更多游客，同时也为游客在选择旅游目的地时提供便利。

森林公园的分类，依据不同目的可以有不同的分类标准和方案。如按景观特色、地貌形态、主要旅游功能、旅游半径、经营规模、管理级别等进行不同角度的划分。

（一）按景观特色分类

1. 森林风景型森林公园

该类型森林公园以其绚丽优美的森林风景取胜，山水风景一般，没有或少有文物古迹。如陕西朱雀、红河谷，辽宁天华山，黑龙江牡丹峰、乌龙、齐齐哈尔，云南西双版纳，贵州百里杜鹃、竹海等森林公园。

2. 山水风景型森林公园

该类型森林公园以奇山秀水为主的自然风光最诱人，森林风景和人文景物一般。如湖南张家界，浙江千岛湖，陕西南宫山、华山、王顺山，河南南湾，辽宁库区，广西桂林，重庆小三峡等森林公园。

3. 人文景物型森林公园

该类型森林公园以其古老独特的人文景物闻名于世，森林风景和山水风景一般。如陕西延安、楼观台、玉华宫、天台山、龙门洞、擂鼓台，山东泰山，安徽琅琊山，山西五台山、云冈，浙江天童、普陀山，四川都江堰，重庆歌乐山等森林公园。

4. 综合景观型森林公园

该类型森林公园景观类型多样，森林风景、自然风光和人文景物都比较突出，旅游吸引力强。如陕西太白、终南山，河南嵩山，辽宁本溪、大孤山，江苏虞山，甘肃吐鲁沟等森林公园。

（二）按地貌形态分类

1. 山岳型森林公园

以奇峰怪石等山体景观为主的森林公园，如湖南张家界、山东泰山、安徽黄山、陕西太白国家森林公园等。

2. 江湖型森林公园

以江河、湖泊等水体景观为主的森林公园，如浙江千岛湖、河南南湾国家森林公园等。

3. 海岸-岛屿型森林公园

以海岸、岛屿风光为主的森林公园，如山东鲁南海滨、福建平潭海岛、河北秦皇岛海滨国家森林公园等。

4. 沙漠型森林公园

以沙地、沙漠景观为主的森林公园，如甘肃阳关沙漠、陕西定边沙地国家森林公园等。

5. 火山型森林公园

以火山遗迹为主的森林公园，如黑龙江火山口、内蒙古阿尔山国家森林公园等。

6. 冰川型森林公园

以冰川景观为特色的森林公园，如四川海螺沟国家森林公园等。

7. 洞穴型森林公园

以溶洞或岩洞型景观为特色的森林公园。如江西灵岩洞、浙江双龙洞国家森林公园等。

8. 草原型森林公园

以草原景观为主的森林公园，如河北木兰围场、内蒙古黄岗梁国家森林公园等。

9. 瀑布型森林公园

以瀑布风光为特色的森林公园，如福建旗山国家森林公园等。

10. 温泉型森林公园

以温泉为特色的森林公园，如广西龙胜温泉、海南蓝洋温泉国家森林公园等。

（三）按主要旅游功能分类

1. 游览观光型森林公园

以风光游览、景物观赏为主要功能的森林公园，全国绝大多数森林公园属此类型。

2. 休闲度假型森林公园

地处城郊、海滨、湖库附近，以休闲娱乐、消夏避暑、周末度假为主要功能的森林公园，如陕西朱雀、终南山、沣峪、天台山、汉中天台，河北海滨，辽宁本溪，福建福州等森林公园。

3. 游憩娱乐型森林公园

地处城市市区、环城或近郊，以郊野游憩、娱乐健身为主要功能的森林公园，如上海共青、江苏徐州环城、江西枫树山、陕西延安、黑龙江牡丹峰等森林公园。

4. 疗养保健型森林公园

以温泉、海滨疗养和森林保健为主要功能的森林公园，如陕西楼观台，重庆南温泉，辽宁大连、本溪，河北海滨，山东刘公岛、威海海滨等森林公园。

5. 探险狩猎型森林公园

以探险寻秘、森林狩猎为主要功能的森林公园，如黑龙江乌龙、伊春五营、亚布力，内蒙古察尔森、海拉尔，陕西华山、翠屏山、南宫山等森林公园。

6. 科普教育型森林公园

以科学考察、教学实习、科普旅游为主要功能的森林公园，如北京鹫峰（北京林业大学），黑龙江帽儿山（东北林业大学）、哈尔滨（树木园），福建福州（树木园），广西良凤江（树木园），山东药乡（山东省林业学校），湖北九峰山（林业科学研究所），浙江午潮山（林业科学研究所），陕西太白、楼观台、天华山、玉华宫等森林公园。

（四）按旅游半径分类

1. 城市型森林公园

位于大中城市市区或城周的森林公园，如陕西延安、江西枫树山、黑龙江哈尔滨、上海共青、江苏徐州环城等森林公园。

2. 近郊型森林公园

位于大中城市近郊区，距市中心多在 20km 以内的森林公园，如内蒙古红山（距赤峰市 3km）、辽宁盖州（距市区 4km）、江苏上方山（距苏州市 4km）、福建福州（距市区 7km）、河北海滨（距秦皇岛市 10km）、河南南湾（距信阳市 11km）、黑龙江牡丹峰（距牡丹江市

15km)、吉林净月潭（距长春市 18km）等森林公园。

3. 郊野型森林公园

位于大中城市远郊县（区），距市区多在 20～50km 的森林公园，如陕西终南山、沣峪、太兴山、黄巢堡、天台山、汉中天台、吴山、玉华宫，北京百望山，江苏南京老山，浙江天童，湖北九峰山等森林公园。

4. 山野型森林公园

地处深山老林，远离大中城市，以野、幽、秀、奇为特色的森林公园，如陕西太白、楼观台、紫柏山、南宫山、天华山、华山，山东泰山，湖北神农架，云南西双版纳，黑龙江北极村、威虎山等地处名山大川和原始森林、次生林区的森林公园。

（五）按经营规模分类

1. 特大型森林公园

经营面积超过 6 万公顷的森林公园，如浙江千岛湖（面积 9.48 万公顷）、黑龙江火山口（面积 6.69 万公顷）等森林公园。

2. 大型森林公园

经营面积 2 万～6 万公顷的森林公园，如陕西楼观台（面积 2.75 万公顷）、黑龙江乌龙（面积 2.8 万公顷）等森林公园。

3. 中型森林公园

经营面积 0.6 万～2 万公顷的森林公园，如河南嵩山、安徽黄山、吉林净月潭、黑龙江牡丹峰、辽宁本溪、内蒙古察尔森、山东泰山、浙江富春江、湖北玉泉寺等森林公园。

4. 小型森林公园

经营面积 200～6000hm^2 的森林公园，如陕西延安、朱雀、王顺山，湖南张家界，浙江普陀山、雁荡山、天童，河南南湾，安徽琅琊山，江苏虞山等森林公园。我国东部沿海和南方各省森林公园大多属此类型。

5. 微型森林公园

经营面积在 200hm^2 以下的森林公园。如陕西乾陵（46.7hm^2）、顶山（71.3hm^2）、玉虚洞（88hm^2），辽宁首山（66.7hm^2），浙江溪口（200hm^2），江西枫树山（53.3hm^2），湖北潜江（100hm^2），上海共青（21.3hm^2）等森林公园。

（六）按管理级别分类

1. 国家级森林公园

森林景观特别优美，人文景物比较集中，观赏、科学、文化价值高，地理位置特殊，具有一定的区域代表性，旅游服务设施齐全，有较高的知名度，并经国家林业局（原林业部）批准的为国家级森林公园。全国现有国家级森林公园 269 处。

2. 省级森林公园

森林景观优美，人文景物相对集中，观赏、科学、文化价值较高，在本行政区内具有代表性，具备必要的旅游服务设施，有一定的知名度，并经省级林业行政主管部门批准的为省级森林公园。

3. 市、县级森林公园

森林景观有特色，景点景物有一定的观赏、科学、文化价值，在当地有一定的知名度，并经市、县级林业行政主管部门批准的为市、县级森林公园。

四、森林公园规划程序

1996 年 1 月,原林业部颁布了《森林公园总体设计规范》,为森林公园的总体设计提供了标准,并且规定森林公园建设必须履行基本建设程序,必须在可行性报告批准后,方可进行总体规划设计。总体规划设计是森林公园开发建设的重要指导文件,其主要任务是按照可行性报告批复的要求,对森林旅游资源与开发建设条件做深入评价,进一步核实旅游规模,在此基础上进行总体布局。

(一)申请立项

由专业调查队伍对林区风景资源条件、旅游市场条件、自然环境条件、服务设施条件、基础设施条件等进行调查和评价,调查成果经专家评审;由管理部门提出建立森林公园的可行性报告,报上级部门批准;可行性报告批准后,管理部门可委托科研、设计单位进行可行性研究,可行性研究成果应经专家评审。

1. 自然资源调查

(1)自然地理 森林公园的位置、面积、所属山系、水系及地貌;地质形成期及年代;区域内特殊地貌及形成原因;古地貌遗址;山体类型;平均坡度;最陡坡度等。

(2)气候资源 温度、光照、湿度、降水、风、特殊天气气候现象。

(3)植被资源 植被种类、区系特点、垂直分布、森林植被类型和分布特点;观赏植物种类、范围、观赏季节及观赏特性;古树名木。

(4)野生动物资源 动物种类、栖息环境、活动规律等。

(5)环境质量 大气环境质量、地表水质量。

2. 景观资源调查

(1)森林景观 景观的特征、规模;具有较高观赏价值的林分、观赏特征及季节。

(2)地貌景观 悬崖、奇峰、怪石、陡壁、雪山、溶洞等。

(3)水文景观 海、湖泊、河流、瀑布、溪流、泉水等。

(4)天象景观 云海、日出、日落、雾、雾凇、佛光等。

(5)人文景观 名胜古迹、民间传说、宗教文化、革命纪念地、民俗风情等。

3. 基础设施调查

(1)交通 外部交通条件、内部交通条件。

(2)通信 种类、拥有量、便捷程度。

(3)供电 现有供电系统、用电量、用电高峰时间。

(4)给排水 现有给排水系统、用水量、用水高峰时间。

(5)旅游接待设施 现有床位数、利用率、档次、服务人员素质、餐饮条件。

4. 市场调查

旅游市场调查是通过市场调查了解公园的客源条件,以确定合理的旅游规模和容量。主要调查内容有:

① 公园旅游吸引特征的调查。

② 公园周围居民的人数与构成,不同阶层可能游园的次数。

③ 公园周围城乡流动人口数量及可能游园的比率。

④ 附近公园及性质相近的森林公园开放以后历年游人数量与人员结构、变化趋势。

⑤ 国内外旅游发展趋势、旅游者心理需求。

⑥ 国内外游客在附近公园旅游的费用。

⑦ 旅游阻抗因子调查。诸如妨碍公园建设和开展旅游活动的因子。如地震等级、流行病、污染及社会有害因素等。

⑧ 社会经济调查。把公园置身于社会经济环境之中，了解公园建设对相互的影响，从而确定公园规划的方针与原则。社会经济调查包括技术经济政策和技术经济指标调查。

（二）规划设计阶段

由管理部门根据可行性研究成果和资金、技术情况向规划设计单位下达总体规划计划任务书，接着由具有设计资质的科研、设计单位及大专院校根据计划任务书要求进行总体设计。总体设计一般分两步进行，首先编制规划大纲并组织专家评审，然后根据评审意见进行修改，形成总体设计的说明书和附件。

总体设计审定和批准：一般属于国家级森林公园的总体设计由国家林业局审批；省级森林公园由省林业厅审批，报国家林业局备案；地方森林公园由当地人民政府审批，报省级林业厅备案。

详细设计及实施：根据总体规划项目，由设计或施工单位就单个项目进行详细设计并施工。修改、增减项目应征得原设计单位同意。由原审批单位审批后方可设计施工。在设计和施工阶段应及时向规划、审批部门进行信息反馈，以便及时对规划中的不合理成分进行修改。

（三）建成后的管理及综合效益评定

评估公园经济效益有两个基本方法：总费用评估法和成本核算法。总费用评估法是根据旅游者的人数和平均每一游客在旅游行为中发生的费用计算公园的效益。成本核算法是计算公园各项收入与支出，从而核算年纯收入和利润的方法。

五、森林公园规划设计的依据

（一）森林公园规划的准则

1. 规划依据

①《森林公园总体设计规范》。

② 森林公园建设立项报告。

③ 森林公园风景资源调查成果。

④ 森林公园建设可行性研究报告。

⑤ 公园所在地中、远期发展规划，包括环境发展、城镇建设、交通运输、邮政、通信、供电供水和其他特殊发展规划。

⑥ 部、省关于森林公园总体规划的规定、规程、规范和标准。

⑦ 当地关于材料预算价格、人工费用及利税的文件和资料。

⑧ 其他相关资料。

2. 规划原则

（1）可持续发展原则 森林公园规划设计中，必须重视生态环境的研究和保护。以保护为主，开发、建设与保护相结合。

（2）主体原则 森林公园总体规划要突出以森林为主体的原则。自然、淡雅、简朴、野趣是森林公园的生命所在，因为它要满足现代人类返璞归真、回归自然的愿望。因此在森林公园的开发中，对森林的培育与建筑景点的建设要有鲜明的侧重。

（3）个性原则 建设有特色的森林公园，关键是要利用好本区资源，发挥资源的优势，在充分保护好现有资源的基础上，从景观的共性中找出个性，加以渲染、烘托，从而达到主题鲜明、主景突出。开发森林旅游更应该以自然为本，因地因时制宜地用好用足现有的资源，讲究乡土气息，追求自然野趣，突出重点，把握特色。只有加强特色建设，才能增强森林公园的活力，有助于森林公园持续稳定的发展。

（4）经济原则 森林公园总体规划的经济原则，主要体现在因地制宜、量力而行、因财实施。

3. 环境容量

环境容量的概念：环境容量是在给定时间，在不耗尽资源和不使自然生态系统崩溃的前提下，水和土地所能承受的人口数或人类活动的水平。旅游学者和旅游管理学家提出了游憩容量的概念：某一地区在一定时间内维持一定水准给旅游者使用，而不会破坏环境或影响游客游憩体验的开发强度。对于森林公园而言，确定其环境容量的根本目的在于确定森林公园的合理游憩承载力，即一定时期和条件下，某一森林公园的最佳环境容量，从而能对风景资源提供最佳保护，并同时使尽量多的游人得到最大的满足。

在确定最佳环境容量时，必须综合比较自然环境容量（生态环境容量、自然资源容量）、人工环境容量（空间环境容量、设施容量）、社会环境容量（人文环境容量、经济资源容量、心理环境容量、管理水平承载力）。

为协调游憩与环境的关系并便于定量化，可建立 5 类指标，作为旅游环境容量研究的依据：生态指标（现有植被、森林覆盖率）、环境质量指标（大气环境质量、水体环境质量、噪声环境质量）、设施指标（建筑物占地指标、用水指标、污水处理指标、交通指标）、游客感应指标（整体感应指标、观景点场地感应指标）、客流分布指标。

在对森林公园环境容量进行具体测算时可采用面积法（以游人可进入、可游览的区域面积进行计算）、卡口法（适用于溶洞类及通往景区、景点必须对游客量有限制因素的卡口要道）、游路法（游人仅能沿山路游览观赏风景的地段）。

（二）总体设计

1. 公园的性质与范围

根据拟建森林公园的自然条件，特别是地理位置、主景性质、旅游系统位置等确定公园的基本性质和规划范围。

2. 公园的功能分区

对森林公园总体设计而言，总体布局和区划是整个工作的核心。区划是依据景观特色，将主要分布某一个或几个代表性景观类型的区域划为一个分区，该分区在地理位置上要集中连片，结合该分区的功能性质进行区划。注意景观特色和功能性质要同时考虑各功能区由于主要功能不同，其规划的重点也不一样，但整个公园是一个系统，相互间存在联系和影响，这就涉及布局问题。同时区与区之间的过渡应自然巧切，即空间上的超、转、切、合要浑然有成，处理不好往往会产生不协调的效果。

森林公园大致划分为下列几个区：①群众活动区，可利用林中水面设浴场、游船船埠，布置帐篷和野炊的休息草地，应有简单的炉灶、桌椅以及饮用水源、垃圾箱、厕所等，并与城市有方便的交通联系，面积占公园总面积的 15％～30％；②安静休息区，即游人较少的大片森林和水面，可在林间和草地上散步、休息，采摘蘑菇、浆果、野花等，面积占20％～70％；③森林储备区，保留一部分森林作为森林公园发展用地，面积视游人数量和建设投资而定，可占地 40％～50％，如整个森林面积不大则不设。

3. 功能区开发顺序与建设期确定

功能区的开发顺序对于森林公园的总体规划具有非常重要的意义。实际的开发建设需要一个较长的时间跨度，所以建设必须按一定次序进行，当森林公园面积较大、项目资金不充裕的情况下尤其显得重要。就森林公园的一般特性而言，通常采取的是先保护后开发的策略。自然资源是森林公园的根本所在，如果不能得到很好的保护，再大力度的开发也是无本之木，要么就落于俗套，不能形成自己的特色。开发应该是从一些自然条件较好、景观特征明显、交通等各项设施通畅方便的区域，逐渐向纵深方向发展，以确保森林公园的原始自然资源在受到最小限度干扰的情况下，能够得到适度有效的开发。

4. 主要景点、景物及服务设施建设

主景是一个森林公园最主要的景点，即具有鲜明特色、明显个性、典型特征，能够代表所在森林公园的景观特色的景点。它是一个森林公园的标志性景点，是公园景观资源的典型形象。主景往往包含两个方面的内容：一是主景点，即代表性景观的物质主体；二是主观景点，即观赏代表性景物的主要场所。在森林公园中，主景点一般来说是自然景观，主观景点则有可能是人文景观。

在景区的适当位置规划建设以游客为服务对象的旅游服务基地，内设旅游车出租、商店、旅馆、食品店、停车场、寄存处和导游服务等设施，这是旅游活动的必备条件，也可以满足游人生活和游览的需要。旅游服务基地的规划规模视具体情况而定，以不破坏自然风景景观为前提，适量而定，不宜过大太露，不能喧宾夺主。

5. 总投资

主要依据规划的项目及有关指标进行概算。概算内容包括景点建设、游乐设施、职工办公及宿舍、给排水、绿化环保工程、公路旅游、通信设施、防火等。概算项目包括总概算（分直接投资、间接投资）、分项年度投资、固定资产投资。按规定建设分年度投资应按复利式计算投资利息，总投资概算中除交代概算依据外，一般必须列出总投资中分期（年度）投资数与比例、项目统计的投资额与比例以及资金来源和资金平衡表等。

（三）分项规划

分项规划属于总体阶段的工作，要在做出区划和布局工作后继续进行，主要包括环境保护、公园绿化、森林经营（风景林经营）、旅游服务、附属工程规划等，是对总体的深化。对于一个完整的森林公园总体规划，除了上述两部分外应有其他与之相适应、相补充的规划内容，如森林保护规划、供水、供电、通信、给排水、接待服务设施、生活、行政、旅游管理规划等。

1. 森林保护规划

森林公园总体规划中保护规划是一个较为突出的重点，主要涉及公园保护等级的划分、自然资源保护、人文资源保护、植被生态保护、环境质量保护、地质环境保护、少数民族与建设人才保护等。

各类资源保护规划的制定，应充分参考和依据相关的法规如《中华人民共和国森林法》《中华人民共和国野生动物保护法》《中华人民共和国文物保护法》《中华人民共和国环境保护法》《中华人民共和国矿产资源法》《中华人民共和国海洋环境保护法》和《水土保持法实施条例》《森林防火条例》《森林病虫害防治条例》《野生植物保护条例》《城市规划条例》。国际法有《世界遗产公约》《威尼斯宪章》《世界自然资源保护大纲》等，另外有 1987 年国务院发布的《中国自然保护纲要》。

各类资源保护规划应在上述法规指导下制定切实可行的保护措施，进行综合性保护规划。保护规划子系统作为总体规划系统的一部分，一般独立成章，以充分体现森林公园规划中保护与利用并重的原则。

2. 森林景观规划

（1）**自然景观规划** 形成景观的主体如山岳、森林、河川、湖泊、滩湾、瀑布、泉眼、溶洞等景区常见的地物，规划时要审其特点、领悟神态、推敲意境，在处理中要因地制宜，依景造势，尊重自然之形，顺循自然之美，处理时源于自然又高于自然。自然景观又可分为森林景观、地貌景观、水域景观、动物景观及天景。

① 森林景观是森林公园的基本景观，主要有森林植被景观和森林生态景观，包括珍稀植物、古树名木、奇花异草、植物群落、林相季相等。森林生态景观的开发应选择生态环境良好、群落稳定、植物品种丰富、层次结构复杂、垂直景观错落有致、树龄大、浓荫覆盖、色彩绚丽的森林景观供人游赏。在森林景观开发实践中，当植被景观不够丰富时，则采用人工造林更新手段进行改造或新造。森林景观也常以风景林、古树名木及专类园等形式进行开发。

② 地貌景观是大地景观的骨架，以山岳景观为主，包括峰峦、丘陵、峡谷、悬崖、峭壁、岩石（象形山石）、洞穴及地质构造和地层剖面、生物化石等景点。在审美感受上主要表现雄、险、奇、秀、幽、旷、奥等形象特征。景观开发应根据原有的风景特征给予加强、中和或修饰。如以雄险著称的地貌景观，在景点设计和游路布置时，尽量以能够强化雄险特征的手段来开发。观景点尽量设在悬崖边，道路则尽量从峭壁半空中穿行，甚至设置空中栈道，以突出其险。

③ 水是生命的源泉，人类对水有着天然的亲近感。自然风景中，水是最活跃的因素，所谓"山得水而活，水得山而媚"。丰富多变的水景使森林公园更富动态和声响美感。水体景观是自然风景的重要因素，包括江河、湖泊、岛屿、海滨、池沼、泉水、温泉、瀑布、水潭、溪涧等。森林公园的水景主要有溪涧、瀑布、泉水等。

④ 动物景观是森林公园中最富有野趣和生机的景观。野生动物常可以使自然景观增色不少。所谓"蝉噪林愈静，鸟鸣山更幽"。全世界有动物 150 多万种，除海洋外，在陆地上的动物主要生活在森林中。在公园里，自然状态下可见到的动物景观有昆虫类、鱼类、两栖爬行类、鸟类等。动物景观的设计一般采用保护观赏为主，也常采用挂巢（鸟类）、定期投食（鸟类、猴类、松鼠、鱼类）等方法招引。也可用抢救保护的方法，对受伤动物、解救动物进行人工圈养保护，供游人参观。

⑤ 天景包括气象和天象景观，是由天文、气象现象构成的自然形象和光彩景观。它们多是定点、定时出现在天空的景象，人们通过视觉、体验、想象而获得审美享受。森林公园中最常见的天景是日出和晚霞。日出象征万物复苏、朝气蓬勃、催人奋进；晚霞则万紫千红、光彩夺目、令人陶醉。山间常有云雾缭绕，烟云漂浮流动、笼罩山野，并伴有风雨来

去，常给人以佛国仙山、远离凡尘的感受。天象景观的开发主要是选择观景点：如看日出、晚霞或选在山巅，有远山近岭丛树作为陪衬，前、中、近景层次丰富；或选在水边，有大水面与阳光相辉映反射，霞彩更加绚丽斑斓；看雾景则应选择特定季节或雨过天晴之时。

（2）人工景观规划　以自然景观为主，但并不排斥用于衬景的人工景观设施。人工景物有瞭望台、观景台、园门、凉亭、廊架、景桥、安全护栏、导游牌、厕所、服务部、森林浴设施等，多是具有功能价值的建筑或景观小品，其主要作用是为森林旅游提供观景、休息、躲避风雨、餐饮、交通等服务，同时也要求有较高的景观价值。在规划中要视景观而异。一般应遵循宜少不宜多、宜小不宜大、宜次不宜主、宜藏不宜露、宜土不宜洋的原则，使其能够与自然景物协调、亲和，融于自然之中。

人工景观常设置在缺少自然景观的区域或地段，可丰富景观内容。人工景物采用的多种文化和艺术表现形式增加了景观的文化意趣，是对自然景观的艺术化总结和补充。人工景物在空间类型、体量、造型、色彩、主题意境上与自然景观相比具有不同内容，常根据自然景观环境要求来设置。以人工的理性对比自然的随意性，形成衬托效果。可进一步强化自然景观的自然美效果。人工景物如观景亭、台、楼、阁、榭等常选择在观赏自然景观的最佳位置上，并以人工手段对观赏视角视线进行合理引导取舍，展示最美的景致，提高和美化自然景观意境。同时，人工景物还具有休息、避雨、遮阳等作用，也是观赏自然景观的最佳场所。

设计时应对人工景物建设地点及周围的地形、山石、河溪、植被等自然景观要素加以细致的分析研究，并充分利用这些要素，使人工景物与自然景观及环境相互依存，相互衬托，成为一个融合的统一体，让人工景物设施成为人文景观的寄寓之所和自然景观的有力烘托。

（3）景观序列规划　景观序列就是自然或人文景观在时间、空间以及景观意趣上按一定次序的有序排列。景观序列有两层意义：一是客观景物有秩序地展开，具有时空运动的特点，是景观空间环境的实体组合；二是指人的游赏心理随景观的时空变化做出瞬时性和历时性的反应。这种感受既来源于客观景物的刺激，又超越景物而得到情感的升华，是景观意象感受的意趣组合。景观序列包含风景序列和境界与意境序列。一个优美的景观序列就如一首动人的乐曲一样，是由前导、发展、高潮、结尾等几部分构成的，也就是起景、前景、主景、后景、结景等景观的依次展开，一些复杂的序列还有序景、转折等部分。序列由此构成有主有次的景观结构，产生有起有落、有高亢有低回的赏景意趣，形成一个富有韵律与节奏的景观游览线路。起景的功能是为赏景"收心定情"，达到"心灵净化"，发展的作用是以风景铺垫来进行"情绪激发"，序列最终将主景推出，达到赏景高潮，实现"寄托情怀"的赏景意趣。要实现这个目标，景观序列设计主要是通过垂直空间序列、平直空间序列、生态空间序列、境界层次序列等方法的灵活运用来获得。

六、森林旅游规划设计

森林旅游规划包括旅游线路组织、旅游项目确定、全年旅游日确定等内容。

（一）旅游线路组织

对于一个较大的森林公园，如张家界森林公园可规划出适合不同层次游客的风景精华旅游线。一日游至多日游方案，对一个面积不大的森林公园则可根据其具体情况组织半日游、一日游基本方案组合成多日游方案，亦可将其组织到国内、国际旅游热线之中。在组织旅游线路时，应充分考虑旅游者的心理需求和经济承受能力。一日游的起景—入景—高潮—平静各阶段应精心安排，在空间上应有动有静。如果一日游全天处于"动"区会使游客产生疲倦，整天处于"静"区则会产生厌倦之感。多日游方案也一样，要一天一天走入深景，又感到一日一日离开景区，有一个赏景过程。因而旅游线路组织与规划应精心、周密，同时还应考虑一般游客的经济承受能力，尤以多日游方案来说，要考虑住宿、饮食和其他娱乐活动的安排，高、中、低档兼备。

（二）旅游项目确定

森林公园中应开展以直接或间接利用森林资源或在森林环境气氛中进行的活动为主。森林野营、野餐、森林浴、采集动植物标本等自然研究，林中骑马、钓鱼、森林自然美欣赏等活动最能体现森林环境特点，登山、骑山地车、游泳、划船、滑水、漂流等活动也能与森林气氛相协调。还可结合立地条件开展射箭、狩猎等活动，有条件的地区还可在冬季开展滑冰、滑雪、坐雪橇等活动。

1. 野营

野营是主要森林游憩方式之一。开展野营活动需要建立适宜的野营区，野营区须经过开发建设，进行妥善管理，能提供给游人富有吸引力的露天过夜场地，并具备一定的卫生设施和安全措施。建立野营区的主要目的在于为游人提供服务和保护，同时也保护森林游憩资源。

（1）野营区的选址　野营区的选址应考虑地形、坡向与坡位、植被、交通、景观、安全及其他因素。

① 地形。小于10%的坡度，避开低洼地、河谷、山洪水道以防水淹，也不宜在险或多石的高坡下以及山谷地，以避免发生山岩落石或斜坡崩塌的危险。

② 坡向与坡位。应选择在阳坡的中坡位或平坦山腰，最好是东、南坡，尤其是东坡，清早晨光照耀便于营地干燥，下午浓荫覆盖减轻了夏季午后的暑热。

③ 植被。最为适宜的是郁闭度为60%～80%的针阔混交林。

④ 交通。既要有便捷的交通，又要有一定的隐蔽性，避免成为游人的必经之地。

⑤ 景观。靠近主游览区，附近应有富有吸引力的自然景观。

⑥ 安全。无山火、洪水、雪崩、泥石流、野生动物侵害隐患的区域，必要时可挖掘防护沟。

⑦ 其他。靠近水源，水量充足，水质良好，排水良好，选择渗水性强的沙质土壤或沙砾地，尽量避免在黏土和腐殖质土上设营；通风良好，但要避开山口、风口。

（2）野营区的规划　为了给野营者提供舒适的游憩条件，提高养护管理的效益；保护森林自然景观，必须对营区内的野营单元、道路、给排水、卫生服务设施等进行合理的规划设计。

野营单元：野营单元是营区的基本组成单位，是指为一行野营者提供宿营条件而开发的一块地方。一个野营单元的最大设计容量一般是5人。为方便食宿，每个野营单元必须有一个火炉、一张桌子，若干凳子，一块可以架设1～2个帐篷的空地。一般情况下不在每个单元内提供上、下水服务，而在规定的地点集中使用。每单元占地面积一般为4m×5m，周围有一个缓冲地带以减少各单元间相互干扰，提供私密性空间。缓冲带是为保护土壤和植被免遭破坏而设置的林带，其宽度在集中型营地为3～5m，在半分散营地为5～10m。野营单元的容量以每公顷不超过20个单元为宜。野营单元的数量应根据游人数量以及经营管理的便利性决定。野营单元过少或散点式布局，会使管理和服务不方便、不经济；反之若规模过大，又不受野营者欢迎。

其他设施规划配置主要有以下几种。

卫浴设备：包括封闭式化粪池或化粪设施、洗手台、自助洗衣干衣设备、浴室设备、卫生间，厕所最远170m，最适100m；浴室最远200m，最适140m；给水最远100m，最适50m。供水系统：包括水塔、供水点、饮用水、生活用水等设施。污水、污物处理系统：设污物处理站，位置应适当隐蔽。道路系统：野营区内道路系统包括对外道路、区内主要道路、服务道路、步道小径等。保安系统：各营区应有巡逻员或用围篱屏障以限制外界干扰。如需要可设救护设备或医疗站、电力、通信系统。

2. 野餐

野餐是森林游憩活动中参加人数最多的消遣方式之一。森林环境是理想的野餐场所。森林公园的野餐区应该选择在风景视线、视角较好的地方并与其他游憩区有方便的联系，但与水面距离应保持40m以上，以免游人对该地区的自然环境造成极大的破坏。

野餐区可以适应多种游人以多种形式使用。美国林务局规定的使用密度为每个野餐单位占地面积250～400m²或每公顷25～40个野餐单位，最适密度为每个野餐单位占地面积250m²或每公顷40个野餐单位，据研究，这是在正常情况下耐践踏、磨损的草坪草类能生长的最大限度。

一个野餐单位由1～3张桌子、若干凳子、1个火炉（烤炉）、1个垃圾箱等组成。为了满足一些小集体的需要，要把大约一半的桌子每2～3个组合在一起。餐桌与座位的设计力求与森林的自然环境气氛相协调，就地取材，因地制宜。做过防腐处理的木桌椅是理想的设施，在山地石桌椅也很适宜。餐桌与座位要固定，以免游人任意搬动。因为餐桌周围是较集中的践踏磨损区，土壤紧实，透水透气性弱，如果允许移动，势必扩大受损害的范围，影响更多地被植物的正常生长。野餐区的供水与野营区相同，采用集中式，服务半径以50m为宜。

3. 森林浴

森林可以改善气候条件，森林中负离子含量高，有些植物挥发的特有气味及杀菌素具有明显的卫生保健作用。森林浴使人体通过皮肤与新鲜森林空气直接接触，与森林环境相适应，自身生理功能得到调节，促进身体健康。

森林浴区应具有典型的森林外貌浴群落结构（天然或人工），有足够的森林面积，郁闭度较高（以60%～80%为宜），总体环境比较幽静，不受外界游人的侵扰。为便于活动，林木应疏密有致，树木枝下高应在1.8～2m以上，以保持林中通风透气，有适当的阳光散射。

在树种选择上首先要选择具有尖形树冠的树木，针形树叶和尖的树冠有利于空气中负氧离子的形成。常绿针叶树应是首选的树种，它不但有利于空气负氧离子产生，同时其挥发物具杀菌功能，如松树、柑橘、冷杉等。落叶阔叶树由于树冠下杂草较多，林内阴暗潮湿，腐殖质较厚，应加以避免和改造，但如桉树、樟树、白桦、榆树林分适于开展森林浴。选择适当的森林浴林分后，应在林缘、林中空地、步道边补植一些具有杀菌功能的植物，如梧桐、臭椿、复叶槭、百里香、天竺葵、黄连木、短柄杜香、石竹属植物、杏、金橘、酸橙、枳壳、柠檬、山苍子适于块状种植；丁香、辛夷、花椒、肉桂、厚朴也具有较好的杀菌功能。另外，如广西金秀大瑶山国家森林公园的森林浴场，配合神奇的瑶山药浴，种植一些中草药也是可行和经济的。

水滨空气富含负离子，因此如有可能应选择离水体较近的地域，同时也使行浴者有景可赏。

森林浴主要有动态和静态两种方式。林中漫步也是一种积极的行浴方式，因此，浴场应有环形密林小路贯穿其中，但又不穿越、干扰其他森林浴组团，以保持各组团活动的相对独立性和私密性。要做到这一点，除了组团间保持适当的距离之外，用花灌木组成屏障划分空间也是一种重要手段。静态行浴主要是在林中浓荫下设置躺椅、吊床或气垫床等，以供行浴者使用。为了保持一定的森林浴效果，可以通过出租这些设施来控制环境容量，避免环境的过度使用与破坏，尤其是各种地被植物。各组团间至少相距 15m，这样每公顷最大容量为40 组，若以每组平均 3 人算，则每公顷森林最大容量为 120 人。

森林浴场要具备为游人提供饮料、茶水和方便食品及出租游憩设备的服务设施，以及洗手池、厕所、垃圾箱等卫生设施。

4. 日光浴

使人体皮肤直接暴露在日光下，按照一定顺序和时间进行系统照晒，叫做日光浴。日光浴使人体色素沉着，促进人体对钙、磷的吸收利用，增进食欲，加强新陈代谢和体内各种酶的生理活性，增强免疫力。森林公园可以利用自身的条件开发这项活动。日光浴一定要控制强度，过强的日光可能导致皮肤癌，必要时可在日光浴前擦涂防晒油。

日光浴场宜选择比较静谧的地方，尽量避免其他游人的往来，减少外界干扰。疏林缓坡草地（坡度小于 10%）是理想的场地，可满足各种浴法，而且空气流通、清新，湿度适宜。空气中尘埃少，日光被吸收反射的机会少，因而光线较强，宜日光浴。靠近自然水域的水滨也是良好的场地，因为水滨负离子浓度高，水面反射作用大。在进行总体规划时，可考虑与森林浴、日光浴场统筹安排利用。

5. 水域游憩活动

水在森林游憩中起着主要的作用，可以为游憩活动增添情趣，丰富活动内容。森林公园可根据自身的自然、经济条件开发适当的水域游憩活动。水域活动形式多样，广阔的水面可以开展游泳、划船、舢板、滑水等，在北方冬季还可以滑冰。此外，钓鱼也是很受欢迎的活动。在适宜的条件下还可开发漂流等活动。

6. 鸟类的保护与观赏

鸟类及其他野生动物的观赏也是森林游憩活动的重要内容。保护与观赏鸟类首先要了解其生态习性及适宜的栖居环境。在森林公园中益鸟的保护和招引主要有以下几种：保护鸟类的巢、卵和幼雏；悬挂人工巢箱，为鸟类提供优良的栖居条件；利用鸟语招引鸟类；冬季保护，适度喂养，设置饮水池、饮水器；合理地采伐森林，保护鸟类栖居的生存环境；大量种植鸟类喜食的植物种类。

（三）全年旅游日确定

一般根据当地气候条件（阵雨和灾害性天气条件）来确定，并相对划分旅游淡季和旺季天数，以便在总体规划中进行投资效益分析。

七、森林道路规划

（一）森林公园道路网规划设计原则

森林公园是在林业局、林场原有基础上开发建设的，为使经济效益、社会效益和生态效益统一，道路网建设要满足近期要求，兼顾发展，留有余地，应符合下述原则。

① 道路布设要统筹兼顾森林旅游、护林防火、环境保护以及森林公园职工、林区农民生产、生活的需要。

② 道路可采用多种形式形成网络，并与外部道路衔接，内部沟通，有水运条件的可利用水上交通。

③ 充分利用现有道路，做到技术上可行、经济上合理，除了大的旅游点之间须用公路连接外，其他景点多修步行道，尽量少动土石方，尽量不占或少占景观用地，保护好自然植被。

④ 道路应避开滑坡、塌方、泥石流等地质不良地段，确保游人安全。

⑤ 道路所经之处，尽可能做到有景可观、步移景异，使游客领略神、奇、秀、野的自然风光，感受和利用森林公园多效益功能。

⑥ 按森林公园的规模、各功能分区、环境容量、运营量、服务性质和管理的需要，确定道路的等级和特色要求。

（二）森林公园道路类型和等级的确定

森林公园的交通运输包括三种：对外交通、入内交通和内部交通。外部道路主要靠交通部门，车行道路分为干线和支线，是森林公园道路网的骨干，解决游客运输和物资供应运输。根据预测的年游客量，换算的年交通量、年运量、环境容量和道路网功能及现状，分类确定等级。道路规划一定要遵守坡度、宽度、转弯半径等方面的规范。

1. 干线

森林公园与国家或地方公路之间的连接道路。

2. 支线

森林公园通往经营区、各功能分区、景区的道路。考虑客运、货运、护林防火需要，简易公路的改建或新建的公路，按林区二级公路或交通部山岭重丘四级公路标准规划。若路面为水泥混凝土，应注意其纵坡坡度不得大于10％。

3. 步行道

森林公园连接景点、景物，供游人步行游览的道路，包括步行小径与登山石级。步行道顺山形地势，因景而异，曲直自然，一般按1～3m进行规划设计，险要处设护栏，保证游客安全，陡峭处安装扶手，方便游人攀登。

4. 特殊交通设施

为了满足不同层次游客的需求，尤其是便于年老体弱者的游览，在不破坏景观的前提下，可考虑设置升降梯、索道、缆车道等特殊交通设施。

八、森林经营服务规划设计

（一）森林经营规划

森林经营包括风景林的定向培育、景观林改造、风景林采伐等。

目前我国建立的森林公园有的是国有（集体）林场20世纪50～60年代大面积营造的人工速生丰产林或先锋绿化树种组成的林地，有的是在苗圃地基础上改造而成，有的是自然演替的次生林，因此，森林景观单调，质量不高。这就要求在进行科学规划的基础上，进行合理的抚育、间伐和林分改造，丰富森林植被、群落结构与外貌，形成清新宜人的森林环境。

对于一个以国有林场为依托的森林公园应贯彻以园为主、多种经营，谋求自身发展、自我完善的道路，积极规划除旅游以外的多种经营活动。

（二）森林服务系统规划

旅游服务设施规划主要包括公园内外交通、旅游纪念品生产与供应、旅游住宿、购物以及宣传、广告等。生产经营、行政管理设施规划主要指公园管理人员的办公区、生活区、仓库等。规模大小、投资多少应根据实际情况而定。切忌首先安排这部分建设，造成公园的投资大部分花在管理人员的投资上。

在森林公园的适当地段规划建设以游客为服务对象的旅游服务基地，内设旅游车出租、商店、旅馆、食品店、停车场、寄存处和导游服务等设施，这是旅游活动的必备条件，也可以满足游人生活和游览的需要。旅游服务基地的规划规模视具体情况而定，以不破坏自然风景景观为前提，适量而定，不宜过大、太露，忌高楼大厦，不能喧宾夺主。

（三）森林基础设施规划

包括供电、供热、排水、供水、邮电通信，要因需而设，在规划时主要依据公园的实际需求以及各单项的规程、规范、标准等进行规划。

九、森林公园分区规划

分区规划是规划工作的第二个步骤，小公园也可将总体和分区两个阶段一次完成。分区规划主要交代各区的功能、结构、层次与效益以及规划的主要项目，各项目的规格、风格、大小、数量、开发的先后顺序，它所确定的项目是以后详细设计的主要依据。

一般来说，森林公园的分区规划应包括以下几个项目。由于每个森林公园的自身特点、地域情况和发展需求都不同，可根据《森林公园整体规划设计规范》因地制宜地进行。

1. 游览休息区规划

该区主要功能是供人们游览、休息、赏景，或开展轻松的体育活动，是森林公园的核心区域。应广布全园，设在风景优美或地形起伏、临水观景的地方。

2. 森林狩猎区规划

该区域内集中建设狩猎场。

3. 野营区规划

该区主要开展野营、露宿、野炊等活动。

4. 生态保护区规划

该区作用是以保持水土、涵养水源、维护森林生态环境为主。如在生态系统脆弱地段采取保护措施，限制或禁止游人进入，以利于其生态恢复。

5. 游乐区规划

该区是对于距城市 50km 以内的近郊森林公园，为添补景观不足的情况而建的。在条件允许的情况下，须建设大型游乐及体育活动项目时，应单独划分区域。

6. 生产经营区规划

该区是在较大型的森林公园中，除开放游憩用地以外，其他用于木材生产、服务与森林旅游需求的种植业、养殖业、加工业等用地。

7. 接待服务区规划

该区内集中建设宾馆、饭店、购物、娱乐、医疗等接待项目及其配套设施。

8. 行政管理区规划

该区内集中建设行政管理设施，主要有办公室、工作室，要方便内外各项活动。

9. 居民生活区规划

该区是森林公园职工及森林公园境内居民集中的建设住宅及其配套设施的区域。

复习思考题

1. 森林公园规划的原则是什么？
2. 简述森林公园的规划程序。
3. 森林公园对城市绿地系统是否必要？
4. 综合性公园如何进行功能分区？
5. 怎样对综合性公园的道路系统进行规划？
6. 对综合性公园进行艺术布局时需要注意什么？
7. 综合性公园规划设计的程序是什么？

项目八 居住区景观规划设计

项目导读

居住区作为人居环境最直接的空间，是一个相对独立于城市的"生态系统"。它是为人们提供休息、恢复身心的场所，使人们的心灵和身体得到放松，在很大程度上影响着人们的生活质量。现代居住区的建设，为人们提供"人性关系"的环境，在不同的居住概念、居住模式和居住环境设计上，进行了多方面的尝试和探索。居住区绿地在城市园林绿地系统中分布最广，是普遍绿化的重要方面，是城市生态系统中重要的一环。

据科学家计算，一个城市中居住和生活用地占 50％ 左右，居住区绿化的规划面积应占总用地面积的 30％ 左右，平均每人 5～8m²，绿化覆盖率达到 50％ 以上才能充分发挥其效益。我国规定居住区绿地的规划面积至少应占总用地面积的 30％。

任务一 居住区景观规划设计认知

一、居住小区概念及组成

（一）居住区的概念

居住区的概念从广义上讲就是人类聚居的区域，狭义上说是指由城市主要道路所包围的独立的生活居住地段。一般在居住区内应设置比较完善的日常性生活服务性设施，以满足人们基本物质和文化生活的需要。

（二）居住区用地的组成

居住区用地按功能要求可由下列四类用地组成。

1. 居住区建筑用地

该用地由住宅的基底占有的土地和住宅前后左右要留出的空地组成，包括通向住宅入口的小路、宅旁绿地、家务院落用地等。它一般要占整个居住区用地的 50％ 左右，是居住区用地中占有比例最大的用地。

2. 公共建筑和公共设施用地

该用地指居住区中各类公共建筑和公用设施建筑基底占有的用地及周围的专业用地。

3. 道路及广场用地

该用地以城市道路红线为界，在居住区范围内不属于以上两项的道路、广场、停车场等。

4. 居住区绿化

该用地包括居住区中心花园（公共绿地）、单位附属绿地（公共建筑及设施用地）、组团绿地、道路绿地及防护绿地等。

此外，还有在居住区范围内但又不属于居住区的其他用地。如大范围的公共建筑与设施用地、居住区公共用地、单位用地及不适于建筑的用地等。

（三）居住区建筑的布置形式

居住区建筑的布置形式，与地理位置、地形、地貌、日照、通风及周围的环境等条件都有着密切的联系，建筑的布置也多是因地制宜进行布设，而使居住区的总体面貌呈现出多种风格。一般来说，主要有下列几种基本形式。

1. 行列式布置

它是根据一定的朝向、合理的间距，成行列地布置建筑，是居住区建筑布置最常用的一种形式。它的最大优点是使绝大多数居室获得最好的日照和通风，但是由于过于强调南北布置，整个布局显得单调呆板。所以也常用错落、拼接成组、条点结合、高低错落等方式，在统一中求得变化，而使其不致过于单调。

2. 周边式布置

该布置是建筑沿着道路或院落周边布置的形式。这种布置有利于节约用地，提高居住建筑面积密度，形成完整的院落，也有利于公共绿地的布置，且可形成良好的街道景观。但是这种布置使较多的居室朝向差或通风不良。

3. 混合式布置

以上两种形式相结合，常以行列式布置为主，以公共建筑及少量的居住建筑沿道路、院落布置为辅，发挥行列式和周边式布置各自的长处。

4. 自由式布置

这种布置常结合地形或受地形地貌的限制而充分考虑日照、通风等条件，居住建筑自由灵活地布置。这种布置显得自由活泼，绿地景观更是灵活多样。

5. 庭园式布置

这种布置形式主要用在低、高层建筑，形成庭园的布置，用户均有院落，有利于保护住户的私密性、安全性，有较好的绿化条件，生态环境条件更为优越一些。

6. 散点式布置

随着高层住宅群的形成，居住建筑常围绕着公共绿地、公共设施、水体等散点布置，它能更好地解决人口稠密、用地紧张的问题，且可提供更大面积的绿化用地。

二、居民区绿地的类型及功能

（一）居住区绿地的类型

1. 公共绿地

公共绿地指居住区内居民公共使用的绿地。这类绿地常与老人、青少年及儿童的活动场地结合布置。公共绿地又根据居住区规划结构的形成、所处的自然环境条件，相应采用二级或三级布置，即居住区公园-居住小区中心游园或居住区公园-居住生活单元组团绿地；居住区公园-居住小区中心游园-居住生活单元组团绿地。

（1）居住区公园　为全居住区居民就近使用，面积较大，相当于城市小型公园，绿地内的设施比较丰富，有体育活动场地，各年龄组休息、活动设施、曲廊、阅览室、小卖部、茶室等，常与居住区中心结合布置以方便居民使用。步行到居住区公园约 10min 左右的路程，服务半径以 800～1000m 为宜。

（2）居住小区中心游园　主要供居住小区居民就近使用，设置一定的文化体育设施，游憩场地，老人、青少年活动场地。居住小区中心游园设置要适中，与居住小区中心结合布置，服务半径一般以 400～500m 为宜。

（3）居住生活单元组团绿地　是最接近居民的公共绿地，以住宅组团内居民为服务对象，特别要设置老年人和儿童休息活动的场地，往往结合住宅组团布置，面积在 1000m² 左右，离住宅人口步行距离在 100m 左右为宜。

在居住区内除上述三种公共绿地外，结合居住区中心、河道、人流比较集中的地段设置游园、街头花园。

2. 专用绿地

专用绿地是居住区内各类公共建筑和公用设施的环境绿地，如俱乐部、影剧院、少年宫、医院、中小学、幼儿园等用地的绿化，其绿化布置要满足公共建筑和公用设施的功能要求，并考虑与周围环境的关系。

3. 道路绿地

道路绿地是道路两侧或单侧的道路绿化用地，根据道路的分级、地形、交通情况等的不同进行布置。

4. 宅旁和庭园绿化

居住建筑四周的绿化用地，是最接近居民的绿地，以满足居民日常的休息、观赏、家庭活动和杂务等需要。

（二）居住区绿地的功能

居住区绿化是城市园林绿地系统中的重要组成部分，是改善城市生态环境的重要环节。生活居住用地占城市用地的 50%～60%，而居住区用地占生活居住用地的 45%～55%。在这大面积范围内的绿化，是城市点、线、面相结合中的“面”上绿化的一环，面广量大，在城市绿地中分布最广、最接近居民、最为居民所经常使用，使人们在工余之际，生活、休息在花繁叶茂、富有生机、优美舒适的环境中。居住区绿化为人们创造了富有生活情趣的环境，是居住区环境质量好坏的重要标志。随着人民物质、文化生活水平的提高，不仅对居住建筑本身，而且对居住环境的要求也越来越高。因此，居住区绿化有着重要的作用，概括而叙，有下列诸方面。

第一，居住区绿化以植物为主体，从而在净化空气、减少尘埃、吸收噪声、保护居住区环境方面有良好的作用，同时也有利于改善小气候、遮阳降温、调节湿度、降低风速，在炎夏静风时，由于温差而促进空气交换，造成微风。

第二，婀娜多姿的花草树木，丰富多彩的植物布置，以及少量的建筑小品、水体等点缀，并利用植物材料分隔空间，增加层次，可以美化居住区的面貌，使居住建筑群更显生动活泼，起到"佳则收之，俗则屏之"的作用。

第三，在良好的绿化环境下，组织、吸引居民进行户外活动，使老人、少年儿童各得其所，能在就近的绿地中游憩、活动，使人赏心悦目、精神振奋，可形成良好的心理效应，创造良好的户外环境。

第四，居住区绿化中选择既好看又有经济价值的植物进行布置，使观赏、功能、经济三者结合起来，取得良好的效益。

第五，在地震、战时利用绿地疏散人口，有着防灾避难、隐蔽建筑的作用，绿色植物还能过滤、吸收放射性物质，有利于保护人民的身体健康。

由此可见，居住区绿地对城市人工生态系统的平衡、城市面貌的美化、人们心理状态的调节都有显著的作用。近几年来，在居住区的建设中，人们不仅注重改进住宅建筑单体设计、商业服务设施的配套建设，而且重视居住环境质量的提高，在普遍绿化的基础上，注重艺术布局，将崭新的建筑和优美的空间环境相结合。目前已建成了一大批花园式住宅，鳞次栉比的住宅建筑群掩映于花园之中，把居民的日常生活与园林的观赏、游憩结合起来，使建筑艺术、园林艺术、文化艺术相互结合，把物质文明与精神文明建设结合起来，体现在居住区的总体建设中。

任务二 居住小区规划设计要求

一、居住区绿地的基本功能

居住区绿地是居民日常生活中最为乐于使用的公共场所，居民不仅每天与它接触，而且一年四季几乎每天都与它相处，利用频率较高，尤其对于老年人和孩子们。居住区绿地的基本任务就是为居民创造一个安静、卫生、舒适的生活环境，促进居民的身心健康，其基本组成要素有山水、地形、植物、道路、建筑设施以及社会风土人情等。

居住区绿地规划布局要运用城市设计原理，以人为本，从使用功能出发，在空间层次划分、住宅组团结合、景观序列布置、小区识别性方面体现地方特色，创造良好的功能环境和景观环境，做到科学性与艺术性的有机结合。

（一）居住区绿地规划前的调查

住宅区原有的树木、地形等自然环境的保护是一个重要的综合性规划问题，所以在做居住区绿化工作之前应做好社会环境和自然环境的调查，特别是和绿化有密切关系的植被调查、土壤调查、水系调查等。调查主要包括以下几个方面：居住区总体规划；具体规划过程；居住区设计过程；绿化地段现状情况；居住区内居民情况，包括居民人数、年龄结构、文化素质、共同习惯等；居住区周边绿地条件。

（二）居住区绿地规划布局的原则

1. 地形起伏，景观控制正负零

在小区内部结合地势，创造地形，最容易形成自然休闲的气氛。目前的居住小区，由于建造的朝向要求及密度要求，围合出来的空间大小雷同，形态相似，缺乏变化。地形的塑造，可以使原来枯燥乏味的矩形空间起伏连绵，富于生气，进而营造出大大小小的人性空间。其间以散步小径婉转相接，平添情趣。然而，社区环境中高墙林立，横断竖截。地形的营造若只是在大墙的裂缝中挣扎填充，山无连亘，水难跌荡，壅塞生硬，何来一气呵成？这里的关键就在于建筑的基底（首层）标高的设定。居住小区所有建筑的正负零标高，都应该按照整体地形塑造的原则而设定，建筑群落随着地形的起伏而起伏。这样一来，山绵延而起落有章，水深远而跌落有致。

2. 步道宜窄，线形婉转曲胜直

近些年来城市规划与建设中，刮起一股流行风，到处出现笔直的"景观"大道、"世纪"大道、"香榭里"大道。有的步行道宽至几十米，长数公里但空而无物。很多大道不仅尺度严重失控，缺乏细部的推敲处理，而且其间充斥着硬质广场、巨型雕塑、半年也不喷水的喷泉，还有毫无遮阳效果的色带植物。这种简单追求壮观视觉效果的肤浅做法，既劳民伤财，又缺乏实用性。可怕的是这一类市政设计的手法，目前在居住区绿地的规划设计中也大行其道。这种昂贵的设计现在还被一些开发商和设计师视作高档的标志，几年以后也许还要再花大价钱重新来过。

居住区的步道设计应以居民的舒适度为重要指标，当曲则曲，当窄则窄，不可一味追求构图，放直放宽。在满足功能的前提下，应曲多于直，宜窄不宜宽。多放一米，则休闲效果差之千里，毫发之间，还需设计者多多留心。当然，步道设计也不可一味言窄，应力图做到有收有放、树影相荫、因坡而隐、遇水而现，以创造休闲的气氛。

3. 广场宜小，隐形外延贵绿荫

居住区的广场称之为休闲广场更为适合，一般与中心花园相结合。这一类场地的功能主要在于满足社区的人车流集散、社会交往、老人活动、儿童玩耍、散步、健身等需求。规划设计应从功能出发，为居民的使用提供方便和舒适的小空间（图 8-1）。尽量将大型广场化整为零，分置于绿色组团之中，在社区中尽量不搞市政设计中常出现的集中式大型广场，越是高档的社区越不应该搞。别墅区中则更不要设，不光尺度不适合，而且也难以适应居住区的休闲、交往等功能。

图 8-1 方便和舒适的小空间

居住区广场的形式，不宜一味追求场地本身形式的完整性，应考虑多用一些不规则的小巧灵活的构图方式。特别是广场的外延可采用虚隐的方式以避其生硬，与周围的社区环境有机地结合，共同创造休闲氛围。具体地说，在居住环境中提倡"隐形广场"有两方面的原因。

其一，居住区内的建筑与环境为一整体，由于居民楼的外形一般简单而强烈，若景观场地一味强调本身的平面构图，则极易与周边的建筑线产生冲突。在四座楼体之间所设置的广场若采用强烈而完整的构图（圆形，图 8-2），则与周围建筑线相冲突，缺乏呼应，而且在其与建筑之间产生一系列的难以处理的边角空间。而放弃鲜明的平面构图，采用折线式的外延处理，则不仅可以化解矛盾于无形，更有利于植物景观与硬质景观之间的相互穿插，更富于生气，更显得休闲（图 8-3）。

图 8-2　强烈而完整的构图　　　　　　图 8-3　植物景观与硬质景观

其二，隐形广场的处理更易于将其他的环境因素有机地组织在广场空间内，使硬质景观与软质景观融为一体，你中有我，我中有你，望之无骨而用之怡然。此外，居住区内的广场设计，一定要避免城市广场设计中缺乏绿荫的通病。我们见到太多的广场，地面上的铺装样式穷极变化——横线条、竖线条、横线条加竖线条中间再来个曲线穿插而过，可就是不见绿荫。其实，广场设计追求视觉形象和文化符号的陈列也无可厚非，但这并不是居住区广场唯一的功能，也不是最重要的。因为广场是人的广场，是为居民而设计的，除了文化氛围外，还有更重要的用途：推着婴儿车的妇女在广场相遇，喁喁私语；手提鸟笼的老人石桌对弈；欢呼雀跃的儿童追逐藏觅；饮品亭前落座的情侣啜饮咖啡；广场中央哄笑的男孩们或站或坐；鲜花摊前的女孩百般挑选，良久徘徊……这所有的一切都少不了大树的绿荫。

广场上的林荫用好了不但不会削弱构图的形式美，还会使其得到加强。例如有序排列的树阵，就可以使广场的线向更加明确，更有益于烘托主题，增加层次，其简洁而不失单调，亲切而不乏气势，应在广场设计中多多应用。

4. 密植分层，木色秀润掩墙基

① 要使居住区显得舒适宜居，一个重要的原则便是栽植多种植物，尤其是乔灌木，以增加绿量，特别是接近视线高度的绿量。居住区中的植物配置应提倡使用植物的自然形态，尽量避免人工修剪，追求自然群落郁郁葱葱的效果。灌木的使用应避免东两棵、西三棵地散置于草皮中，应成群成片，方成气候。要使植物各展其姿又密而不乱，首先应讲求植物的层次，从低向高依次为草皮、地被、灌木、小乔木、大乔木等，配合地形，围合出丰富的绿色空间（图 8-4）。在这里，草坪精美与否很大程度上取决于边界的限度和处理。在居住区狭小的空间内，草地在乔木和灌木下漫无边界地延伸会显得零乱、粗糙。比较好的做法是用地被或灌木群将草坪的边缘清晰地限定出来。草坪的边界可以是直线构成（硬质界面），也可以是优美的曲线，但一定要有明显的界面。如用硬质铺装限定草坪边界，一般应避免大片的草坪与大片的铺装相接，显得过空、过硬、缺乏层次感。乔木一般应置于地被或灌木群中，避免直接置于草地中（图 8-5）。大乔木所形成的疏林草地的效果，在相对狭小的居住区空间内不但难以实现，而且极易流于粗糙。

② 建筑物墙基部分的绿化处理问题。中国的山水画，常见山顶峰石突兀，山脚则木色秀润。将建筑的墙面视作国画中的山体，山顶已突得不能再突，山脚则应极之秀润。密绿层层，以灌木群配以乔木掩之，效果更佳。建筑的转角处，其勒脚部分为三个向面的交汇点，除上述绿化处理外，还应塑造地形，有如山脚之延续，并在灌木之上置大乔木，以掩其锐

（图 8-5）。

图 8-4 丰富的绿色空间

图 8-5 灌木之上置大乔木

5. 自然坡岸，经营水景可用巧

众所周知，居住区中有水景可以使房子卖得更好，买家更喜欢。原因就在于水的引入可以使居住区环境充满灵气。做好了，平添休闲气氛。调查显示，有 79％的购房者认为水景是高尚居住区的必备条件。

水本身是不具形态的，水给人带来的感受很大程度上是由装水的容器所决定。同样崭新的玻璃器皿，装在烟灰缸里的清水无论如何也不会像盛在茶杯里那样吸引人。同样地，居住区水景带给人的感受很大程度上取决于水岸线的处理。

图 8-6 居住区中的水景

居住区中的水景应尽可能用缓坡与植物营造出自然的坡岸，即便是广场中央的喷泉水景也可以在其周边设植床，再围以广场铺装（图 8-6）。

在居住区内设计水景应遵循两条原则。

（1）步道不宜一味临水　步道与水面应是若即若离、时隐时现。这样人在小路上行走，不但能够体验到多层次的景观感受，而且也使自然坡道的长度和沿岸植物群落的厚度得到了保证。

（2）临水步道不宜贴水　在居住环境中，除重点处理的亲水平台外，其余临水步道皆应与岸线保持一定的距离（建议 1.2m 以上）。在此间距内，用不阻挡景观视线的乔灌木装点自然式坡岸。这样既提供了亲岸赏水的方便，又维系了水景本身的质量。

前面提到，水景是营造居住区休闲气氛的重要手段，甚至可以使房地产的价值得以提升。然而营造水景的造价及后期高昂的管理费用，往往使开发商们犹豫再三。特别是在一些水资源奇缺的城市，要创造自然式的水景感受，谈何容易？这里"感受"一词非常关键。要给人带来亲水的环境感受并不一定需要用很多水，自然状态下的水景带给人的感受是综合的，是水体与其周边多种环境因素共同形成的。如果能够把人们对自然状态下水环境的经验与感受考虑进去，结合在设计中，即可收到以少胜多的效果。观察自然中的山洞，很多时候，你根本看不到水本身（或是很少看到），你听到潺潺的溪声，哗哗的跌泉；看到山洞中大大小小的石头，洞边葱绿的植物；还有架在巨石上的独木桥……这些就是溪水的环境，这样的地被地貌因素就会令人感到水的存在。在居住区设计中，哪怕没有很大的水面，只要着意水环境的营造，也可使人如沐山涧清风（如图8-7和图8-8）。

图 8-7　居住区水环境的营造（一）　　　　图 8-8　居住区水环境的营造（二）

6. 弱化通道，消防车道痕迹无

根据相关建筑法规的要求，居住区内都要贯穿一条消防通道，以备火灾出现时救火车通达之用。从功能上看，它属于必备的车行道，一般宽度至少要求 4m。宽大的硬质路面对于小区的景观往往产生很大的负面影响。这些通道不仅占去了楼间宝贵的绿化面积，使本来就不大的景观空间变得更小更零碎，而且它们往往贴近建筑，线形僵硬，很难与周边的景观环境相融。设计时应将消防通道有机地结合在居住区景观环境中，使其从风格上与其他景观元素相融合。从构图到铺装材质均加以精心处理，使其更加步道化、休闲化。具体的手法可归纳为如下三个方面。

（1）构图处理　利用小尺度的折线及曲线形成一些小型的休闲空间，打破通道简单生硬的构图空间形式，使其有收有放，具有休闲步道的感觉，并且兼顾消防通道的功能。

（2）铺装及小品处理　消防通道的铺装可根据情况全部或局部地采用步行道系统铺装材料或形式，这样可以从感觉上避免使它成为车行道的延续，而更像是步行道的一部分。此外，局部可拓宽处理成结点（与步道交汇等）。利用景观小品形成可停留的空间，以弱化消防车线的通道痕迹。

（3）绿化处理　避免用绿化强调通道的线向，强调结点，强调领域感。利用高低错落的植物群落丰富沿线的景观层次，将视线引向通道周边各个景观区段内。此外，在不影响通道功能的前提下，应见缝插针地布置绿化，使其更具步道的节奏与尺度，令人感到更加亲切，更有趣味。

二、居民区绿化设计的系统性和艺术性

随着社会生产力的发展，人们的居住环境日益得到改善，然而人和人之间的交往却越来越少，人与自然的接触也越来越少，因此创造人与人、人与自然的接触环境是居住区绿化设计的一个重要内容。合理的居住区绿地总体规划布局、植物配置、游憩空间的组织及尺度宜人的园林小品将满足人的生态需要、视觉需要、行为需要。20世纪90年代以来在市场经济形势下，居住区绿化美化面临着诸多时代的要求。

（一）适应现代建筑环境

现在的居民区以多层和高层建筑群为主，建筑立面造型新颖，简洁明快，现代风格突

出。居住区整体环境空间变化丰富，形式多样，在这些现代化居住区中，一些传统的园林设计手法，如封闭的空间布局、烦琐零碎的植物种植，就明显表现出不适应性。因此新的建筑环境，要求绿化美化应该有所创新，创造出新的绿地景观、绿地风格与现代建筑风格和谐的环境。

（二）满足功能要求

20 世纪 80 年代以前的居住区绿化大都功能单一，仅仅是普通绿化。20 世纪 80 年代中期以来，随着我国试点小区的建设发展，人们对居住环境的绿化美化有了新的认识，不仅重视绿地的数量，更重视绿地的质量，并且要求其和环境设施相结合，共同满足舒适、卫生、安全、美观的综合要求，满足人们对室外绿地环境的各种使用功能要求。

（三）现代审美特征

现代社会人们的生活节奏明显加快，社会也越来越开放，对居住区环境绿化的要求也在提高，在注重局部的同时，更重视整体效果；在静态观赏的同时，还常有远距离的动态观赏；不仅仅是平面的观赏，还常常有鸟瞰观赏；而且随着时代的变化，社会流行艺术潮流也在变化，人们的审美、欣赏情趣在变化。所有这些都要求居住区环境绿化美化也必须跟上时代潮流，创造新的表现形式，以适应人们变化的审美观念。

（四）创造积极休闲的环境

随着居民生活质量的提高，人们需要有更多的户外活动。而且现代社会，人们的心理孤独感日益增强，普遍渴望有更多的机会与他人交往、交流，尤其是广大青少年更是希望有良好的户外活动环境。所有这些都要求居住区环境美化绿化应该重实用性，在担负多功能的同时，能为居民创造出积极的、有活力的"家"的气氛和浓厚的休闲氛围。

例如上海三林苑小区绿地采用大集中小分散的布置形式，小区中心花园面积约 $7500m^2$，它既是小区空气清新的"绿肺"，又是小区共享的"公共客厅"。大片四季常青的草坪与精心布置的几块来自浙江四明山的天然巨石给小区平添了几分大自然的神韵。小区内面广量大的环境小品的设计本着融功能性、装饰性、趣味性为一体的原则，在小区中心绿地一侧结合围墙设计了两条长 50m 的弧形长廊，既可遮阴避雨供居民休息和交往，同时又装饰美化了中心绿地。

任务三　居住区景观的设计方法

一、居住区公园

居住区公园可根据服务对象及大小分为居住区公园、居住区小游园和组团绿地三类。

（一）居住区公园

居住区公园是为整个居住区居民服务的，公园面积比较大，其布局与城市小公园相似，设施比较齐全，内容比较丰富，有一定的地形地貌、小型水体，有功能分区、景色分区，除了花草树木外，有一定比例的建筑、活动场地、园林小品、休息设施。居住区公园布置紧凑，各功能分区或景区间的节奏变化比较快。居住区公园与城市公园相比，游人组成单一，主要是本居住区的居民，游园时间比较集中，多在早、晚，特别是夏季的晚上是游园高峰，因此，应加强照明设施、灯具造型、夜香植物的布置，突出居住区公园的特色。一般3万人左右的居住区可以有2～3hm² 规模的公园，居住区公园里树木茂盛是吸引居民的首要条件，另外居住区公园应在居民步行能达到的范围之内，最远服务半径不超过1000m，位置最好与居住区的商业文娱中心结合在一起。

（二）居住区小游园

小游园是为居民提供工余、饭后活动休息的场所，利用率高，要求位置适中，方便居民前往，充分利用自然地形和原有绿化基础，并尽可能和小区公共活动或商业服务中心结合起来布置，使居民的游憩和日常生活活动相结合，并以其能方便到达而吸引居民前往。购物之余，到游园内休息，交换信息，或到游园游憩的同时，顺便购买物品，使游憩、购物两方便。如与公共活动中心结合起来，也能达到同样的效果。

一般1万人左右的小区可有一个大于0.5hm² 的小游园，服务半径超过500m。小游园仍以绿化为主，多设些座椅让居民在这里休息和交流，适当开辟铺装地面的活动场地，也可以有些简单的儿童游戏设施。游园应面积不大，内容简洁朴实，具有特色，绿化效果明显，受居民的喜爱，丰富小区的面貌。小游园平面布置形式可有以下三种。

1. 规则式

规则式即几何图式，园路、广场、水体等依循一定的几何图案进行布置，有明显的主轴线，分为规则对称或规则不对称，给人以整齐、明快的感觉。

2. 自由式

自由式布局灵活，能充分利用自然地形、山丘、坡地、池塘等，迂回曲折的道路穿插其间，给人以自由活泼、富于自然气息之感，自然式布局能充分运用我国传统造园艺术手法于居住区绿地中，获得良好的效果。

3. 混合式

混合式是规则式及自由式相结合的布置，既有自由式的灵活布局，又有规则式的整齐，与周围建筑、广场协调一致。

园路是小游园的骨架，既是连通各休息活动场地及景点的脉络，又是分隔空间及居民休息散步的地方。园路随地形变化而起伏，随景观布局需要而弯曲、转折，在折弯处设置树丛、小品、山石，增加沿路的趣味，设置座椅处要局部加宽。园路宽度以不小于2人并排行走的宽度为宜，一般主路宽3m左右，次路宽1.5～2m。路面最简易的为水泥或沥青铺装，亦可以虎皮石、卵石纹样铺砌，预制彩色水泥板拼花等，以加强路面艺术效果，在树木映衬下更显优美。

小游园广场是以休息为主，设置座椅、花架、花台、花坛、花钵、雕塑、喷泉等，有很强的装饰效果和实用效果，为人们休息、游玩创造良好的条件。

在小游园里布置的休息、活动场地，其地面可以进行铺装，用草皮或吸湿性强的沙质铺地，人们可在这里休息、打羽毛球、做操、打拳、弈棋等。广场上还可适当栽植乔木，以遮阳避晒，围着树干可制作椅子，为人们提供休息之处。

小游园以植物造园为主，在绿色植物衬映下，适当布置园林建筑小品，能丰富绿地内容，增加游憩趣味，使空间富于变化，起到点景作用，也为居民提供停留、休息、观赏的地方。小游园面积小，又为住宅建筑所包围，因此要有适当的尺度感，总的说来宜小不宜大，宜精不宜粗，宜轻巧不宜笨拙，使之起到画龙点睛的作用。小游园的园林建筑及小品有亭、廊、榭、棚架、水池、喷泉、花坪、花台、栏杆、座凳，以及雕塑、果皮箱、宣传栏等。

（三）组团绿地

1. 组团绿地的位置

组团绿地是靠近住宅的公共绿地，通常是结合居住建筑组布置，服务对象是组团内居民，主要为老人和儿童就近活动、休息提供场所。有的小区不设中心游园，而以分散在各组团内的绿地、路网绿化、专用绿地等形成小区绿地系统。也可采取集中与分散相结合，点、线、面相结合的原则，以住宅组团绿地为主，结合林荫道、防护绿带以及庭院和宅旁绿化构成一个完整的绿化系统。每个组团由6～8栋住宅组成，高层建筑可少一些，每个组团的中心有块约1300m²的绿地，形成开阔的内部绿化空间，创造了家家开窗能见绿、人们出门可踏青的富有生活情趣的生活居住环境。组团绿地的位置根据建筑组群的不同组合而形成，可有以下几种方式。

① 利用建筑形成的院子布置，不受道路行人车辆的影响，环境安静，比较封闭，有较强的庭院感。

② 扩大住宅的间距布置，可以改变行列式住宅的单调狭长空间感；一般将住宅间距扩大到原间距的2倍左右。

③ 行列式住宅扩大山墙间距为组团绿地，打破了行列式山墙间形成的狭长胡同的感觉，组团绿地又与庭园绿地互相渗透，扩大绿化空间感。

④ 住宅组团的一角，利用不便于布置住宅建筑的角隅空地，充分利用土地，由于在一角，增大了服务半径。

⑤ 结合公共建筑布置，使组团绿地同专用绿地连成一片，相互渗透，有扩大绿化空间感作用。

⑥ 居住建筑临街一面布置，使绿化和建筑互相衬映，丰富了街道景观，也成为行人休息之地。

⑦ 自由式布置的住宅，组团绿地穿插其间，组团绿地与庭院绿地结合，扩大绿色空间，构图亦显得自由活泼。

2. 组团绿地的布置方式

（1）开敞式　即居民可以进入绿地内休息活动，不以绿篱或栏杆与周围分隔。

（2）半封闭式　以绿篱或栏杆与周围有分隔，但留有若干出入口。

（3）封闭式　绿地为绿篱、栏杆所隔离，居民不能进入绿地，亦无活动休息场地，可望而不可即，使用效果较差。

另外组团绿地从布局形式来分，有规则式、自然式和混合式三类。

二、宅间绿地

宅间绿地同居民关系最密切，是使用最为频繁的室外空间。宅间绿地是居民每天必经之处，使用十分方便；且宅间绿地具有"半私有"性质，满足居民的领域心理，而受到居民的喜爱。同时宅间绿地在居民日常生活的视野之内，便于邻里交往，便于学龄前儿童较安全地游戏、玩耍。另外，宅间绿地直接关系到居民住宅的通风透光、室内安全等一些具体的生活问题，因此备受居民重视。宅间绿地因住宅建筑的高低、布局方式、地形起伏，其绿化形式有所区别时，绿化效果才能够反映出来。

（一）宅间绿地应注意的问题

① 绿化布局、树种的选择要体现多样化，以丰富绿化面貌。行列式住宅容易造成单调感，甚至不易辨认外形相同的住宅，因此可以选择不同的树种、不同布置方式，成为识别的标志，起到区别不同行列、不同住宅单元的作用。

② 住宅周围常因建筑物的遮挡造成大面积的阴影，树种的选择上受到一定的限制，因此要注意耐荫树种的配植，以确保阴影部位良好的绿化效果，可选用桃叶珊瑚、罗汉松、十大功劳、金丝桃、金丝梅、珍珠梅、绣球花等，以及玉簪、紫萼、书带草等宿根花卉。

③ 住宅附近管线比较密集，如自来水管、污水管、雨水管、煤气管、热力管、化粪池等，应根据管线分布情况，选择合适的植物，并在树木栽植时要留够距离，以免后患。

④ 树木的栽植不要影响住宅的通风采光，特别是南向窗前尽量避免栽植乔木，尤其是常绿乔木。在冬天由于常绿树木的遮挡，使室内晒不到太阳，而有阴冷之感，是不可取的。若要栽植一般应在窗外 5m 以上。

⑤ 绿化布置要注意尺度感，以免由于树种选择不当而造成拥挤、狭窄的不良心理感觉，树木的高度、行数、大小要与庭院的面积、建筑间隔、层数相适应。

⑥ 把庭院、基层、天井、阳台、室内的绿化结合起来，把室外自然环境通过植物的安排与室内环境连成一体，使居民享受到良好的绿化环境，使人赏心悦目。

（二）宅间绿化布置的形式

1. 低层行列式空间绿化

在每幢房屋之间多以乔木间隔，选用和布置形式应有差异。基层的杂物院、晒衣场、垃圾场，一般都规划种植常绿绿篱加以隔离。向阳一侧种植落叶乔木，用以夏季遮阴，冬季采光。背阴一侧选用耐荫常绿乔灌木。以防冬季寒风，东西两侧种植落叶大乔木，减少夏季东西日晒。靠近房基处种植开花灌木，以免妨碍室内采光与通风。

2. 周边式居住建筑群、中部空间的绿化

一般情况下可设置较大的绿地，用绿篱或栏杆围成一定的范围，内部可用常绿树分隔空间，可自然式亦可规则式，可开放型亦可封闭型，设置草坪、花坛、座椅，既起到隔声、防尘、遮拦视线、美化环境的作用，又可为居民提供休息场所，形式可多样，层次宜丰富。

3. 多单元式住宅四周绿化

由于单元式住宅大多空间小，而且受建筑高度的影响，比较难进行绿化。一般南面可选用落叶乔木辅之以草坪增加绿地面积，北面宜选用较耐荫的乔、灌木进行绿化，在东西两边宜栽植高大落叶乔木，可起到冬季防风、盛夏遮阴的良好效果。为进一步防晒，可种植攀缘植物，垂直绿化墙面，效果也好。

4. 庭院绿化

一般对于庭院的布置，因其有较好的绿化空间，多以布置花木为主，辅以山石、水池、花坛、园林小品等，形成自然、幽静的居住生活环境，甚至可依居民喜好栽种名贵花木及经济林木。赏景的同时，辅以浓浓的生活气息，也可以以草坪为主，栽种树木花草，而使场地的平面布置多样而活泼，开敞而恬静。

5. 住宅建筑旁的绿化

住宅建筑旁的绿化应与庭院绿化、建筑格调相协调。目前小区规划建设中，住宅单元大部分是北（西）入口，底层庭院是南（东）入口。北入口以对植、丛植的手法，栽植耐荫灌木，如金丝桃、金丝梅、桃叶珊瑚、珍珠梅、常春藤、地棉、山荞麦、金银花等，做成拱门。在入口处注意不要栽种带有尖刺的植物，如凤尾兰、丝兰等，以免伤害出入的居民，特别是幼小儿童。墙基、角隅的绿化，使垂直的建筑墙体与平地地面之间以绿色植物为过渡，如种植铺地柏、鹿角柏、麦冬、葱兰等，角隅栽植珊瑚树、八角金盘、凤尾竹、棕竹等，使沿墙处的屋角绿树茵茵，色彩丰富，打破呆板、枯燥、僵直的感觉。

6. 生活杂物用场地的绿化

在住宅旁有晒衣场、杂物院、垃圾站等，一要位置适中，二是采用绿化将其隐蔽，以免有碍观瞻。近年来建造的住宅都有生活阳台，首层庭院，可以解决晒衣问题，不另辟晒衣场地。但不少住宅无此设施，在宅旁或组团场地上开辟集中管理的晒衣场，其周围栽植常绿灌木，如珊瑚树、女贞、椤木等，既不遮蔽阳光，又能显得整齐，不碍观瞻，还能防止尘土把晒的衣物弄脏。垃圾站点的设置也要选择适当位置，既便于清运垃圾，又易于遮蔽。一般情况下，在垃圾站点外围密植常绿树木，将其遮蔽，可起到绿化作用，并防止垃圾被风吹散而造成污染；但是要留好出入口，一般出入口应位于背风面。

三、居住区道路绿化

道路绿化如同绿色的网络，将居住区各类绿化联系起来，是居民上班工作、日常生活的必经之地，对居民区的绿化面貌有着极大的影响，有利于居住区的通风，改善小气候，减少交通噪声的影响，并保护路面，以及美化街景，以少量的用地增加居住区的绿化覆盖面积。道路绿化布置的方式要结合道路横断面、所处位置、地上地下管线状况等进行综合考虑。居住区道路不仅是交通、职工上下班的通道，往往也是散步的场所。主要道路应绿树成荫。树木配植的方式、树种的选择应不同于城市街道，形成不同于市区街道的气氛，使乔木、灌木、绿篱、草地、花卉相结合，显得更为生动活泼。

（一）主干道旁的绿化

居住区主干道是联系各小区及居住区内外的主要道路，除了人行外，车辆通过比较频繁，行道树的栽植要考虑行人的遮阴与交通安全，在交叉口及转弯处要依照安全三角视距要素进行绿化，保证行车安全。主干道路面宽阔，选用体态雄伟、树冠宽阔的乔木，使主干道绿树成荫。在人行道和居住建筑之间可多行列植或丛植灌木，以起到防尘和隔音的作用。行道树以馒头柳和紫薇为主，以贴梗海棠、玫瑰、月季相辅。绿带内以开花繁密、花期长的半支莲为地被，在道路拓宽处可布置些花台、山石小品，使街景花团锦簇，层次分明，富于变化。

（二）次干道旁的绿化

居住小区道路是联系各住宅组团之间的道路，是组织和联系小区各绿地的纽带，对居住小区的绿化面貌有很大作用。这里以人行为主，常是居民散步之地，树木配置要活泼多样，根据居住建筑的布置、道路走向以及所处位置、周围环境加以考虑。树种选择上可以多选小乔木及开花灌木，特别是一些开花繁密的树种、叶色变化的树种。不同断面种植形式使每条路各有个性，在一条路上以某一两种花木为主体，形成合欢路、樱花路、紫薇路、丁香路等。如北京古城居住区的古城路，以小叶杨作行道树，以丁香为主栽树种，春季丁香盛开，一路丁香一路香，紫白相间一路彩，给古城路增景添彩，也成为古城居民欣赏丁香的美好去处。

（三）住宅小路的绿化

住宅小路是联系各住宅的道路，宽 2m 左右，供人行走，绿化布置时要适当后退 0.5～1m，以便必要时急救车和搬运车驶近住宅建筑。小路交叉口有时可适当放宽，与休息场地结合布置，也显得灵活多样，丰富道路景观。行列式住宅各条小路，从树种选择到配置方式都应多样化，形成不同景观，也便于识别家门。如北京南沙沟居住小区，形式相同的住宅建筑间小路，在平行的十一条宅间小路上，分别栽植馒头柳、银杏、柿、元宝枫、核桃、油松、泡桐、香椿等树种，既有助于识别住宅，又丰富了住宅绿化的艺术面貌。

任务四 居住区景观植物设计

一、植物配置

绿化是创造舒适卫生、优美的游憩环境的重要条件之一，所以在进行绿化植物配置时，首先考虑是否符合植物生态及功能要求，以及是否能达到预期的景观效果。

在进行具体地点的植物配置时，要因地制宜，针对不同的地点，采用不同的配置方法，一般原则有以下几点。

① 乔灌结合，常绿和落叶结合，速生和慢生结合，适当地配置和点缀一些花卉、草皮。在树种搭配上，既要满足生物学特性，又要考虑绿化景观效果。绿化覆盖率要达到 50％以上，这样才能创造出安静和优美的环境。

② 植物种类不宜繁多，但也要避免单调，更不能配置雷同，要达到多样统一。在儿童游戏场，要通过少量不同树种的变化，便于儿童记忆、辨认场地和道路。

③ 在统一基调的基础上，树种力求有变化，创造出优美的林冠线和林缘线，打破建筑群体的单调和呆板感。在儿童游戏场内，为了适应儿童的心理，引起儿童的兴趣，绿化树种的树形要丰富，色彩要明快，比例尺度要适合儿童，如修剪成不同形状和整齐矮小的绿篱等。在公共绿地的入口处和重点地方，要种植体形优美、色彩鲜艳、季相变化丰富的植物。

④ 在栽植方式上，除了要求行列式栽植外，一般都要避免等距、等高栽植，可采用孤植、对植、丛植等，适当运用对景、框景等造园手法，将装饰性绿地和开放性绿地相结合，创造出千变万化的景观。

二、树种选择

目前居住区一般人口集中，住房拥挤，绿地缺乏，环境条件比较差，植树造林较困难，所以在居住区绿化中，除了要符合总的规划和统一的风格外，还要充分考虑选用具有以下特点的树种。

1. 生长健壮、便于管理的乡土树种

在居住区内，由于建筑环境的土质一般较差，宜选耐瘠薄、生长健壮、病虫害少、粗放管理的乡土树种，这样可以保证树木生长茂盛，绿化收效快，并具有地方特色。

2. 树冠大、枝叶茂密的落叶阔叶乔木树种

在炎热的夏季，可使居住区有大面积的遮阴，枝叶繁茂，能吸附一些灰尘，减弱噪声，使居民的生活环境安静、空气新鲜；冬季又不遮阳光，如北方的槐树、椿树、杨树，南方的榉树、悬铃木、樟树等。

复习思考题

1. 什么是居住区？居住区由哪些用地组成？
2. 居住区绿化的作用有哪些？
3. 居住区绿地设计的原则是什么？

项目九 单位附属绿地景观规划设计

项目导读

单位附属绿地是城市绿地系统的重要组成部分。其分布广、范围大，在改善城市气候、防止污染、减弱噪声和保护生态环境方面发挥着重要作用；同时，可美化环境，体现单位面貌和形象。单位附属绿地又分为校园绿地、医疗机构绿地、厂矿企业绿地、机关绿地和宾馆饭店绿地。本项目主要学习各单位附属绿地的组成、特点、功能、设计原则及设计要点。

任务一 单位附属绿地景观认知

单位附属绿地是指在某一部门或单位内，由该部门或单位投资、建设、管理使用绿地。单位附属绿地主要是为本单位员工服务的，一般不对外开放，因此又称为专用绿地或单位环境绿地。

单位附属绿地是城市建设用地中绿地之外各类用地的附属绿化用地，包括机关团体、部队、学校、医院、工矿企业等单位绿地。工矿企业、仓库的绿地是为了减轻有害物质对工厂以及附近居民的危害、调节内部小气候、减弱噪声，防风防火、美化环境所建的绿地。公共事业绿地是公共交通停车场、自来水厂、污水及污物处理厂的绿地。公共建筑庭院绿地，如机关、学校、医院、宾馆、饭店、影剧院、体育馆、博物馆、图书馆、商业服务等公共建筑近旁的附属绿地。单位附属绿地在城市景观绿地系统规划中，一般不单独进行用地选择，他们的位置取决于这些用地单位的用地要求。

单位附属绿地是城市景观绿地系统的重要组成部分，这类绿地在城市中分布广泛，占地比重大，是城市普遍绿化的基础。搞好单位的景观绿化，可以为广大员工创造一个清新优美的学习、工作和生活环境，体现单位面貌和形象。同时，任何单位都是社会的一员，是城镇的一部分，其景观绿化是美化市容的一环，也是保护和改善城镇气候和环境质量的主要措施，更是社会主义两个文明建设的重要内容。因此，各单位应从全局出发，重视景观绿化建设，抓好附属绿地规划设计和建设管理，提高景观绿化水平，开展花园式景观单位的创建工作。

任务二　机关单位绿地景观规划设计

机关单位绿地是指党政机关、行政事业单位、各种团体及部队管界内的环境绿地，也是城市景观绿地系统的重要组成部分。搞好机关单位的景观绿化，不仅为工作人员创造良好的户外活动环境，工作期间得到身体放松和精神享受，给前来联系公务和办事的人留下美好的印象，提高单位知名度和荣誉度；也是提高城市绿化覆盖率的一条重要途径，对于绿化美化市容，保护城市生态系统平衡，起着举足轻重的作用；还是机关单位乃至整个城市管理水平、文明程度、文化品位、面貌和形象的反映。

机关单位绿地与其他类型绿地相比，规模小、较分散。其景观绿化需要在"小"字上做文章，在"美"字上下功夫，突出特色及个性化。

机关单位往往位于街道侧旁，其建筑物又是街道景观的组成部分。因此，景观绿化要结合文明城市、景观城市、卫生和旅游城市的创建工作，结合城市建设和改造，逐步实施"拆墙透绿"工程，拆除沿街围墙或用透花墙、栏杆墙代替，使单位绿地和街道绿地相互融合、渗透、补充、统一和谐。新建和改造的机关单位，在规划阶段就进行控制，尽可能扩大绿地面积，提高绿地率。在建设过程中，通过审批、检查、验收等环节，严格把关，确保绿化美化工程得以实施。大力发展垂直绿化和立体绿化，使机关单位在有限的绿地空间内取得较大的绿化效果，增加绿量。机关单位绿地主要包括：出入口绿地、办公楼前绿地（主要建筑物前）、附属建筑旁绿地、庭院休息绿地（小游园）、道路绿地等。

一、大门出入口绿地

大门出入口是单位形象的缩影，出入口绿地也是单位绿化的重点之一。绿地的形式、色彩和风格要与出入口空间、大门建筑统一协调，设计时应充分考虑，以形成机关单位的特色风格。一般大门外两侧采用规则式种植，以树冠规整、耐修剪的常绿树种为主，与大门形成强烈对比，或对植于大门两侧，衬托大门建筑，强调出入口空间。在出入口的对景可设计成花坛、喷泉、假山、雕塑、树丛、树坛及影壁等。

大门外两侧绿地，应由规则式过渡到自然式，并与街道绿地中人行道绿化带结合。入口处及临街的围墙要通透，也可用攀缘植物绿化。

二、办公楼绿地

办公楼绿地可分为楼前装饰性绿地（此绿地有时与大门内广场绿地合二为一）、办公楼入口处绿地及楼前基础绿地。

大门入口至办公楼前，根据空间和场地大小，往往规划成广场，供人流交通集散和停车，绿地位于广场两侧。若空间较大，也可在楼前设置装饰性绿地，两侧为集散和停车广场。大楼前的广场在满足人流、交通、停车等功能的条件下，可设置喷泉、假山、雕塑、花坛、树坛等，作为入口的对景，两侧可布置绿地。办公室楼前以规则式、封闭型为主，对办公楼及空间起装饰衬托美化作用；以草坪铺底，绿篱围边，点缀常绿树和花灌木，低矮开敞，或做成模纹图案，富有装饰效果。办公楼前广场两侧绿地，视场地大小而定，场地小宜设置成封闭型绿地，起绿化美化作用，场地大可建成开放型绿地，兼具休息功能。

办公楼入口处绿地，一般结合台阶设花坛或花台，用球形或尖塔形的常绿树或耐剪的花灌木，对植于入口两侧，或用盆栽的苏铁、棕榈、南洋杉、鱼尾葵等摆放于大门两侧。

办公楼周围基础绿带位于楼与道路之间，呈条带状，既美化衬托建筑，又进行隔离，保证室内安静，而且成为办公楼与楼前绿地的衔接过渡。绿化设计应简洁明快，绿篱围边，草坪铺底，栽植常绿树和花灌木，低矮、开敞、整齐，富有装饰性。在建筑物的背阴面，要选择耐荫植物。为保证室内通风采光，高大乔木可栽植在建筑物 5m 之外，为防日晒，也可与建筑两山墙处结合行道树栽植高大乔木。

三、庭院式休息绿地(小游园)

如果机关单位内有较大面积的绿地，可设计成休息性的小游园。游园中植物以绿化、美化为主，结合道路、休闲广场布置水池、雕塑及花架、亭、桌、凳等景观建筑小品和休息设施，满足人们休息、观赏、散步活动之用。

四、附属建筑绿地

单位附属建筑绿地指食堂、锅炉房、变电室、车库、仓库、杂物堆放库等建筑及围墙内的绿地。这些地方的绿化首先要满足使用功能，如堆放煤及煤渣、垃圾，车辆停放，人流交通，共变电要求等。其次要对杂乱的、不卫生、不美观之处进行遮蔽处理，用植物形成隔离带，阻挡视线，起卫生防护隔离和美化作用。

五、道路绿地

道路绿地也是机关单位绿化的重点，它贯穿于机关单位各组成部分之间，起着交通、空间和景观的联系和分隔作用。道路绿化应根据道路及绿地的宽度，可采用行道树及绿化带种植方式。

机关单位道路较窄，建筑物之间空间小，行道树应选择观赏性较强的、分枝较低、树冠较小的中小乔木，株距 3～5m。同时，也要处理好各种管线之间的关系，行道树种不宜繁杂。

任务三　工矿企业绿地景观规划设计

工矿企业的景观绿地是城市绿地的重要组成部分，也是工厂总平面设计的重要组成部分。我国先后颁布了《中华人民共和国环境保护法》《城市绿化条例》等法规条例，使工厂绿化的总体法则从法律上得到保障。工厂绿地应从全局出发，抓好景观绿化的总体规划，特别是做好各种防护林的建设，科学地选好树种，提高绿化水平，使工厂花园化，以提高整个城市的环境质量。

一、工矿企业绿地的意义

工厂中建筑林立、设施密集，一些工厂污染严重、生态条件恶劣，城市的主要问题在工厂中表现得尤为突出。工业是城市重要的组成要素之一。现代工业生产的发展是许多新城市形成和旧城市扩建的前提。工业在城市中的布局影响着整个城市的功能性质和发展方向，同时影响着城市的环境和面貌。

工业用地在城市中占着十分重要的地位，一般城市约占 20%～30%，工业城市还会更多些。根据城市规划的要求，通过调查部分先进单位的绿地率，工厂可能达到绿地率为 20% 以上。如果假设人均城市总用地为 100m²，城市工业用地占总用地的 20%，工业用地绿地率平均为 30%，则意味城市人均工厂绿地面积为 6m²。可见工厂绿地是城市专用绿地的重要内容之一，发展工厂绿化是增加城市绿化面积的重要手段，也是改善城市生态环境的重要途径。例如上海宝钢是我国大型钢铁企业环保型生态景观建设的典范，他们以生态景观为指导，以提高绿化生态目标和绿化效益质量为目的，根据宝钢的生产情况和环境污染情况，选择配置了 360 多个吸收有害气体或吸附粉尘能力较强的植物，绿地总面积 414.55 万平方米，其中草坪 130 万平方米，绿地覆盖率 28.52%，取得了巨大的生态效应和社会效应。

工业企业绿化除具有一般绿化所有的作用功能外，还具有一定的特殊功能和作用。

1. 形象

工厂绿化是工厂总体平面图的一个重要组成部分，绿地对工厂企业的建筑、道路、管线有良好的衬托和遮蔽作用。种植上，乔木、灌木、草、花木一年四季有季相变化，千姿百态，景观丰富，使人感到富有活力，陶冶心情。同时绿地也反映出工厂管理水平和工人的精神风貌，对外可树立良好的企业形象，增加客户的信任感，也是工厂企业经济实力的象征。如苏州刺绣厂内古雅的苏州古典景观绿化吸引着国内外友人前去参观，同时宣传了产品，其产品供不应求，畅销世界各地。

2. 改善工作环境

城市职工人数占全国人口的 8%，工厂环境质量的好坏，直接影响到工人的身心健康和劳动能力。

绿地能消除或减弱对人体神经系统有不良刺激的因素，如强光、噪声和大风等，植物的绿色对人的心理有镇静作用。根据国外资料介绍，工人在车间劳动 4h 后到树木花草的环境中休息 15min 就能恢复体力。环境美可以提高生产率 15%～20%，可减少工伤事故 40%～50%。另外，绿地在提高劳动生产率和保证产品质量方面也具有明显作用。例如：精密仪器厂、无线电元件厂、自来水公司、化验室及氧气站等对空气质量要求较高，如果绿地少，空气含尘量高，产品质量就会受到影响。据测定，空气中的飘尘浓度在绿化区比非绿化区少 10%～50%。食品医药工业等的生产车间除了要求空气含尘量少外，还要求细菌含量少。松柏类植物、樟树、桉树、柑橘等则能分泌杀菌素，起到抑制细菌的作用。

3. 改善生态环境

工业生产的发展，对于经济发展有着至关重要的作用，给社会创造了无数的物质财富和精神财富，另一方面，也给人类赖以生存的环境带来巨大的影响，使环境污染，造成灾难，以致威胁人们的生命。从某种意义上讲，工业是城市环境中的大污染源，特别是一些污染性较大的工业。由于工业布局不合理，"三废"处理不善，使用大量有害物质污染空气，毒化水质，使空气中有害物质含量增加，并产生不同程度的噪声，破坏宁静的环境。

绿化对环境保护、改善生态平衡方面的作用是多方面的，主要有以下几个方面。

（1）吸收有害气体 某些工业生产中释放的有害气体有二氧化硫、氟化氢、氯、臭氧、二氧化氮等。这些有害气体对人们的身体健康有着严重的威胁，而绿色植物则对有害气体有着较强的吸附作用，如空气中的 SO_2，除一部分散入高空外，大部分被各种植物表面所吸收。研究表明，植物叶片吸收 SO_2 的能力为其所占土地的吸收能力的 8 倍以上。

（2）吸收放射性物质　工厂绿化不但可以阻隔放射性物质和辐射的传播，并且可以起到过滤的作用。在有辐射性污染的厂区周围选用抗辐射的树种建造防护林，在一定程度内可以防御和减少放射性物质的危害。

（3）吸滞烟尘和粉尘　工厂大气污染，除有毒气体外，主要是煤粉尘的危害。英国1925 年一次大气污染造成 4000 多人死亡，主要是煤烟粉尘的毒害。

在工厂中，每燃烧 1t 煤，通常就要产生粉尘近 10kg。一些重工业企业除了煤烟粉尘外，还有金属粉尘、矿物质粉尘产生，这些粉尘进入人体的鼻腔和气管中，就会引起尘肺病、肺喘和肺炎等严重病症，因此它们对人体健康的危害性是很大的。植物，特别是树木对烟尘有明显的阻挡过滤和吸附作用。据宝钢测定，每公顷植物每年滞尘量：悬铃木为15.56t，香樟为 5.26t，八角金盘为 4.72t，大叶黄杨为 1.24t，罗汉松为 1.99t，夹竹桃为 1.15t。

树木的减尘作用表现在两方面。一方面是由于叶子表面不平，多绒毛，有的植物叶片还分泌黏性油脂和汁浆，可吸附空气中的尘埃起过滤作用。树木的总叶面积很大，其吸滞烟尘的能力很强，就像空气的天然过滤器，能够减少烟尘对空气的污染。蒙尘的植物经雨水冲刷后又能恢复其滞尘作用。因此，绿化区域比非绿化区域的飘尘浓度可减少 10%～15%，有的可减少 50%。据上海石化总厂测定：防护林区飘尘比厂区少 38%，乙烯浓度低 18%，氮氧化合物浓度低 0.67%。另一方面，由于树林的枝冠茂密，具有强大的减低风速的作用，随着风速的降低，空气中携带的大颗灰尘下降，其余的灰尘及飘尘亦可被植物枝叶滞留或被黏性分泌物及树脂吸附。

草地的减尘作用也非常明显，草的茎叶也具有吸附飘尘的作用，草的根部可以固定砂、土，不使尘土飞扬。一般种草坪的地区比地面裸露地区上空的含尘量可减少 2/3～5/6。

（4）调节和改善小气候　植物叶面的蒸腾作用能调节气温、调节温度、吸收太阳辐射热，对改善城市小气候具有积极的作用。在气温方面，有关测定资料表明：夏季林荫下的气温比无林地带的气温低 3～5℃，比有建筑物地区的温度低 10℃ 左右，草坪的温度比沥青路面的温度低 8～16℃，墙面有垂直绿化的表面温度比没有绿化的红砖墙表面温度低5.5～14℃。绿地夏季降温效果十分显著，而在冬季又可稍提高气温，达到冬暖夏凉的效果。

由于绿色植物具有强大的蒸腾作用，不断向空气中输送水蒸气，可以提高空气湿度。据有关单位计算，$1hm^2$ 阔叶林在夏季能蒸发 2500t 水分，相当于同等面积水库的蒸发量，比同等面积土地的蒸发量高 20 倍。大面积的草坪可提高湿度 20%，小片草坪能提高湿度4%～12%。树木一般可增湿 4%～30%。在其他季节也可不同程度地提高空气中的湿度。这对改善小气候，减少尘土和病菌等都有良好的效果。

（5）减弱噪声　我国有关部门规定，体力劳动环境中的噪声不得超过 90dB，脑力劳动环境中的噪声不得超过 60dB，睡眠环境中的噪声不得超过 50dB。就一般人来说，可以忍受70dB 以下的声音，但符合卫生标准的噪声应是 30～40dB。绿色植物是降低噪声的重要措施之一，绿化树木的各组成部分是决定吸声减噪作用的重要因素。绿色植物的树冠的茎叶，对声波有散射作用，同时，树叶表面的气孔和粗糙的毛，就像多孔纤维吸音板。如上海宝钢设三条防护林带，宽约 $40\sim50m$，在林带前侧噪声较大，这种噪声经过 $40\sim50m$ 宽的林带到达背侧时，几乎全消失了。

（6）监测环境污染　不少植物对环境污染的反应比人和动物要敏感得多。这种反应在植物体上以各种形式显示出来。对毒气没有抗性的植物，遇到毒气或产生可见症状，或生理代谢过程发生变化，或植物成分发生异常变化，绿化可使其成为毒气警报作用的"信号植物"。如多数人在 SO_2 浓度超过 $1\sim5\mu g/g$ 时才有明显的刺激作用。当 SO_2 浓度超过 $0.3\mu g/g$ 时紫花苜蓿就会出现明显的反应。唐菖蒲在 HF 浓度仅为 $0.01\mu g/g$ 的大气中就会出现症状。因此在污染性工厂或车间的周围以抗毒植物为主的绿地中，间种必要的"信号植物"就能对环境中有毒气体的浓度变化起预报作用，及时提醒人们采取相应的防护措施。例如：当大气被二氧化硫污染时，植物叶脉之间会出现点状或块状的伤斑，如果悬铃木树皮变浅红色，叶子变黄，就是煤气中毒的症状，在其下往往能找到煤气漏点。

此外，植物还具有杀菌、防火、防爆、隔离、隐蔽的作用，由于植物根系发达，盘根错节，对土壤的稳定和加固都具有良好的作用，因此工厂绿化的作用是十分重大的。

4. 创造经济效益

根据工厂的土质、气候等条件，因地制宜，结合生产种植一些果树、油料树及药用植物，可以增加工矿企业的经济效益。如核桃既是良好的庭荫树、行道树，又是优良的果树和油料树种；花坛、花池可种植牡丹、芍药；路旁种植连翘，既有美丽的花朵供观赏，又可收获贵重药材；结合垂直绿化可种葡萄、猕猴桃等；小丘坡地可种桃、李、梅、杏等果木；有条件的工厂还可以大片种植紫穗槐、棕榈、剑麻等，它们都是编织的好材料。这些都可以创造直接经济效益。另外，随着生产力的提高，人们对工厂环境的要求也越来越高，绿化是环境质量中的重要因素，优美的工厂环境可提高人们的工作热情，增加工作效益，从而进一步提高经济效益。

二、工矿企业绿地的特点

（一）工业的类型和工厂绿地的研究对象

不同性质的工厂，由于生产原料、燃料不同，生产工艺过程不同，对环境的要求和影响也不同。一般按产品性质将工业企业分成冶金（钢铁、有色金属等）、电力（火电和水电等）、燃料（煤炭、石油等）、化学（硫酸、纯碱、化肥、基本有机化工原料、石油化工、合成橡胶、合成树脂等）、机械（一般机械、造船、精密机械等）、建材（水泥、玻璃、预制品加工等）、轻纺（纺织、造纸、食品等）等部门。又可根据污染情况，分成隔离工业、重污染工业、轻污染工业和一般工业。

工厂绿地研究的主要对象是"污染工业"，这类工业数量多，分布广，对城市环境质量影响较大。如污染危害最大的"三大部门"——冶金、化工、轻工，"六大企业"——钢铁、炼油、火电、石化、有色金属、造纸。其次，要研究的是对环境质量要求特殊的工厂，如精密仪器厂、自来水和制药厂等。

（二）工矿企业绿地的特点

工矿企业绿地由于工业生产而有着与其他用地绿地不同的特点，工厂的性质、类型不同，生产工艺特殊，对环境影响及要求也不相同。工厂绿化有其特殊的一面，概括起来表现在环境差、用地紧凑、保证安全生产、服务对象专一等4个方面。

1. 环境较差不利于植物生长

工厂在生产过程中常常会排放或逸出各种有害于人体健康、植物生长的气体、粉尘及其他物质，使空气、水分、土壤受到不同程度的污染，这样的状况在目前的科学技术及管理的条件还不可能杜绝；另外，由于工业用地的选择不占耕地良田，加之基本建设和生产过程中废物的堆放、废气的排放，使土壤的结构遭到严重的破坏。因此，必须根据不同类型、不同性质的工厂选择适宜的花草树木，否则将会造成树木死亡、事倍功半不见效的结果。

由于全厂区硬化率高，水分循环异常，土壤缺乏雨水的淋溶，理化性质变坏，常发生缺氧、盐化以及土壤过于密实等问题。空间的限制和生态因子的恶化，对植物生长极为不利，甚至威胁着植物在工厂环境中的生存，给工厂绿化带来了很大的困难。

2. 用地紧凑，绿化用地面积少

工业生产需要一定的设备，要集中大量的劳动力，所以工厂里建筑林立、管线遍布、人口密集；工业生产需要输入大量的原料和燃料，大量的产品又要贮存和外运，所以仓库堆场和道路占很大的面积，特别是城市中的中小型工厂，往往能提供绿化的用地很少，因此工厂绿化中要灵活运用绿化布置手法，以植物为主体，植物造景，同时还必须要见缝插绿，甚至找缝插绿，在必争地栽种花草树木，以争取绿化用地。

3. 绿化要保证工厂的安全生产

工业企业的绿化要有利于生产正常运行，有利于产品质量的提高。工厂里空中、地上、地下有着种类繁多的管线，不同性质和用途的建筑物、构筑物，铁路、道路纵横交叉、运输繁忙，因此绿化植树时要根据其不同的安全要求，既不影响安全生产，又要使植物能有正常的生长条件。

在工厂绿化中确定适宜的栽植距离，对保证生产的正常运行和安全是至关重要的。有些企业的空气污染程度直接关系到产品质量，如精密仪器厂、光学仪器厂、电子工厂等应增加绿地面积，土地均以植物覆盖，以减少飞尘。

4. 工厂绿地的服务对象主要以本厂职工为主

工业企业绿地是本厂职工休息的场所，职工的职业性质比较接近，人员相对固定，绿地使用时间短，但绿地对职工的作用是不可低估的，所以每个工厂的员工的使用要求决定了工厂绿地的特点。

三、工矿企业绿地规划设计

工厂绿地是工厂环境的有机组成部分。为了处理好绿地与工厂环境的关系，处理好不同分区、不同类型绿地的关系，更好地发挥工厂绿地的综合功能，必须根据工厂的特点和对绿地的要求，对工厂绿地进行全面规划、合理配置，使绿地达到改善生产环境和丰富建筑艺术面貌的目的。

我国制定的建设景观式企业的目标为：提高绿地率和绿视率，提高单位面积的植物叶面积数，充分利用植物的合成分解作用提高循环能力，提高景观质量，发挥景观绿化的多种功能，达到生态效益、社会效益和经济效益的相互统一，从而创造出无污染、无废物、高效能、优美文明的现代工厂的生态环境，更好地为生产、为职工健康服务。

（一）工厂绿地规划设计的依据与指标

1. 主要依据

工厂绿地规划设计的主要依据包括自然条件、社会条件和工厂特点三个方面。自然条件是指气候条件、土壤条件、植被情况、地形、地质等。社会条件是指工厂与城市规划的关系、与地方居民的关系、与工厂员工的关系、与其他企业的关系等。工厂特点是主要技术经济指标、"三废"污染情况、生产特点、建筑空间特点、绿地现状等。

2. 工厂绿地规划设计的主要指标

工厂绿地规划是工厂总体规划的一部分。绿地在工厂中要充分发挥作用，必须要有一定的面积来保证。一般来说，只要设计合理，绿地面积越大，减噪防尘、吸收有毒物质、改善小气候的作用也就越大。工厂绿化用地指标通常用绿地率来衡量，这项指标决定了绿地的地位，是工厂绿地规划的主要指标。影响工厂绿地率的因素有工厂的种类、规模、选址等。不同的工厂由于生产性质不同，在用地要求和用地分配等方面也不同。一般来说，生产环节多、各生产环节复杂的工厂建筑多而分散，道路长，如钢铁联合企业、石油化工企业。反之，生产环节简单的工厂中建筑少而集中，道路短，如建材厂、食品厂、针织厂等。工厂绿地主要分布在建筑周围和道路两旁，与因通风、采光、保护、建筑艺术等要求而留出的间距空地的多少呈正相关，与建筑道路的占地系数呈负相关。室外操作多、产品体积大、运输量大的工厂绿地率较低（如木材厂、煤炭厂、电缆厂等）；反之，生产操作以室内为主、产品体积小、储量小的工厂，如工艺品厂、仪表厂、服装厂、电子厂等，室外空地大部分可用来绿化。污染较重或者对环境质量要求较高的工厂需要有较多的绿地，而污染较轻或对环境又无特殊要求的工厂绿地面积可相对少些，达标即可。

工厂绿化用地的多少也与工厂在城市中的位置有关。一般分布在市中心的工厂用地紧张，绿地少；郊区的工厂绿地则多。

由于工厂情况各不相同，影响绿地率的因素又有很多，在进行工厂绿地规划和评价时，必须从实际情况出发，对各种因素进行全面分析。根据城市绿地规划的要求和实例调查的情况，从总体来说，城市工业用地的绿地率应在30%左右。

另外，工厂绿地指标还可以用绿地覆盖率来表示，即全厂绿地覆盖面积与厂区总面积之比。植物覆盖面积指植物的垂直投影面积，等于或大于绿化用地面积，也有小于绿化用地面积的情况。绿地率一定时，覆盖率的大小与单位绿地大小及绿地构成有关。绿地率大，覆盖率小，说明绿地较集中，绿地中非植物因子多；相反，绿地率小，覆盖率大，而且差距较大，说明绿地过于分散，绿化植物中大树较多。在某一特定环境中，绿地率与覆盖率应保持一定的比例。

（二）工矿企业景观绿化的基本原则和要求

工矿企业绿化是一项综合性很强、十分复杂的工作，它关系到全厂各区、车间内外生产环境的好坏，所以在规划时应注意如下几个方面的问题。

1. 满足生产和环境保护的要求，把保证工厂的安全生产放在首位

工厂绿化应根据工厂性质、规模、生产和使用特点、环境条件对绿化的不同功能要求进行规划设计。在设计中不能因绿化而任意延长生产流程和交通运输路线，影响生产的合理性。

例如干道两旁的绿地要服从于交通功能的需要，服从管线使用与检修的要求；在某些一地多用，兼作交通、堆放、操作等地方尽量用大乔木来绿化，用最小绿地占地获得最大绿化覆盖率，以充分利用树下空间；车间周围的绿化必须注意绿化与建筑朝向、门窗位置、风向等的关系，充分保证车间对通风和采光的要求。在无法避开的管线处设计时必须考虑植物距离各种管线的最小间距，不能妨碍生产的正常进行，并要选择耐修剪植物。只有从生产的工艺流程出发，根据环境的特点，明确绿地的主要功能，确定适合的绿化方式、方法，合理地进行规划，科学地进行布局，才能使绿化达到预期效果。

2. 厂区应该有合适的绿地面积，提高绿地率

工厂绿地面积的大小直接影响到绿化的功能、工业景观，因此要想方设法，多种途径、多种形式地增加绿地面积，以提高绿地率、绿视率。由于工厂的性质、规模、所在地的自然条件以及对绿化要求的不同，绿地面积差异悬殊。我国目前大多数工厂绿化用地不足，特别是一些位于旧城区的工厂绿化用地更加偏紧。

我国一些学者提出：为了保证工厂实行文明生产，改善工厂环境质量，必须有一定的绿地面积；重工业企业工厂绿地面积应占厂区面积的 20%，化学工业企业绿地应占 20%～25%，轻工业、纺织工业 40%～50%，精密仪器工业 50%，其他工业在 30% 左右。

要通过多种途径积极扩大绿化面积，坚持多层次绿化，充分利用地面、墙面、屋面、棚架、水面等，形成全方位的绿化空间。

3. 工矿企业绿化还应该有自己的特色，充分为生产服务和为工人服务

工厂绿化是以工业建筑为主体的环境净化和美化，要体现该厂绿化的特点与风格，充分发挥绿化的整体效果。工厂因其生产工艺流程的要求，以及防火、防爆、通风、采光等要求，形成工厂特有的建（构）筑物的外形及色彩，厂房建筑与各种构筑物的联系形成工厂特有的空间和别具一格的工业景观。如热电厂有着优美造型的双曲线冷却塔；纺织厂锯齿形开窗的车间；炼油厂的纵横交错、色彩丰富的管道；化工厂高耸的露天装置等。工厂绿化就是在这样特点的环境中，以花草树木的形态、轮廓、色彩的美，使工厂环境形成特有的、更丰满的艺术面貌。工厂绿化应根据该厂的规模、所处的环境、庭园使用的对象表现出新时代的精神风貌。

4. 要与建筑主体相协调，统一规划，合理布局

工矿企业绿地要全厂统一安排，统一布局，减少建设中的种种矛盾。绿地规划设计时，要以工业建筑为主体进行环境设计，由于工厂建筑密度较大，应按总平面的构思与布局对各种空间进行绿化布置。在视线集中的主体建筑四周，用绿地重点布置，能起到烘托主体的作用；如适当配以小品，还能形成丰富、完整、舒适的空间。将工厂绿地纳入工厂总平面图布置中，做到全面规划，合理布局，点、线、面相结合，形成系统的绿地空间，点的绿化主要分为两个部分：一是厂前区的绿化；二是游憩性的游园。线是厂内道路、铁路、河流的绿化以及防护林带；面是工厂企业单位中的车间、仓库、堆场等生产性的建筑、场地周围的绿化。要厂企业单位绿化中的点、线、面三者形成系统，成为一个较稳定的绿地景观空间。

（三）工厂绿地系统

工矿企业绿地必须根据工业企业的总平面，包括厂区用地范围内的建筑物、构筑物、运输线路、管线等综合条件合理规划配置，创造出符合工厂生产特性的绿化环境。

1. 工厂空间的特点

工厂环境是由建筑物、构筑物、工程技术管线、道路、广场、绿化等组成的。建筑物和构筑物是工厂空间的主体。它是严格按照生产功能要求，结合当地条件，符合城市或地区规划，在一定技术经济条件下，解决多种矛盾的有机整体。

道路、广场是工厂空间的纽带，起联系、贯穿的作用；绿地在工厂空间中起缓冲、协调作用，它赋予环境以生气，加强建筑群体空间的艺术效果。

由于生产性质、运输方式、技术经济条件、自然条件、总体布置、建筑设计等的不同，工厂的空间形式千变万化。一般根据其封闭性、性质、形状等分为开敞空间、休息空间、线形空间、独立空间等。厂前区空间一般较为开敞，以组织交通为主要功能；生产区一般为封闭线形的空间，以生产、储运为主要功能；堆场、大块绿地或水面等作为独立空间。

2. 工厂绿地系统布局

工厂绿地布局应结合工厂外部空间的特点和类型，同厂房、堆场、道路等统一考虑，同步建设。点、线、面结合，均匀分布，突出重点，做到因地制宜、扬长避短、形式多样、各具特色。工厂绿地布局的形式主要有以下几种。

（1）散点状　对于那些厂房密集、没有大块土地绿化的老厂来说，可以采用见缝插针的方式，在适当位置布局各种小的块状绿地。使大树小树相结合，花台、花坛、坐凳相结合，创造复层绿化，还可沿建筑围墙的周边及道路两侧布置花坛、花台，借以美化环境，扩大工厂的绿地面积。利用已有的墙面和人行道、屋顶，采用垂直绿化的形式，布置花廊花架，不仅节约土地面积，增大绿化面积，也增加了美化效果。

（2）条块结合　近年来建成的工厂对环境美提出了更高的要求，常在道路及建筑旁留有较宽的绿带，并在厂前区和生产区适当布置较集中的大块绿地形成条块结合的布局形式，生态效应显著，环境整体性好，空间形式有变化，又为工人休息、活动创造了条件。

（3）宽带状　随着生产和储运设备的现代化，工业建筑向"联合化""多层化"发展，工厂空间逐步简化，趋向于单体建筑，工厂绿地也趋于集中，围绕建筑呈宽带状。

（四）工矿企业绿地规划设计前的准备

在规划设计前必须进行自然条件的调查、工厂生产性质及规模的调查、工厂总图布置意图及社会调查。

（1）自然条件的调查　对当地自然条件进行充分调查，如土壤类型分布、地下水位、气象气候条件等。初建成的工厂还要调查周围建筑垃圾、土壤成分，以供适当换土或改良土壤作依据。

（2）工厂性质及其规模的调查　各种不同性质的工厂生产产品不同，对周围环境的影响也不一样。就是工厂性质相同，但生产工艺也可能不同，所以还需要进行调查，才能弄清生产特点，确定所有的污染源位置和性质，进而明确污染物对植物的损伤情况，为绿化设计提供依据。

（3）工厂总图的了解　了解绿化面积情况及相关管线与绿化树木的关系。

（4）社会调查　要做好工厂绿化规划设计，应当深入了解工厂职工、干部对环境绿化的要求，当地景观部门对工厂绿化的意见，以便更好地规划建设和管理。

（五）工矿企业绿地各分区绿化设计要点

1. 厂前区绿化

厂前区包括主要入口、厂前建筑群和厂前广场。这里是职工居住区与工厂生产区的纽带，对外联系的中心，是厂内外人流最集中的地方。厂前区在一定程度上代表着工厂的形象，体现工厂的面貌，也是工厂文明生产的象征。它常与城市道路相邻，其环境的好坏直接关系到城市的面貌，其主要建筑一般都具有较高的建筑艺术标准。

厂前区在工厂中的位置一般在上风方向，受生产工艺流程的限制较小，离污染源较远，受污染的程度比较小，工程网也比较少，空间集中，绿化条件比较好，同时也对景观绿化布置提出了较高的要求。

厂前区绿地主要由两部分组成。

一是大门、围墙与城市街道等厂外环境组成的门前空间。绿化布置应注意方便交通，与厂外街道绿化连成一体，注意景观的引导性和标志性。门前附近的绿化要与建筑的形体色彩相协调，在远离大门的两侧种高大的树木，大门附近用矮小而观赏价值较高的植物或建筑小品作重点装饰，形成绿树成荫、多彩多姿的景象。厂门到办公综合大楼间道路、广场上，可布置花坛、喷泉、体现该工厂特点的雕塑等。工厂内沿围墙的绿化设计应充分注意卫生、防火、防风、防污染和减少噪声，以及遮隐建筑不足，并与周围景观相调和。绿化树木通常沿墙内外带状布置，应以常绿树为主，以落叶树为辅，可用3~4层树木栽植，靠近路的植物用花灌木布置。

厂前区的另一个空间是大门与厂前建筑群之间的部分，这里是厂前空间的中心，应注意与厂外环境及生产区绿化的衔接过渡。布置形式因功能要求不同而不同：当人流、车流量较大，并有停车要求时，常布置成广场形式，绿化多为大乔木配置在广场四周及中央，以遮阴树为主；当没有上述特殊要求时，常常与小游园布置相结合，以供职工短时间的休息。如上海石油化工总厂的涤纶厂、腈纶厂等厂前区结合小游园布置，栽植观赏花木，铺设草坪，辟水池，设山泉小品，有小径、汀步，还设置灯座、凳椅，形成恬静、清洁、舒适、优美的环境，职工在工余班后，可以在此散步、谈心、娱乐，取得了较好的效果。

2. 生产区绿化

生产区是生产的场所，污染重、管线多、空间小、绿化条件较差。但生产区占地面积大，发展绿地的潜力很大，绿地对保护环境的作用更突出，更具有工厂绿地的特殊性，是工厂绿化的主体。生产区绿化主要以车间周围的带状绿地为主。

从总体来看，生产区四周绿化应考虑以下要求：生产车间职工生产劳动的特点；车间出入口作为重点美化地段；考虑车间职工对景观绿化布局形式及观赏植物的喜好；注意树种选择，特别是有污染的车间附近；注意车间对采光、通风的要求；考虑四季景观；满足生产运输、安全、维修等方面的要求；处理好植物与各种管线的关系。

车间周围的绿化比较复杂，可供绿化面积的大小因车间内生产特点不同而异。例如有些生产车间对周围环境质量要求较高，如要求防水、防爆、防尘、恒温、恒湿、无震动干扰等。因此可将生产车间分为三类：产生污染生产车间、无污染生产车间、对环境质量要求高的生产车间。对这三类不同的生产车间环境进行设计应采用不同的方法。

（1）有环境污染车间的绿化 产生有害气体、粉尘、烟尘、噪声等污染的车间，对环境影响严重，要求绿化植物能防烟、防尘、防毒。在其生产过程中，一方面通过改进工艺措施、增加除尘设备、回收有害气体等手段来解决；另一方面通过绿化减轻危害，美化环境，两者同等重要。

在有严重污染的车间周围进行绿化，首先要了解污染物的成分和污染程度。在化工生产中，同一产品由于原料和生产方式的不同，对空气的污染也不同。例如，生产尿素与液氨的氮肥厂的主要污染物是 CO、NH_3 等，而生产硫酸铵的工厂除了上述污染物外，还必须考虑到 SO_2 的污染。因此要使植物能够在不同的污染环境中发挥作用（主要是卫生防护功能），关键是有针对性地选择树种。但要达到预期的防护效果，还有赖于合理的绿化布置，在产生污染的车间附近，特别是污染较重的盛行风向下侧，不宜密植林木，可设开阔的草坪、地被、疏林等，以利于通风，稀释有害气体，与其他车间之间可与道路相结合设置绿化带。

在有严重污染的车间周围，不宜设置成休息绿地。植物必须要选择抗性强的树种，配置上掌握"近疏远密"原则，与主导风向平行的方向要留有通风道，以保证有害气体的扩散。在产生强烈噪声的车间（如锻压、铆接、锤钉、鼓风等车间）周围，应该选择枝叶茂密、树冠矮、分枝点低的乔灌木，多层密植形成隔声带，减轻噪声对周围环境的影响。

在多粉尘的车间周围，应该密植滞尘、抗尘能力强、叶面粗糙、有黏液分泌的树种。在高温生产车间，工人长时间处于高温环境中，容易疲劳，应在车间周围设置有良好绿化环境的休息场所。改善劳动条件是必要的，休息场地要有良好的遮阴和通风，色彩以清爽淡雅为宜，可设置水池、座椅等小品供职工休息，调节精神，消除疲劳。

在产生严重污染的车间周围绿化，树种选择是否合理是成败的关键，不同树种对环境条件的适应能力和要求不同。如烟尘污染对植物生长影响较大，在这样的生长环境中臭椿生长最为健壮，榆树次之，柳树则生长较差。树木抗污染能力除树种因素外还同污染的种类、密度、树木生长的环境等有关，也和林相组成有关，复层混交林的栽植形式抗污染能力强，单层稀疏的栽植形式抗污染能力弱。

（2）无污染车间周围的绿化　无污染车间指本身对环境不产生有害污染物质，在卫生防护方面对周围环境也无特殊要求的车间。车间周围的绿化较为自由，除注意不要妨碍上下管道外，限制性不大。在厂区绿化的统一规划下，各车间应体现各自不同的特点。考虑到职工工余休息的需要，在用地条件允许的情况下，可设计成游园的形式，布置座椅、花坛、水池、花架等景观小品，形成良好的休息环境。在车间的出入口可进行重点的装饰性布置，特别是宣传廊前可布置一些花坛、花台，种植花色艳丽、姿态优美的花木。在露天车间，如水泥预制品车间，木材、煤、矿石等堆料场的周围可布置数行常绿灌乔木混交林带，起防护隔离、防止人流横穿及防火遮盖等作用，主道旁还可遮阴休息。植物的选择应考虑该车间的生产特点，做出与工作环境不同的绿化设计方案，调节人的视觉环境。

一般性生产车间还要考虑通风、采光、防风（北方地区）、隔热（南方地区）、防尘、防噪等要求。如在生产车间的南向应种植落叶大乔木，以利炎夏遮阳，冬季又有温暖的阳光；东西向应种植冠大荫浓的落叶乔木，以防止夏季东西日晒，北向宜种植常绿、落叶乔木和灌木混交林，遮挡冬季的寒风和尘土，尤其是北方地区更应注意。在车间周围的空地上，应以草坪覆盖，使环境清新明快，便于衬托建筑和花卉、灌乔木，提高视觉的艺术效果，减少风沙。在不影响生产的情况下，可用盆景陈设、立体绿化的形式，将车间内外绿化连成一个整体，创造一个生动的自然环境。

此外，高压线下和电线附近不要种植高大乔木，以免导电失火或摩擦电线。植物配置应考虑美观的要求，并注意层次和四季景观。

（3）有特殊要求的车间周围绿化　要求洁净程度较高的车间，如食品、精密仪器、光学仪器、工艺品等车间，这些车间周围空气质量直接影响产品质量和设备的寿命，其环境设计要求清洁、防尘、降温、美观，有良好的通风和采光。因此植物应选择无飞絮、无花粉、无飞毛、不易生病虫害、不落叶（常绿阔叶树或针叶树）或落叶整齐、枝叶茂盛、生长健壮、吸附空气中粉尘的能力强的树种。同时注意低矮的地被和草坪的应用，固土并减少扬尘。在有污染物排出的车间或建筑物朝盛行风向一侧或主要交通路线旁边，应设密植的防护绿地进行隔离，以减少有害气体、噪声、尘土等的侵袭。在车间周围设置密闭的防护林或在周围种植低矮乔木和灌木，以较大距离种植高大常绿乔木，辅以花草，并在墙面采用垂直绿化以满足防晒降温、恢复职工疲劳的要求。在生产工艺品的车间周围（如刺绣、地毯等）应该有优美的环境，使职工精神愉快，并使设计人员思想活跃、构思丰富，常设计出精良优美的图案。

对防火、防爆要求的车间及仓库周围绿化应以防火隔离为主，选择植物枝叶水分含量大、不易燃烧或遇火燃烧不出火焰的少油脂树种，如珊瑚树、银杏、冬青、泡桐、柳树等进行绿化，不得栽种针叶树等油脂较多的松、柏类植物。种植时要注意留出消防车活动的余地，在其车间外围可以适当设置休息小庭院，以供工人休息。

某些深井、贮水池、冷却塔、冷却池、污水处理厂等处的绿化，最外层可种植一些无飞毛、花粉、翅果的落叶阔叶林，种植常绿树种要远离设施 2m 以外，以减少落叶落入水中，2m 以内可种植耐荫湿的草坪及花卉等以利检修。在冷却池和塔的东西两侧应种植大乔木，北向种植常绿乔木，南向疏植大乔木，注意开敞，以利通风降温、减少辐射热和夏季气流通畅。在鼓风式冷却塔外围还应设置防噪常绿阔叶林，在树种的选择上要注意选用耐荫、耐湿树种。车间的类型很多，其生产特点各不相同，对环境的要求也有所差异。因此，实地考察工厂的生产特点、工艺流程、对环境的要求和影响、绿化现状、地下地上管线等，对于做好绿化设计十分重要。

3. 仓库、堆场区绿地规划设计

仓库周围的绿化，应注意以下几个方面。

① 要考虑到交通运输条件和所贮藏的物品，满足使用上的要求，务使装卸运输方便。

② 要选择病虫害少、树干通直的树种，分枝点要高。

③ 要注意防火要求，不宜种植针叶树和含油脂较多的树种。仓库的绿化以稀疏栽植乔木为主，树的间距要大些，以 7～10m 为宜，绿化布置宜简洁。在仓库建筑周围必须留出5～7m 宽的空地，以保证消防通道的宽度和净空高度，不妨碍消防车的作业。

地下仓库上面，根据覆土厚度的情况，种植草皮、藤本植物和乔灌木，可起到装饰、隐蔽、降低地表温度和防止尘土飞扬的作用。

装有易燃物的贮罐周围，应以草坪为主，而防护堤内不种植物。

露天堆物进行绿化时，首先不能影响堆场的操作。在堆场周围栽植生长强健、防火隔尘效果好的落叶阔叶树，与其周围很好地加以隔离。如常州混凝土构件厂在成品堆放场沿围墙种植泡桐，在中间一排电杆的分隔带上，种植广玉兰、罗汉松、美人蕉、麦冬，形成优美的带状绿地，工人们在树荫下休息，花草树木也给看上去枯燥的堆物带来了生机。

4. 工厂小游园设计

工厂企业根据厂区内的立地条件、厂区规划要求设置集中绿地，因地制宜地开辟小游园，满足职工业余休息、放松、消除疲劳、锻炼、聊天、观赏的需要，对提高劳动生产率、保证生产安全、开展职工业余文化娱乐活动有重要意义，对美化厂容厂貌有着重要的作用。

集中绿地、小游园多选择在职工易于到达的场地，如有自然地形可以利用则更好，以便于创造优美自然的景观艺术空间。通过对各种观赏植物、景观建筑及小品、道路铺装、水池、座椅等的合理安排，形成优美自然的景观环境。厂区小游园一般面积都不大，布局形式可采用规则式、自由式、混合式。根据休息性绿地的用地条件（地形地貌）、平面性状、使用性质、职工人流来向、周围建筑布局等灵活采用，园路及建筑小品的设计应从环境条件及实际使用的情况出发，满足使用及造景需要，出入口的设置应避免生产性交通的穿越。小游园的四周宜用大树围合，遮挡有碍观瞻的建筑群，形成幽静的独立空间。

小游园的布置有以下几种。

（1）结合厂前区布置　厂前区是职工上下班集散的场所，是外来宾客首到之处，同时临城市街道。小游园结合厂前区布置，既方便职工休憩，也丰富美化了厂前区，节约用地和投资。

如湖北汉川电厂，以植物造景为手段，力求清新、高雅、优美，强调俯视与平视两方面的效果，不仅有美丽的图案，而且有一定的文化内涵。选用桂花、雪松、紫叶李、樱花、大叶黄杨、海桐球、锦熟黄杨、紫薇、丛竹、紫藤、丰花月季、法国冬青、马褂木、女贞、黄素馨等主要苗木，用植物组成两个大型的模纹绿地。一个是以桂花为主景、草坪和地被植物为配景，用大叶黄杨组成图案，用球形的金丝桃和锦熟黄杨等植物点缀，成片布置丰花月季，并用雀舌黄杨和白矾石组成醒目的厂标，形成厂前区环境的构图中心和视线焦点；另一个模纹绿地则以大叶黄杨、海桐球、丰花月季、雀舌黄杨、红叶小檗、美女樱等组成火与电的图案。一圈圈的雀舌黄杨象征磁力线，大叶黄杨组成两个扭动的轴，象征着电业带来工业的发展。整个图案别致新颖，既注重了从生产办公楼俯视的效果，又注重从环路中平视的效果，充分体现了绿化的韵律美和节奏感。

（2）结合厂内自然地形布置　厂内如有自然地形或在河边、湖边、海边、山边等，则有利于因地制宜地开辟小游园，以便职工开展做操、散步、坐歇、谈话、听音乐等各项活动或向附近居民开放。可用花墙、绿篱、绿廊分隔园中空间，并因地势高低布置园路、点缀水池、喷泉、山石、花廊、坐凳等，丰富园景。有条件的工厂可将小游园的水景与贮水池、冷却池等相结合，水边可种植水生花草，如鸢尾、睡莲、荷花等。如北京首钢利用厂内冷却水池修建了游船码头，增加了厂内活动内容，美化了环境。南京江南光学仪器厂将一个近乎是垃圾场的小水塘疏浚治理，设喷泉、花架，做假山，修园路，铺草坪，种花草树木进行美化，使之成为广大职工喜爱的小游园。

（3）结合公共福利设施、人防工程布置　小游园绿化也可和该厂的工会俱乐部、电影院、阅览室、体育活动场等相结合统一布置，扩大绿化面积，实现工厂花园化。还可以把小游园与人防设施相结合，其内设台球室、游艺室等，地下人防，地上小游园，上下结合，趣味横生。多余的土方可因地制宜地堆叠假山、种植乔灌木。在地上通气口可以建立亭、廊、凳等建筑小品。但要注意在人防工程上土层深度为 2.5m 时可种大乔木；土层深度为 1.5～2m 时，可种小乔木及灌木；0.3～0.5m 时，只可种草、地被植物、竹子等植物；在人防设施的出入口附近不得种植多刺或蔓生伏地植物。

（4）在车间附近布置　在车间附近布置小游园可使职工休息时便捷地到达，而且可以根据该车间工人的喜好布置成各具特色的小游园，并可结合厂区道路展现优美的景观，使职工在花园式的工厂中工作和生活。如广州石油化工总厂在各车间附近由车间工人自己动手建造游园，遍布全厂 20 多处，小游园各具风格、丰富多彩。

5. 工厂道路的绿化

（1）厂内道路的绿化　厂内道路是工厂生产、工艺流程、原材料和成品运输、企业管理、生活服务的重要交通枢纽，是厂区的动脉。满足工厂生产要求、保证厂内交通运输的畅通和安全是厂区道路规划的第一要求，也是厂内道路绿化的基本要求。

厂区道路是交通空间，道路一般较窄，空间较狭长而封闭，绿化布置应注意空间的连续性和流畅性，同时要避免过于单调。可以在车间门口附近，路端、路口、转弯外侧处作重点处理，植物配置注意打破高炉、氧气罐、冷却塔、烟囱的单调。

绿化前必须充分了解路旁的建筑设施、电杆、电缆、电线、地下给排水管、路面结构、道路的人流量、通车率、车速、有害气体、液体的排放情况和当地自然条件等等。然后选择生长健壮、适应能力强、分枝点高、树冠整齐、耐修剪、遮阴好、无污染、抗性强的落叶乔木为行道树。如国槐、柳树、毛白杨、栾树、椿树、樟树、广玉兰、女贞、榉树、喜树、水杉等。

道路绿化应注意处理好与交通的关系，路边与转弯口的栽植必须遵守有关规定，避免植物枝叶阻挡视线或与来往车辆碰擦；注意处理好绿化与上下管线的关系，避免植物枝叶或根系对管线使用与检修的干扰。在埋设较浅、须经常检修的地下管道上方不宜栽树，可用草本植物覆盖；高架线下可植耐荫灌木，低架管线与地面管线旁可用灌木掩蔽。

主干大道上宜选用冠大荫浓、生长快、耐修剪的乔木作遮阴树，或植以树姿雄伟的常绿乔木，再配植修剪整齐的常绿灌木，以及色彩鲜艳的花灌木、宿根花卉，给人以整齐美观、明快开朗的印象。如进入南京无线电厂厂门，雄伟的雪松衬托着喷水池明净的水流，给人以一种开朗、宁静、明快的感受，留给人清洁工厂、文明生产的良好印象。

道路绿化应满足庇荫、防尘、降低噪声、交通运输安全及美观等要求，结合道路的等级、横断面形式以及路边建筑的形体、色彩等进行布置。

有的规模比较大的工厂主干道较宽，其中间也可设立分车绿带，以保证行车安全。在人流集中、车流频繁的主道两边，可设置 1～2m 宽的绿带，把慢车与人行道分开，以利安全和防尘。

路面较窄的可在一旁栽植行道树，东西向的道路可在南侧种植落叶乔木，以利夏季遮阴，南北道路可栽在西侧。主要道路两旁的乔木株距因树种不同而不同，通常为 6～10m。棉纺厂、烟厂、冷藏库的主道旁，由于车辆承载的货位较高，行道树定干高度应比较高，第一个分枝不得低于 4m，否则会影响安全运输。

厂内次干道、人行小道的两旁，宜种植四季有花、叶色富于变化的花灌木。道路与建筑之间的绿地要有利于室内采光和防止噪声及灰尘的污染等。利用道路与建筑物之间的空地布置小游园，应充分发挥植物的形体色彩美，有层次地布置好乔木、花灌木、绿篱、宿根花卉，形成壮观又美丽的绿色长廊，创造出景观良好的休息绿地。

在生产方面有特殊要求的工厂，还应满足生产对树种的特殊要求。如精密仪器类工厂，不要用飘毛、飘絮的树种；防火要求高的工厂，不要用油脂含量高的树种等。对空气污染严重的企业，道路绿化不宜种植成片过高的林带，避免高密林带造成通气不畅而对污浊气流产生滞留作用，污染物不易扩散，种植方式应以疏地草林为好。有的工厂，如石化厂等地上管道较多的工厂，厂内道路与管廊相交或平行，道路的绿化要与管廊位置及形式结合起来考虑，因地制宜地采用乔木、灌木、绿篱、攀缘植物进行巧妙布置，可以收到良好的绿化效果。

（2）厂内铁路的绿化　大型厂矿企业如大型钢铁、石油、化工、重型机械厂等，工厂内除一般道路外，还有铁路运输，除了标准轨外，还有轻便的窄轨道。铁路绿化要有利于消减噪声、防止水土冲刷、稳固路基，还要防止行人乱穿铁路而发生事故。厂内铁路绿化应注意以下几点。

① 沿铁路种植乔木时，离标准轨道的最小距离为 8m，离轻便轨道的最小距离为 5m，前排宜种植灌木，以防止人们无组织地跨越铁路，然后再种植乔木。

② 铁路与道路交叉口处，每边应至少留出 20m 的空地，空地内不能种植高于 1m 的植物。

③ 铁路弯道内侧至少留出 200m 的视距，在该范围内不能种植阻挡视线的乔灌木。

④ 铁道边装卸原料、成品等的场地，乔木的栽植距离要加大，以 7～10m 为宜，且不种植灌木，以保证装卸作业的进行。

（六）工厂企业的卫生防护林带

《工业企业设计卫生标准》规定，凡产生有害物质的工业企业与居住区之间应有一定的卫生防护距离。在此范围内进行绿化，营造防护林，使工业企业排放的有害物质得以稀释过滤，以改善居住区的环境质量。因此，工业企业的卫生防护林带是工业企业绿化的重要组成部分。尤其在那些产生有害气体以及环境对产品质量影响较大的工厂，更显得十分重要。

工业企业的防护林带主要作用是滞滤粉尘、净化空气、吸收有毒气体、减轻污染，以及有利于工业企业周围的农业生产。因此，作为防护林的树种应结合不同企业的特点，选择生长健壮、病虫灾害少、抗污染性强、吸收有害气体能力强、树体高大、枝叶茂密、根系发达的乡土树种。此外要注意常绿树与落叶树相结合、乔木与灌木相结合、阳性树与耐荫树相结合、速生树与慢长树相结合、净化与美化相结合，以合理的结构形式布置防护林带，有效地发挥其作用。

例如，上海金山石化在卫生防护林建设中，选择抗污染树种按生态学原理进行布置，其结构合理，效益非常明显：SO_2、NO_2 通过林带，在生活区的浓度递减 60%；乙烯、飘尘及铅递减 100%；风速平均递减 43%～62%；增加空气负离子；含菌量降低；改良了土壤，创造了良好的环境，并招引来鸟类达 94 种之多。

1. 卫生防护林带的结构

防护林带因其结构不同，其效果也就不同。按结构的不同，可分为以下几种。

（1）通透结构　一般均由乔木组成，不配植灌木。乔木株行距较大，也因树种而异，一般为 3m×3m，气流一部分从下层树干之间通过，一部分从上面绕过，因而减弱风速，阻挡污染物质。当然也可以将通向厂区的干道绿带、河流的防护林带、农田防护林带相结合形成引风林带。此种结构形式可在距污染源较近处使用。

（2）半通透结构　一般以乔木为主，在林带两侧配植灌木，气流一部分从孔隙中穿过，在背风林缘处形成小旋涡，另一部分从上面绕过，在背风林处形成弱风。此林带适于沿海防风或在远离污染源处使用。

（3）紧密结构　由大乔木、小乔木和灌木多种树木配植成林，防护效果好。气流遇上林带后上升，由林冠上绕过，使气流上升扩散，在背风处急剧下降，形成涡流，有利于有害气体的扩散和稀释。

（4）复合式结构　当有足够宽度的防护林带时，将上述 3 种形式结构结合起来，形成复合式结构，更能发挥其净化空气、减少污染的作用。一般在靠近工厂的一侧建立通透结构，近居民区的一侧采用紧密结构，中间部分采用半通透结构，这样形成的由通透结构→半通透结构→紧密结构组成的复合式结构卫生防护效果最佳。

防护林带由于采用不同高度的树种，而形成的林带横断面的结构也不同，有矩形、梯形、屋脊形、凹槽形、背风面垂直的三角形和迎风面垂直的三角形。矩形横断面防风效果好，屋脊形和背风面垂直三角形横断面有利于气体的上升及扩散，凹槽形横断面有利于粉尘的沉降和阻滞，梯形的横断面其效果介于矩形和屋脊形之间。结合道路设置防护林带，将迎风面垂直三角形与背风面垂直三角形断面相应地设置于道路两侧。

2. 设置形式

根据卫生防护林带的位置和功能的不同，可以分为以下几种形式。

（1）防污染带 有污染的工厂、车间等一般设在主导风向的下风或风频最小风向的上风；生活区、厂前区等多设在主导风向的上风或风频最小风向的下风。两者之间设置垂直于主导风向的林带。污染源在上风时，则林带要更宽、更长。如果被污染区是成片的，林带垂直于风向；如果被污染区范围较小，林带可与风向成一定顺角，以利于疏导稀释。对于有组织排放的有害气体来源，林带应设在烟体上升高度的20～25倍距离的下风向；对于无组织排放的来源，林带应适当靠近污染源。林带的密度一般是靠近污染源处较稀，被污染区附近较密，这样有利于烟气的疏通扩散和吸收。

（2）防风林带 主要设置在煤场、垃圾场、水泥石灰场的附近。林前防风范围为树高的10倍左右，降低风速15%～20%；林后防风范围约为树高的25倍，降低风速10%～17%。当林带的透风系数为0.58时，防风效能较高。林带多与风向垂直，树木应顺风向参差排列。

（3）防火林带 在石油化工、化学制品、冶炼、易燃易爆产品的生产工厂、车间及作业场地，为确保安全生产，应设防火林带。林带由不易燃烧、再生能力强的防火耐火树种组成（如女贞、杜仲、银杏、丁香等）。林带可结合地形起伏，并可以设置沟、墙等，以增加防火功能，同时必须留出适当的消防疏散通道。

在一般情况下，污染空气最浓点到林带排列点的水平距离等于烟体上升高度的10～15倍，所以在主风向下侧设立2～3条林带很有好处。按照有害气体和烟尘排放方式的不同，一般可分为无组织排放、有组织高空排放和混合式排放。卫生防护绿地的布置和设置，根据工业排出的有害气体及烟尘的性质、排出量、排出方式、气象条件、自然地形和环境条件，进行合理的绿化布置，一般可按主、辅林带进行布置。主林带的宽度、抗性和密度都很大，而辅林带都偏小，前者用于严重污染的地区，后者用于次要污染区。

另外，根据林带的方向和生产区与生活区交线的不同可以分为两种设置形式：一字形和L形。当本地区两个盛行风向呈180°时，则在最小风频风向的上风设置工厂，在下风设置生活区，其间设置一条防护林带，因此呈一字形。当本地区两个盛行风向呈一夹角时，在非盛行风向风频相差不大的条件下，将生活区安排在夹角之内，工厂区设在对应的方向，其间设立防护林带，因此呈L形。在污染较重的盛行风上侧设立引风林带也很重要，特别是在逆温条件下，引风林带能组织气流，使通过污染源的风速增大，促进有害气体的输送和扩散。其方法是设楔形林带与原防护林呈夹角，这样两条林带之间则形成一个通风走廊，在弱风区或静风区或有逆温层地区更为重要，它可以把郊区的静风引到通风走廊加快风速，促使有害气体的扩散。吹到这里的风受到两边林带的挤压，因而加大了风速。

四、工矿企业绿化树种的选择和规划

（一）工厂中植物在工程视觉空间中的作用

1. 点缀衬托

在以主要出入口、主体建筑物、高大建筑物等作为工厂标志性景物时，植物作为景观的一部分，起点缀、衬托的作用。在体量、造型、色彩上不能喧宾夺主或主次颠倒。主景前方常布置低矮、展开的小灌木，两侧配置及远处背景宜简洁。植物材料与建筑或构筑物相辅相成，共同形成一个有机整体。绿化起平衡景观、添加层次等作用。二者在体量上不宜相差过分悬殊，应成一定的比例关系。

2. 替代、分隔

当工矿企业中的生产建筑不够美观时，可用植物材料进行遮掩，用植物界面替代建筑界面，形成一个新空间，达到美化、转化的目的。如干道两旁外观较差的建筑、杂乱的堆场、破烂的构筑物等，均可用植物进行遮挡；也可用植物形成绿墙，分隔功能不同或外观不协调的空间。而耐荫的地被植物或草地覆盖地面会使整个环境在绿色的基调上统一起来，变得更温暖、柔和，同时有滞尘、保土作用。发展屋顶绿化和垂直绿化，不仅能美化建筑物的层面、墙面，还能协调夏季的室内温度。

3. 遮盖

利用乔木的高大树冠为道路、广场等提供遮阴，避免夏季高温和强光刺激，获得适宜的小气候和满意的光影效果。

4. 围合

运用植物围合成独立的景观空间，空间的所有界面均由植物构成，配以适当的建筑小品，创造出优美、清新的绿色环境，为工人休息、娱乐创造良好的环境。

（二）绿化树种规划原则

工矿企业绿地具有双重目的，美化景观的作用是很明显的，更重要的是对环境保护的功能。因此树种规划的原则如下。

1. 定适生植物种类

首先对工厂所在地区以及自然条件相似的其他地区所分布的植物种类进行全面调查；其次要注意其在工厂环境中的生长情况；再次对该厂环境条件进行全面的分析。在此基础上定出一个初步的适生植物名录。必要时可做一些针对性的试验比较，以扩大选择范围。

2. 定骨干树种和基调树种

骨干树种是工厂绿化的支柱，对保护环境、美化工厂、反映工厂的面貌作用显著，必须在调查研究和观察试验的基础上慎重选择。道路绿化是工厂绿化的骨架，是联系工厂各个部分的纽带。一般情况下，工厂骨干树种的选择，首先是道路绿化树种尤其是行道树的选择，除了工厂绿化植物的一般要求外，还要求树形整齐、冠幅大、枝叶密、落果或飞毛少、发芽早、落叶晚、寿命长等。

基调树种用量大、分布广，同样对工厂环境的面貌和特色起决定性作用，要求抗性和使用性强，适合工厂多数地区的栽植。

3. 定不同类型的植物

乔木树体高大，与工厂大尺度空间相协调，树冠覆盖面积广，树下地面可用于室外操作及临时堆放等。乔木主要用于道路和广场绿化，是工厂绿化植物规划的重点。灌木抗性强、适应面广、树形优美，是工厂绿化所不可缺少的。攀缘植物用于棚、篱垣、墙面绿化，在用地十分紧张的工厂中具有格外重要的意义；耐荫地被能充分利用树下空间，防止水土流失和二次扬尘。

近年来，草地越来越受重视，它不论在改善环境还是在创造景观方面都能起到较好的作用，尤其便于施工、适用于土层薄或地下设施需要经常检修的地方。

植物配置要按照生态学的原理规划设计多层结构，物种丰富的乔木下加栽耐荫的灌木和地被植物，构成复层混交人工植物群落，做到耐荫与喜光植物、常绿与落叶植物、速生和慢生树木相结合，这样可做到事半功倍、效果明显。例如湖北十堰市第二汽车制造厂中心游园植物配置选用香樟、广玉兰、黑松、柳杉、夹竹桃、木槿、紫荆等作为游园临街的混交林，以达到防尘和减弱道路上的噪声的效果，结合功能分区和景观的要求，还选择了罗汉松、棕榈、紫竹、凤尾兰、紫玉兰、白玉兰、枫香、柽柳、结香、锦带花等植物，使其与景观小品相映生辉，形成以绿色调为主体的景观绿地空间。

4. 定合理的比例关系

工厂绿化要注意常绿树与落叶树、速生树与慢长树、乔木和灌木的比例关系。

常绿树可以保证四季的景观并起到良好的防风作用；落叶树季相分明，使厂区环境生动活泼。落叶树中吸收有害气体的植物品种较多，吸收到植物叶片中的有害气体随着树叶回到土壤中，新生出的叶片又继续吸收有害气体。常绿树中尤其是针叶树吸收有害气体的能力、抗烟尘及吸滞尘埃的能力远不如落叶树。

对防火、防爆要求较高的厂区，要少用油脂含量高的常绿树。在人们活动区域内要少用常绿树，以满足人们冬季对阳光的需求。

速生树绿化效果快，容易成荫成材，但寿命短，须用慢长树来更新，考虑到绿化的近期与远期效果，应采用快长树与慢长树搭配栽植，但要注意在平面布置上避免树种间对阳光、水分、养分的"争夺"，要有合理的间距。具体比例视工厂的性质、规模、资金情况、自然条件以及原有植物情况来确定，参考比例为乔木中快长树占75%，慢长树占25%，乔木多数体量大，灌木体量小，因此，乔木与灌木的比例以1：(3~5)为宜。

5. 生产工艺流程对环境的要求

一些精密仪器对环境的要求较高，为保证产品质量，要求车间周围空气洁净、尘埃少，要选择滞尘能力强的树种，如榆、刺楸等，不能栽植杨、柳、悬铃木等有飘毛飞絮的树种。

对有防火要求的厂区、车间、场地要选择油脂少、枝叶水分多、燃烧时不会产生火焰的防火树种，如珊瑚树、银杏等。

由于工厂的环境条件非常复杂，绿化的目的要求也多种多样，工厂绿化植物规划很难做到一劳永逸，需要在长期的实践中不断检验和调整。

6. 适地适树

植物因产地、生长习性不同，对气候条件、土壤、光照、湿度等都有一定的适应性。在工业环境下，特别是污染性大的工业企业，宜选择最佳适应范围的植物，充分发挥植物对不利条件的抵御能力。在同一工厂内，也会有土壤、水质、空气、光照的差异，在选择树种时也要分别处理，适地适树地选择树木花草，这样能使植物成活率高、生长强壮，达到良好的绿化效果。乡土树种适合本地区生长，容易成活，又能反映地方的绿化特色，应优先使用。

（三）抗污植物的选择方法

1. 污染地区调查法

在污染地区对现有的植物种类、年龄、栽植年限、生长状况、污染物的种类、浓度等以及其他生长条件进行调查分析，确定被调查植物的抗污能力。该方法经济、方便，便于广泛开展，但外部环境因子复杂，有害气体混合，植物的生长环境条件不易人为控制，选择结果的代表性较差，调查时要考虑多方面的因素。

2. 污染地区试栽法

在污染地区选择有代表性的地点，栽植各种植物进行比较，观察抗污染能力。该方法的优点是直接在污染区进行试验，所以结果比较符合实际，但现场环境因子比较复杂，不易控制。该方法中，植物可直接栽到地上，也可栽在盛有相同土壤的盆内。

3. 人工熏气法

在玻璃或塑料罩内，或人工熏气室内，以一定浓度的有害气体处理各种植物（或离体组织）观察其反应，比较不同的气体、不同浓度下对植物生长的危害情况。该方法环境因子由人为控制，科学性强，所得结果比较精确，但试验需要一定的设备和操作技术，不便于普及。

4. 叶片浸蒸法

以某些污染性物质（如 HF、H_2SO_3 等）的水溶液蘸植物叶片，观察受害情况，以确定其对有关气体的抗性。例如：用氢氟酸水溶液直接浸涂在叶片上，测定植物对大气中氟污染的反应；用亚硫酸水溶液浸涂植物叶片，测定植物对 SO_2 的反应。统计受害面积，确定不同植物的抗性等级。氢氟酸与亚硫酸溶液的浓度分别以 $500\mu L/L$ 和 $1500\mu L/L$ 为好，试验应以同龄叶片进行对照。

5. 叶片成分分析法

在运用上述方法时，除了观察宏观症状外，还可以用化学方法分析其污染成分的含量，与非污染地区样品的本底含量作对比，并参照其受害情况，了解其吸收有害物质的能力及抗性。该方法比较准确，不仅能了解植物的抗性，还能了解植物的吸收能力，这是其他方法不能替代的。

6. 物候法

长期的轻度污染不一定引起明显的外表症状或成分异常，但会导致植物生理代谢过程异常，进而使发芽、开花、结果等的质量和时间发生变化，可以通过物候观察的方法进行分析比较。这项工作需要专人负责，长年进行。

7. 测定植物 pH 值，确定抗性法

选取植物叶片，榨出汁液，用石蕊试纸初步测定其 pH 值，再用 pH 试纸进行精确的pH 值核对测定。pH 值在 6.0 以上为抗性强树种，pH 值在 5.0～6.0 为抗性较强树种，pH值在 4.0～5.0 为抗性中等树种。该方法简单易行，但只适用于有酸性气体排出的企业，这是此方法的局限性。

以上方法配合使用，可以弥补各自的局限性，其调查测定的结果更精确可靠。

（四）工厂绿地常用树种

1. 我国北部地区（华北、东北、西北）的抗污树种

（1）吸收 CO_2

① 第一类植物。单位叶面积每年吸收 CO_2 高于 2000g。

落叶乔木：柿树、刺槐、合欢、泡桐、栾树、紫叶李、山桃、西府海棠。

落叶灌木：紫薇、丰花月季、碧桃、紫荆。

藤本植物：凌霄、山荞麦。

草本植物：白三叶。

② 第二类植物。单位叶面积年吸收 CO_2 在 1000～2000g。

落叶乔木：桑、臭椿、槐树、火炬树、垂柳、构树、黄栌、白蜡树、毛白杨、元宝枫、核桃、山楂。

常绿乔木：白皮松。

落叶灌木：木槿、小叶女贞、羽叶丁香、金叶女贞、黄刺玫、金银花、连翘、金银木、迎春、卫矛、榆叶梅、太平花、珍珠梅、石榴、猬实、海州常山、丁香、天目琼花。

常绿灌木：大叶黄杨、小叶黄杨。

藤本植物：蔷薇、金银花、紫藤、五叶地锦。

草本植物：马蔺、鸢尾、崂峪苔草、萱草。

③ 第三类植物。单位叶面积年吸收 CO_2 低于1000g。

落叶乔木：悬铃木、银杏、玉兰、杂交马褂木、樱花。

落叶灌木：锦带花、玫瑰、棣棠、蜡梅、鸡麻。

（2）滞尘　丁香滞尘能力是紫叶小檗的6倍多；落叶乔木毛白杨为垂柳的3倍多。花灌木中较强的有丁香、紫薇、锦带花、天目琼花；一般的有榆叶梅、棣棠、月季、金银木、紫荆；较弱的有小叶黄杨、紫叶小檗。乔木中较强的有桧柏、毛白杨、元宝枫、银杏、槐树；一般的有臭椿、栾树；较弱的有白蜡、油松、垂柳。

（3）抗 SO_2

① 抗性强。构树、皂荚、华北卫矛、榆树、白蜡树、沙枣、柽柳、臭椿、旱柳、侧柏、小叶黄杨、悬穗槐、加杨、枣、刺槐。

② 抗性较强。梧桐、丝绵木、槐、合欢、麻栎、紫藤、板栗、杉松、柿、山楂、桧柏、白皮松、华山松、云杉、杜松。

（4）抗 Cl_2

① 抗性强。构树、皂荚、榆、白蜡、沙枣、柽柳、臭椿、侧柏、杜松、枣、五叶地锦、地锦、蔷薇。

② 抗性较强。梧桐、丝棉木、槐、合欢、板栗、刺槐、银杏、华北卫矛、杉松、桧柏、云杉。

（5）抗 HF

① 抗性强。构树、皂荚、华北卫矛、榆、白蜡、沙枣、柽柳、臭椿、云杉、侧柏、杜松、枣、五叶地锦。

② 抗性较强。梧桐、丝棉木、槐、桧柏、刺槐、杉松、山楂、紫藤、沙枣。

2. 我国中部地区（华东、华中、华南部分地区）**的抗污树种**

（1）抗 SO_2

① 抗性强。大叶黄杨、海桐、蚊母、棕榈、青冈栎、夹竹桃、小叶黄杨、石栎、棉槠、构树、无花果、凤尾兰、枸橘、枳橙、蟹橙、柑橘、金橘、大叶冬青、山茶、厚皮香、冬青、枸骨、胡颓子、樟叶槭、女贞、小叶女贞、丝棉木、广玉兰。

② 抗性较强。珊瑚树、梧桐、臭椿、朴、桑、槐、玉兰、木槿、鹅掌楸、紫穗槐、刺槐、紫藤、麻栎、合欢、泡桐、樟、梓、紫薇、板栗、石楠、石榴、柿、罗汉松、侧柏、楝树、白蜡树、乌桕、榆、桂花、栀子、龙柏、皂荚、枣。

（2）抗 Cl_2

① 抗性强。大叶黄杨、青冈栎、龙柏、蚊母、棕榈、枸橘、夹竹桃、小叶黄杨、山茶、木槿、海桐、凤尾兰、构树、无花果、丝棉木、胡颓子、柑橘、枸骨、广玉兰。

② 抗性较强。珊瑚树、梧桐、臭椿、女贞、小叶女贞、泡桐、桑、麻栎、板栗、玉兰、紫薇、朴、楸、梓、石榴、合欢、罗汉松、榆、皂荚、刺槐、栀子、槐。

（3）抗 HF

① 抗性强。大叶黄杨、蚊母、海桐、棕榈、构树、夹竹桃、枸橘、广玉兰、青冈栎、无花果、柑橘、凤尾兰、小叶黄杨、山茶、油茶、丝棉木。

② 抗性较强。珊瑚树、女贞、小叶女贞、紫薇、臭椿、皂荚、朴、桑、龙柏、樟、榆、楸、梓、玉兰、刺槐、泡桐、垂柳、罗汉松、乌桕、石榴、白蜡。

（4）抗 HCl　小叶黄杨、无花果、大叶黄杨、构树、凤尾兰。

（5）抗 NO_2　构树、桑、无花果、泡桐、石榴。

3. 我国南部地区（华南及西南部分地区）的抗污树种

（1）抗 SO_2

① 抗性强。夹竹桃、棕榈、构树、印度榕、樟叶槭、楝树、扁桃、盆架树、红背桂、松叶牡丹、小叶驳骨丹、广玉兰、细叶榕。

② 抗性较强。菩提榕、桑、番石榴、银桦、人心果、蝴蝶果、木麻黄、蓝桉、黄槿、蒲桃、阿珍榄仁、黄葛榕、红果仔、米白兰、木菠萝、石栗、香樟、海桐。

（2）抗 Cl_2

① 抗性强。夹竹桃、构树、棕榈、樟叶槭、盆架树、印度榕、小叶驳骨丹、广玉兰。

② 抗性较强。高山榕、细叶榕、菩提榕、桑、黄槿、蒲桃、石栗、人心果、番石榴、木麻黄、米兰、蓝桉、蒲葵、蝴蝶果、黄葛榕、扁桃、杧果、银桦、桂花。

（3）抗 HF　夹竹桃、棕榈、构树、广玉兰、桑、银桦、蓝桉。

任务四　学校绿地规划设计

一、校园绿化的作用与特点

校园绿化与学校的规模、类型、地理位置、经济条件、自然条件等密切相关。由于各方面条件的不同，其绿化设计内容也各不相同。

（一）校园绿化的作用

① 为师生创造一个防暑、防寒、防风、防噪、安静的学习和工作环境。

② 通过绿化、美化，陶冶学生情操，激发学习热情。利用绿地开辟英语角、读书廊等活动场所，丰富学生的生活，也提高了学生的学习兴趣。

③ 通过美丽的花坛、花架、花池、草坪、乔灌木等复层绿化，为广大师生提供休息、文化娱乐和体育活动的场所。

④ 通过校园内大量的植物材料，可以丰富学生的科学知识，提高学生认识自然的能力。尤其在大中专院校，这种作用更加明显。在拥有丰富的树种种群的校园内通过挂牌标明树种，使整个校园成为生物学知识的学习园地。

⑤ 对学生进行思想教育。通过在校园内建造有纪念意义的雕塑、小品，种植纪念树，

可对学生进行爱国爱校教育。

（二）校园绿化的特点

校园建设具有学校性质多样化、校舍建筑多样化、师生员工集散性强及其所处地理位置、自然条件和历史条件各不相同等特点。学校景观绿化要根据学校自身的特点，因地制宜地进行规划设计、精心施工，才能显出各自的特色并取得优化效果。

1. 与学校性质和特点相适应

我国遍布各级、各类学校，其绿化除遵循一般的景观绿化原则之外，还要与学校性质、级别、类型相适应，即与该校教学、学生年龄、科研及试验生产相结合。如大专院校，工科要与工厂相结合，理科要与实验中心相结合，文科要与文化设施相结合，林业院校要与林场相结合，农业院校要与农场相结合，医科要与医药、治疗相结合，体育、文艺院校要与活动场地相结合等等。中小学校园的绿化则内容要丰富，形式要灵活，以体现青年学生活泼向上的特点。

2. 校舍建筑功能多样

校园内的建筑环境多种多样，不同性质、不同级别的学校其规模大小、环境状况、建筑风格各不相同，有以教学楼为主的，有以实验楼为主的，有以办公楼为主的，有以体育场为主的，也有集教学楼、实验楼和办公楼为一体的。一些新建学校规划比较整齐，建筑也比较一致，但往往用地面积较小，而一些老学校面积一般较大，但规划不合理，建筑形式千差万别，校园环境较差，尤其在一些高等院校中还有现代建筑环境与传统建筑环境并存的情况。学校景观绿化要能创造出符合各种建筑功能的绿化美化的环境，使多种多样、风格不同的建筑形式统一在绿化的整体之中，并使人工建筑景观与绿色的自然景观协调统一，达到艺术性、功能性与科学性相协调一致。各种环境绿化相互渗透、相互结合，使整个校园不仅环境质量良好，而且有整体美的风貌。

3. 师生员工集散性强

在校学生上课、训练、集会等活动频繁集中，需要有适合较大量的人流聚集或分散的场地。校园绿地要适应这个特点，有一定的集散活动空间，否则即使是优美完好的景观绿化环境，也会因为不适应学生活动需要而遭到破坏。

另外，由于师生员工聚集机会多，师生员工的身体健康就显得越发重要。学校景观绿化建设要以绿化植物造景为主，树种选择无毒无刺、无污染或无刺激性异味，以对人体健康无损害的树木花草为宜，力求实现彩化、香化、富有季相变化的自然景观，以达到陶冶情操、促进身心健康的目标。

4. 学校所处地理位置、自然条件、历史条件各不相同

我国地域辽阔，学校众多，分布广泛，各地学校所处地理位置、土壤性质、气候条件各不相同，学校历史年代也各有差异。学校景观绿地也应根据这些特点，因地制宜地进行规划、设计和进行植物种类的选择。例如，位于南方的学校，可以选用亚热带喜温植物；北方学校则应选择适合于温带生长环境的植物；在旱、燥气候条件下应选择抗旱、耐旱的树种；在低洼的地区则要选择耐湿或抗涝的植物；积水之处应就地挖池，种植水生植物。具有纪念性、历史性的环境，应设立纪念性景观，或设雕塑，或种植纪念树，或维持原貌，使其成为一块教育园地。

5. 绿地指标要求高

一般高等院校内，包括教学区、行政管理区、学生生活区、教职工生活区、体育活动区以及幼儿教育和卫生保健等功能分区，这些都应根据国家要求，进行合理分配绿化用地指标，统一规划，认真建设。据统计，我国高校目前绿地率已达10%，平均每人绿化用地已达4～6m²。但按国家规定，要达到人均占有绿地7～11m²，绿地率超过30%；今后，学校的新建和扩建都要努力达标。如果高校景观绿化结合学校教学、实习园地，则绿地率完全可以达到30%～50%的绿化指标。所以，对新建院校来说，其景观绿化规划应与全校各功能分区规划和建筑规划同步进行，并且可把扩建预留地临时用来绿化，对扩建或改建的院校来说，也应保证绿化指标，创建优良的校园环境。

二、校园绿地规划设计

（一）规划

学校的绿化与其用地规划及学校特点是密切相关的，应统一规划，全面设计。一般校园绿化面积应占全校总用地面积的50%～70%，才能真正发挥绿化效益。根据学校各部分建筑功能的不同，在布局上，既要作好区域分割，避免相互干扰，又相互联系，形成统一的整体。在树种选择上，要注意选择那些适于本地气候和本校土壤环境的高大挺拔、生长健壮、树龄长、观赏价值较高、病虫害少、易管理的乔灌木。常绿树与落叶树的比例以1:1为宜。不宜种植有刺激性气味、分泌毒液和带刺的植物。

学校绿化规划要因地制宜。某些大专院学因占地面积较大，地形高低起伏富于变化，可采用自然式布置；而地势较平坦的中、小学则多用规则式进行布置。

（二）绿化设计

1. 前庭

前庭即大门至学校主楼（教学楼、办公楼）之间的广阔空间，是学校的门户和标志。学校大门的绿化要与大门的建筑形式相协调，要多使用常绿花灌木，形成开朗而活泼的门景。大门两侧如有花墙，可用不带刺的藤本花木进行配置，以快长树、常绿树为主，形成绿色的带状围墙，减少风沙对学校的侵袭和外围噪声的干扰。大门外面的绿化应与街景一致，但又要有学校的特色。在门及门内的绿化，要以装饰性绿化为主，突出校园安静、美丽、庄重、大方的气氛。主楼前的绿地设计要服从主体建筑，只起陪衬作用。大门内可设置小广场、草坪、花灌木、常绿小乔木、绿篱、花坛、水池、喷泉和能代表学校特征的雕塑或雕塑群。种植的树木不仅不能遮挡主楼，还要有助于衬托主楼的美，与主楼共同组成优美的画面。主楼两侧的绿地可以作为休息绿地。

大专院校一般占地面积较大，入口处绿化面积相应较大。平面布局往往是大门内外和主楼前后设有广场或停车场。广场布置大型花坛（草坪）或由数个花坛组成的花坛群，其中心种植树形优美的常绿树或设置喷水池、雕塑加以点缀；停车场边缘或场内应尽可能地种植几株大型速生树，树冠大、有遮阴效果的大、中型观赏树作为行道树，如银杏、国槐、泡桐、毛白杨和栾树等。路外侧如有绿地，边缘种植绿篱、花篱或围以栏杆。绿地内可按小花园、封闭式、装饰性绿地进行布置。不论哪种类型的绿地都应在考虑绿地功能的前提下，注重植物材料的观赏效果。

2. 中庭

中庭包括教学楼与教学楼之间、实验室与图书馆、报告厅之间的空间场地等。这一区域是以教学为中心的，在绿化布置时，首先要保证教学环境的安静，在不妨碍楼内采光和通风的情况下，主要以对称布局种植高大乔木或常绿花灌木。教学楼大门前可以对称布置常绿树或花灌木。中庭绿化要保持教室内的采光，还要隔离教室之间的互相干扰，创造幽静的学习环境。在教室、实验室外围可设立适当铺装的游戏活动场地和设施，供学生课间休息活动。植物配置要与建筑协调一致。靠近墙基可种些不高的花灌木，高度不应超过窗口，常绿乔木可以布置在两个窗户之间的墙前，但要远离建筑 5m 以上，在教室东西两侧可以种植大乔木，以防东西日晒，教室北面要注意选择耐荫花木进行布置。

3. 后院

学校后院一般面积较大，体育活动场馆、园艺场、科学实验园地、大会议厅、食堂、宿舍、实验实习场（厂）等多布置在这里。特别是动物场四周的绿化，要根据地形情况种植数行常绿和落叶乔灌木混交林带，运动场与教室、宿舍之间应有宽 15m 以上的绿色林带。大专院校运动场离教室、图书馆应有 50m 以上的绿色林带，以防来自运动场上的噪声，并隔离视线，使不影响教室内的教学和宿舍同学的休息。在绿色林带中可以适当设置单双杠等体操活动器具，为了运动员夏季遮阴需要，可在运动场四周局部栽种落叶大乔木，适当配植一些观叶树，在绿化的同时注意景观效果；在西北面可设置常绿树墙，以阻挡冬季寒风袭击。运动场可选用耐践踏、耐低剪的草种，北方可选用结缕草，南方选用天堂草，并可在秋季补播黑麦草，以增加冬天的绿色。

学生宿舍楼周围的绿化应以校园的统一美观为前提，宿舍前后的绿地设计成装饰性绿地，用绿篱或栏杆围起，不准进入。绿地内配以乔木或灌木花卉，沿人行道种植大乔木。这种绿化方式对绿化面貌的形式和保护有明显作用，但是学生不能到绿地内休息和学习。另一种绿化方式是把宿舍楼前的绿地布置成庭院形式铺装的院子，使树池、花坛、草坪以及棚架等巧妙地组合在一起。这种绿化方式的优点是为学生提供了良好的学习和休息场地，但绿化面积有所减少。

自然科学园地如花圃、苗圃、气象观测站、实习场（厂）等的绿化，要根据教学活动的需要进行配置，在近处要有适当的水源和排灌设施，如池塘、小河等，便于浇灌和排水，并自然布置花灌木，周围也可使用矮小的花栅栏或小灌木绿篱。特别是农林、生物等大专院校，还可以结合专业建立植物园、果园、动物园，以景观形式布置，既有利于专业教学、科研，又为师生们课余时间提供休息、散步、游览的场所。为了满足学生们课外复习的要求，后院或教室外围空气较好的某些局部可设置室外读书小空间，根据地形变化因地制宜地布置，三面可用常绿灌木相围，以落叶大乔木遮阴，以免相互干扰。其他面应以草坪铺装，其中设置桌、椅、凳，有条件的大专院校可以在中庭和后院多设几个小游园，设置一些亭、台、阁以供学生们室外阅读外语和复习功课。

4. 校区道路

道路是连接校内各区域的纽带，其绿化布置是学校绿化的重要组成部分。道路有笔直的主体干道，有区域之间的环道，有区域内部的甬道。主体干道较宽（可达 12～15m），两侧种植高大乔木形成庭荫树。在树下可以铺设草坪或方砖，在高大乔木之间适当种植绿篱、花灌木，也可以搭配一些草本花卉。在道路中间也可以设置 1～2m 宽的绿化带，可以用矮绿篱或装饰性围栏圈边，中间铺设草坪，适当点缀整形树和草本花卉。区域之间环道较主体干道要窄一些，一般为 5～6m，在道路两侧栽植整形树和庭荫树，在庭荫树之间可以点缀一些花灌木和草本花卉，适当设置一些休息凳，树下铺设草坪或方砖，以提高其观赏效果并便于行人休息。区域内部的甬道一般为 1～2m 宽，路面为方砖铺设，路边有路牙石英钟或装饰性矮围栏、矮绿篱，与该区的其他绿化构成协调统一的整体美。

一些城内用地紧凑的中、小学要以见缝插绿的办法搞绿化，特别要充分利用攀缘植物进行垂直绿化，以达到事半功倍的绿化效果。学校用地周围应种植绿篱及高大树木，以减少场地尘土、噪声对附近住宅的影响。

（三）学校小游园设计

小游园是学校景观绿化的重要组成部分，是美化校园的精华的集中表现。小游园的设置要根据不同学校特点，充分利用自然山丘、水塘、河流、林地等自然条件，合理布局，创造特色，并力求经济、美观。小游园也可以和学校的电影院、俱乐部、图书馆、人防设施等总体规划相结合，统一规划设计。小游园一般选在教学区或行政管理区与生活区之间，作为各分区的过渡。其内部结构布局紧凑灵活，空间处理虚实并举，植物配置须有景可观，全园应富有诗情画意。游园形式要与周围的环境相协调一致。如果靠近大型建筑物而面积小、地形变化不大，可规划为规则式；如果面积较大，地形起伏多变，而且有自然树林、水塘或邻近河、湖水边，可规划为自然式。在其内部空间处理上要尽量增加层次，有隐有显，曲直幽深，富于变化；充分利用树丛、道路、景观小品或地形，将空间巧妙地加以分隔，形成有虚有实、有明有暗、高低起伏、四季多变的美妙境界。不同类型的小游园，要选择一些造型与之相适应的植物，使环境更加协调、优美，具有审美价值、生态效益乃至教育功能。

规则式小游园可以全面铺设草坪，栽植色彩鲜艳、生长健壮的花灌木或孤植树，适当设置座椅、花棚架，还可以设置水池、喷泉、花坛、花台。花台可以和花架、座椅相结合，花坛可以与草坪相结合，或在草坪边缘，或在草坪中央形成主景。草坪和花坛的轮廓形态要有统一性，而且符合规则式布局要求。单株种植的树木可以进行规则式造型，修剪成各种几何形态，如黄杨球、女贞球、菱形或半圆球形黄杨篱；也可进行空悬式造型，如松树、黄杨、柏树。园内小品多为规则式的造型，园路平直，即使有弯曲，也是左右对称的；如有地势落差，则设置台阶踏步。

自然式的小游园常以乔灌木相结合，用乔灌木丛进行空间分隔组合，并适当配置草坪，多为疏林草地或林边草坪等。可利用自然地形挖池堆山创造涌泉、瀑布，既创造了水面动景，又产生了山林景观。有自然河流、湖海等水面的则可加以艺术改造，创造具有自然山水特色的园景。园中也可设置各种花架、花境、石椅、石凳、花台、花坛、小水池、假山，但其形态特征必须与自然式的环境相协调。如果用建筑材料设置时，出入口两侧的建筑小品应用对称均衡形式，但其体量、形态、姿态应有所变化。例如，用钢筋或竹竿做成框架，用攀缘植物绿化，形成绿色门洞，既美丽又自然。

小游园的外围可以用绿墙布置，在绿墙上修剪出景窗，使园内景物若隐若现，别有情趣。中、小学的小游园还可设计成为生物学教学劳动园地。

任务五 医疗机构绿地规划设计

医院绿化的目的是卫生防护隔离、阻滞烟尘、减弱噪声，创造一个幽雅安静的绿化环境，以利人们防病治病，尽快恢复身体健康。据测定，在绿色环境中，人的体表温度可降低

1～2.2℃，脉搏平均减缓 4～8 次/min，呼吸均匀，血流舒缓，紧张的神经系统得以松弛，对高血压、神经衰弱、心脏病和呼吸道疾病能起到间接的治疗作用。现在医院设计中，环境作为基本功能已不容忽视，具体地说，将建设与绿化有机结合，使医院功能在心理及生理意义上得到更好的落实。

一、医疗机构的类型及其组成

（一）类型
（1）综合医院　一般设有内、外各科的门诊部和住院部。
（2）专科医院　是某个专科或几个相关联医科的医院，如妇产医院、儿童医院、口腔医院、结核病医院、传染病医院等。传染病医院及需要隔离的医院一般设在郊区。

（二）组成
综合医院是由多个使用要求不同的部分组成的，在进行总体布局时，按各部分功能要求进行。综合医院的平面可分为医务区及总务区两大部分，医务区又分为门诊部、住院部、辅助医疗等几部分。

1. 门诊部

门诊部是接纳各种病人、对病情进行诊断、确定门诊治疗或住院治疗的地方，同时也是进行防治保健工作的地方。门诊部的位置选择，一方面便于患者就诊，如靠近街道设置，另外又要满足治疗需要的卫生和安静条件。

2. 住院部

住院部是医院的主要组成部分，并有单独的出入口，其位置安排在总平面中安静、卫生条件好的地方。住院部以保证患者能安静休息为基础，尽可能避免一切外来干扰或刺激（如在视觉、嗅觉、听觉等方面产生的不良因素），以创造安静、卫生和适用的治疗和疗养环境。

3. 辅助医疗部分

门诊部和病房的辅助医疗部分的用房，主要由手术部、中心供应部、药房、X 光室、理疗室和化验室等部分组成。大型医院中可按门诊部和住院部各设一套辅助医疗用房，中小型医院则合用。

4. 行政管理部门

行政管理部门主要是对全院的业务、行政和总务进行管理，有时单独设立在一幢楼内，有时也设在门诊部门。

5. 总务部门

总务部门属于供应和服务性质，一般都设在较偏僻的地方，与医务部分有联系又有隔离。该部分用房包括厨房、锅炉房、洗衣房、事务及杂用房、制药间、车库及修理库等。

其他还有太平间及病理解剖室，一般常设置在单独区域内，与其他部分保持较大的距离，并与街道及相邻地段有所隔离。

现代医疗结构的布局是一个复杂的整体，要合理地组织医疗程序，更好地创造卫生条件，这是规划首要的任务。要保证病人、医务人员和工作人员的方便，休息、医疗业务和工作中的安静，又要有必要的卫生隔离。

二、医疗机构绿地的作用

医院中的景观绿地一方面可以创造安静的休养和治疗环境，另一方面也是卫生防护隔离地带，对改善医院周围的小气候有着良好的作用，如降低气温、调节湿度、减低风速、遮挡烟尘、减弱噪声、杀灭细菌等。绿地既美化医院的环境，改善卫生条件，又有利于促进病人的身心健康，使病人除药物治疗外，还可在精神上受到优美的绿化环境的良好影响，对于病人早日康复有良好的作用。

三、医疗机构绿地规划设计

医院绿地应与医院的建筑布局相协调，除建筑之间的绿地空间外，还应该在住院部留出较大的绿地空间，建筑前后绿地不宜过于闭塞，病房、诊室都要便于识别。

根据医院性质的不同，所要求的绿地面积也有所不同。在疗养性质的医院，如疗养院、结核病院、精神病院等绿地面积可更大些。建筑前后绿地不要影响室内采光、日照和通风。植物选择以常绿树为主，选择无飞絮、飘毛、浆果的植物，也可选用一些具有杀菌及药用的、少病虫灾的乔木或花灌木和草本植物，并考虑夏季防日晒、冬季防寒风。植物配置要考虑四季景观，特别是大门入口处和住院区。

根据医院各组成部分功能要求的不同，其绿地布置亦有不同的形式。现分述各部分规划要求。

1. 门诊区

门诊区靠近医院的入口，入口绿地应该与街景调和，也要防止来自街道和周围的烟尘和噪声污染。所以在医院外围应密植 10～15m 宽的乔灌木防护林带。

门诊部是病人候诊的场所，其周围人流较多，是城市街道和医院的结合部，需要有较大面积的缓冲场地。场地及周边应作适当的绿地布置，以美化装饰为主，可布置花坛、花台，有条件的还可设喷泉和主题性雕塑，形成开朗、明快的格调。在喷泉水流的冲击下，促进空气中阴离子的形成，增加疗养功能。沿场地周边可以设置整形绿篱、开阔的草坪、花开四季的花灌木，用来点缀花坛、花台等建筑小品，组成一个清洁整齐的绿地区。但是花木的色彩对比不宜强烈，应以常绿素雅为宜。场地内疏植一些落叶大乔木，其下设置坐凳以便病人坐息和夏季遮阴。大树应选离门诊室 8m 外种植，以免影响室内日照和采光。在门诊楼与总务性建筑之间应保持 20m 的卫生距离，并以乔灌木隔离。医院临街的围墙以通透式的为好，使医院庭园内草坪与街道上绿荫如盖的树木交相辉映，如南京解放军医院的通透围墙取得了很好的效果。

2. 住院区

住院区常位于医院比较安静的地段，位置选在地势较高、视野开阔、四周有景可观、环境优美的地方。可在建筑物的南向布置小游园，供病人室外活动，花园中的道路起伏不宜太大，宜平缓一些，方便病人使用，不宜设置台阶踏步。中心部位可以设置小型装饰广场，以水池、喷泉、雕像等景观小品点缀，周围设立座椅、花棚架，以供坐息、赏景兼作日光浴场，亦是亲属探望病人的室外接待处。面积较大时可以利用原地形挖池叠山，配置花草、树木，并建造少量景观建筑、装饰性小品、水池、冈阜等，形成优美的自然式庭园。

植物布置要有明显的季节性，使长期住院的病人能感受到自然界的变化，季节变换的节奏感宜强烈些，使之在精神、情绪上比较兴奋，从而提高药物疗效。常绿树与开花灌木应保持一定的比例，一般为1：3左右，使植物景观丰富多彩。植物配置要考虑病人在室外活动时对夏季遮阴、冬季阳光的需要。还可以多栽些药用植物，使植物布置与药物治疗联系起来，增加药用植物知识，减弱病人对疾病的精神负担，有利于病员的心理辅疗。医疗机构绿化宜多选用保健型人工植物群落，利用植物的配置形成一定的植物生态结构，从而利用植物的分泌物质和挥发物质达到增强人体健康、防病治病的目的。例如枇杷树、丁香、桃树、八仙花、八角金盘，林缘种枸骨、葱兰；银杏、广玉兰、香草、桂花、胡颓子、薰衣草；含笑、蜡梅、丁香、桂花、栀子、玫瑰、月季；其中枇杷安神明目，丁香止咳平喘，广玉兰散湿祛寒，许多香花树种如含笑、桂花、广玉兰、栀子等，均能挥发出具有强杀菌力的芳香油类物质，银杏叶含有氢氰酸，其保健和净化空气能力较强。

根据医疗的需要，在绿地中布置室外辅助医疗地段，如日光浴场、空气浴场、体育医疗场等，各以树木作隔离，形成相对独立的空间。在场地上以铺草坪为主，也可以砌块铺装并间以植草（嵌草铺装），以保持空气清洁卫生，还可设棚架作休息交谈之用。

3. 辅助医疗、行政管理、总务及其他区

除总务部门分开以外，辅助医疗与行政管理一般常与住院门诊组成医务区，不另行布置。晒衣场与厨房、锅炉房等杂务院可单独设立，周围有树木作隔离。医院太平间、解剖室应有单独出入口，并在病人视野以外，周围密植常绿乔灌木，形成完美的隔离带。特别是手术室、化验室、放射科，四周的绿化必须注意不种有绒毛和花絮植物，防止东西日晒，并保证通风和采光。除了庭园绿化布置时，还要有一定面积的苗圃、温室，为病房、诊疗室提供盆花、插花，以改善、美化室内环境。

医疗机构的绿化，除了要考虑其各部分使用要求外，其庭园绿化应起分隔作用，保证各分区不互相干扰。

在植物种类选择上，可多种些有强杀菌能力的树种，如松、柏、樟、桉树等，有条件的还可以种些经济树种、果树、药用植物，如核桃、山楂、海棠、柿、梨、杜仲、槐、白芍药、牡丹、杭白菊、垂盆草、麦冬、枸杞、醉蝶花、丹参、鸡冠花、长春花、藿香等，都是既美观又实用的种类，这样使绿化同医疗结合起来，是医疗机构绿化的一个特色。

为了提高医院的绿化率和树冠体积系数，地面绿化应实行套种，广铺草坪，并多配植常绿乔木，在建筑近处种植稀疏、远处浓密，使建筑掩映在碧树浓荫中。

四、儿童医院、传染病医院的绿地规划设计

（一）儿童医院

儿童医院主要接收年龄在14周岁以下的生病儿童。在绿化布置中要安排儿童活动场地及儿童活动的设施，其外形色彩、尺度都要符合儿童的心理与需要。因此儿童医院要以"童心"感进行设计与布局，树种选择要尽量避免种子飞扬、有异味、有毒有刺的植物，以及易引起过敏的植物，还可布置些图案式样独特的装饰物及景观小品。良好的绿化环境和优美的布置可减轻儿童对疾病的心理压力。

（二）传染病医院

　　传染病医院主要接收有急性传染病、呼吸道系统疾病的病人，医院周围的防护隔离带的作用就显得格外重要，其宽度要在 30m 以上，比一般医院要宽。林带由乔灌木组成，将常绿树与落叶树一起布置，使之在冬天也能起到良好的防护效果。在不同病区之间也要隔以绿篱。利用绿地把不同病人组织到不同空间中去休息、活动，以防交叉感染。病人活动以下棋、聊天、散步、打拳为主，布置一定的场地和设施，以提供良好的条件。

复习思考题

1. 机关单位绿地规划设计原则和特点是什么？
2. 校园绿地规划设计的原则和特点是什么？
3. 工矿企业绿化树种的选择和规划的原则和特点是什么？
4. 医疗机构绿地规划设计的原则和特点是什么？

项目十　屋顶花园景观规划设计

项目导读

目前，建筑界的话题似乎都离不开"景观建筑""绿色建筑""城市可持续发展"等；城市建设的视点也聚集在城市景观方面，特别是城市街道的改造、中心广场的建立、步行街的建造等；而对于建筑的第五立面考虑得不多，尤其是住宅建筑的第五立面。其实住宅建筑由于量大、面广，其屋顶形式及色彩对城市景观影响较大，不应忽视。

精巧、别致、风格独特的屋顶花园式建筑与造园合作的空间越来越大，目前在国内、外旅游宾馆、办公楼、商场、高层公寓、工厂、仓库和住宅等各类建筑中，已建造了各种类型的屋顶花园，进行了屋顶绿化。空中花园的美景将随着城市建设的发展，进入人们的工作与生活环境，为建造园林城市开辟新路径。

任务一　屋顶花园概述

屋顶花园（绿化）从广义上讲，是指在各类建筑物、构筑物、城围、桥梁（立交桥）等的屋顶、露台、阳台或大型人工假山山体进行造园，种植树木花草的统称。从狭义上讲，是指在各类建筑物、构筑物上直接种植植物，布置园林小景。

在建筑物屋顶上绿化、养花和建造花园，与露地种植和造园的最大区别在于，它的种植土不与大地相连。若想取得理想效果，必须了解屋顶种植与露地种植的区别，也须对承受屋顶种植荷重的建筑物屋顶结构与构造有必要的认识。

随着生活水平的提高，人们对工作和居住环境有更高的要求。科学技术和现代建筑发展的趋势之一就是要求建筑与自然画境的协调，把更多的绿化空间引入建筑空间。这在当今建筑科学技术发展的条件下，为建造屋顶花园创造了有利的条件。

现代建筑向密集、多层、高层而又多为平屋顶的方向发展。建筑师们也将屋顶平面视为建筑物的第五立面，考虑其所设计房屋的鸟瞰效果，平屋顶被利用作"地面"。这样，在铺满人工石的城市里就有可能用屋顶的绿化加以补偿绿化的不足。从天空上俯视屋顶苍翠的未来城市，将会呈现一片无尽的空中花园景色。

改善日益恶化的城市环境，为城市居民创造良好的工作和生活环境，是当前园林工作者的职责。增加城市绿化面积所面临的问题是城市高楼大厦林立、众多的道路和硬质铺装取代了自然土地和植物。在水平方向的绿化潜力已越来越少，必须从立体化绿化找出路，即向建筑物的垂直绿化和屋顶绿化方向发展。建筑物屋顶空间日益被建筑界、园林界及广大群众视为值得开发和利用的绿化、美化场地和城市居民室外活动空间。

一、屋顶花园的设计原则

（一）安全性

安全性是屋顶花园的基本特征。建筑物的承载能力是否满足屋顶花园各项园林工程所增加的荷载，这是建筑屋顶花园的关键所在，必须对屋顶承载能力进行核算。建造屋顶花园，进行屋顶防水施工和经常性耕种作业，必须考虑到屋顶花园的承受能力，以防止因为漏水而给业主造成不必要的损失。屋顶花园在楼房的顶部，必须考虑花园四周能否满足人的水平推力，应按照 $80kg/m^2$ 水平推力计算防护栏杆的强度，防护栏高度应超过 90cm，且不留空格。

（二）实用性

实用性是屋顶花园的造园目的。屋顶花园的使用要求不同，形式也各异，因此首先要根据建造单位使用要求进行规划设计和建造。既然是屋顶花园，绿化或养花的基本点就是保证绿化的覆盖率，绿化覆盖率直接关系到屋顶花园绿化功能的发挥。为充分发挥绿化的生态效能、环境效益和经济效益，屋顶上绿化覆盖率一般不低于屋顶面积的 60%。除必要的园路及水面外，可充分利用屋顶女儿墙、花架、假山、花墙及建筑小品的墙柱和屋顶，进行垂直空间绿化。

（三）园林艺术美

园林艺术美是屋顶花园的特色。屋顶花园所处环境和场地受建筑物平面、立面限制，而屋顶所占面积均较狭小，几乎多为方形、长方形，很少出现不规则平面。竖向地形上变化更小，几乎均为等高平面。因此，屋顶花园在植物选择及景观配置等方面要仔细推敲，既要与主体建筑物及周围大环境保持协调一致，又要有独特的园林风格。所以屋顶花园的植物选配应是当地的精品，游人的路线和建筑小品的位置和尺度都应仔细推敲，应充分运用植物、微地形、水体和园林小品等造园要素，组织屋顶花园的空间。要充分发挥屋顶花园居高临下、视点高、视阈宽广等特点，采取借景、组景、点景、障景等造园技巧，体现其独有的特色。

（四）经济性

屋顶花园的建造必须考虑到业主的承受能力，按照业主的要求做出合理的预算。

二、屋顶花园的分类

（一）按使用要求分

1. 游览性屋顶花园

此类花园为在本楼工作或居住的人们提供业余休息场所，在一些大型公共建筑屋顶（如宾馆、超级市场、公司等）可为顾客提供交谈会客的座椅场所。它的绿化面积、园林小品等均应有一定数量，这种类型的屋顶花园应属于推广的形式。

2. 赢利性花园

此类花园多用于旅游宾馆、饭店、夜总会和在夜晚开办的舞会，以及夏季夜晚营业的茶室、冷饮、餐室等，因它居高临下夜间风凉并能观赏城市夜景，深受人们的欢迎。

一般应留有一定位置设置餐桌椅及舞池，植物配置应选用傍晚开花的芳香品种，花园四周要设置可靠的安全防护措施，并注意夜间照明等电器的位置和安全。

3. 科研生产的绿化屋顶

此类花园利用屋顶面积结合科研和生产要求，种植各类树木、花卉、蔬菜，甚至养鱼。除为管理需要设置的小道外，屋顶上多按行、排种植，屋顶绿化效果和绿化面积一般均好于其他类型屋顶。成都原子能研究所利用办公大楼屋顶种植菊花进行同位素辐射科研，取得了科研和绿化的双重成果。

（二）按绿化方式分

1. 成片种植式

该方式在屋顶的绝大部分以种植各类地被植物或小灌木为主，色块、图案形式采用观叶植物或整齐、艳丽的各色草花，形成一层绿化的"生物地毯"。这种粗放、自然式的草坪绿化，由于地被植物在种植土厚度为 10～20cm 时即可生长发育，对屋顶所加荷载较小，是一般上人屋顶结构均可承受的。同时俯视效果好。该方式用于屋顶高低交错时低层屋顶的绿化。因其注重整体视觉效果，内部可不设园路，只留出管理用通道。

2. 分散式和周边式

屋顶种植采用花盆、花桶、花池等分散形式组成绿化区或沿建筑屋顶周边布置种植池，这种点线式种植可根据屋面的使用要求和空间尺度灵活布置。该方式布点灵活、构造简单、适应性强，适用于大多数屋顶。

3. 庭院式

小游园应有适当起伏的地貌，配以小型亭、花架等园林建筑小品，并点缀以山石。选择浅根性的小乔木，与灌木、花卉、草坪、藤本植物等搭配。为满足植物根系生长需要，种植土需 30～40cm 厚，局部可设计成 60～80cm。注意在建筑设计时统筹考虑，以满足屋顶花园对屋顶承重能力的要求，设计时还要尽量使较重的部位（如亭、花架、山石等）设计在梁柱上方的位置。

（三）按空间位置分

在低层、多层或高层建筑的屋顶上，平顶所在空间位置可分为以下几种。

1. 开敞式

平顶居于建筑群体的顶部，屋顶四周不与其他建筑物相接，如重庆市会仙楼宾馆等。

2. 封闭式

屋顶花园四周均有建筑物包围形成内天井布局，其中的植物生长受到建筑物的阴影影响，多为间接采光，选用耐荫植物为宜。

3. 半开敞式

一组建筑群体中，主体建筑周围的群体屋顶上建造的屋顶花园，为半开敞式。它有一面或二面或三面依靠在主体建筑旁，这种形式在国内外已建成的大中型屋顶花园中被广泛采用，如北京的长城饭店、杭州黄龙饭店、美国华盛顿的水门饭店等。它不仅为使用提供了便利，并由于有建筑物的遮挡，可形成有利于植物生长的小气候，对防风、防晒也有利，但应注意依附墙壁的反光玻璃在强光的反射下对植物的损害。

（四）按照建筑结构分

1. 坡屋顶绿化

在一些低层建筑上可采用适应性强、栽培易管理的藤本植物，如葛藤、爬山虎、南瓜、葫芦等。尤其是对于小别墅，屋顶常与屋前屋后绿化结合，形成丰富的绿化景观。在欧洲，常见建筑屋顶种植草皮，形成绿茵茵的"草房"，让人倍感亲切。

日本设计师藤森在设计中追求自然与人的"寄生"关系、人工物与自然之间的微妙平衡点，因为"自然素材"和"手工痕迹"与"绿色"是同等重要的课题；目的是利用自然素材的非均质性、偶然性和变化的微妙性，使建筑生出耐人寻味的品位。

缓缓坡起的木质屋顶上，整齐的土坑与木板间的缝隙纵横交错，看上去很像田地中的垄沟，里面种着韭菜。

2. 平屋顶绿化

在现代建筑中，钢筋混凝土的平屋顶较为普遍，是开拓屋顶绿化的最好空间。现在屋顶绿化多采用的一种方式一般以草坪和灌木为主，图案多为几何构图，给人以简洁明快的视觉享受。

三、屋顶花园的设计

（一）屋顶结构的设计

① 首先了解屋顶的结构，每平方米允许载重，屋顶排水、渗漏等自然情况，以便进行精确核算。

② 必须把安全放在首位，切实做到万无一失。采取科学的态度，全面进行重量分析，一定要控制荷载在允许范围内。

③ 屋顶的防水与排水。

a. 防渗漏是建设屋顶花园的关键，该工序是基础，如处理不好，则其上的建设将功亏一篑。北方多为柔性防水层，即以油毡、玻璃布等纤维卷材和再生橡胶、合成橡胶卷材等为防水胎层，与沥青等黏结剂交替黏合而成的防水层。在做防水层时，尤其注意油毡与屋顶上的出气孔、烟道、雨水口及屋槽等处的构造连接接缝，它是造成屋顶漏水的主要因素。如果在旧屋顶上进行造园，应将防水层修补或整平，刷上一层防水砂浆，上面再加上一道卷材防水和一道防水涂料，以增加屋面的防渗漏能力。

b. 在屋顶花园的建设中，种植池、水池和道路场地施工时，应遵循原屋顶排水系统，进行规划设计，不应封堵隔绝或改变原排水口和坡度。一旦下水管道堵塞，就会造成屋顶排水不畅，势必形成屋面积水，最后导致屋顶漏水。特别是大型种植池排水层下的排水管道，要与屋顶排水口配合，注意相关的标高差，使种植池内多余浇灌水能顺畅排出。

（二）植物种植层结构的设计与施工

种植层是屋顶花园结构中的重要组成部分，它不仅工程量大、造价高，而且决定着植物生长的好坏，因而在种植层结构上创造适于植物生长的必要条件，也是建设屋顶花园的关键内容。屋顶种植层与露地相比较，主要的区别是种植条件的变化。由于屋顶种植要受屋顶承重、排水、防水等条件的限制，因而屋顶花园种植层由上向下包括以下三层构造。

1. 采用人工合成种植土代替自然土壤

屋顶种植区采用人工合成种植土不仅可大大减轻屋顶荷重，而且可根据各类植物生长的需要配制养分充足、酸碱适合的种植土，结合种植区的微地形处理，考虑地被植物、花灌木、乔木的生存、发育需要和植株的大小，确定种植区不同位置的土层厚度。

2. 设置过滤层以防止种植土随浇灌水和雨水而流失

在种植土的底部设置一道防止细小颗粒流失的过滤层，可以是玻璃纤维布或石棉布，这样一方面可防止水土和养分流失，另一方面还可防止堵塞排水系统。玻璃纤维布的网格在保障透水的前提下，要适当加密，以防止基质透过进入到排水层。

3. 设置排水层

在人工合成土、过滤层之下，设置排水层，它除了排除剩余雨水外，还有蓄水的作用。当基质层干燥时，通过毛细管的作用，蓄存的水分可以进入植物的根部。过滤层的材料应既能透水又能过滤，选用细小的土颗粒或经久耐用、造价低廉的材料，如稻草、玻璃纤维布、粗沙等。使用时可根据当地情况进行选择，但排水层材料应满足通气、排水、储水和轻质要求。

（三）植物材料的选择

由于屋顶绿化受场地小、土层薄等条件的限制，在进行植物选择时，要切实考虑种植条件、种植土的深度与成分、排水情况、空气污染情况、浇灌条件、养护管理、植物的生长速度、体态、色彩效果等多方面因素。因此，屋顶花园的植物选择应具有以下特性。

① 乡土或在当地适生的树种。必须根系较浅但侧根、须根较发达，且耐瘠薄。屋顶种植层的厚度因受承重等条件限制不可能很厚，所以植物的根系生长范围受到限制。同时水肥的保有量也较小，因此要求屋顶栽植的植物要根系较浅、耐瘠薄。

② 抗屋顶大风的品种。因处于楼顶，特别是高层楼顶风力较大，因此要求植物根系应较发达，固着性好，且树冠不宜过大，树体应较矮。

③ 耐干旱的品种。由于屋顶种植层与大地的土壤被建筑物所隔离，其不存在通过毛细现象来利用土壤深层水的问题，所以全靠短暂的人工灌溉及自然降水，因此植物必须耐干旱。

④ 耐短期积水的品种。为较长久地维持种植层中的含水量，常使用保水性能好的栽培基质，因为常造成浇水后或大雨后初始的一段时间内土壤湿度较大，所以要选择耐短期积水的植物。

⑤ 选择既耐热、又耐寒的品种。夏季屋顶因没有物体为其遮挡阳光，加之由于干燥而减少了蒸腾吸热等原因而造成炎热；在冬季，因无物体为其遮挡和抵御寒风而较寒冷，所以植物选择应既耐热又耐寒。

⑥ 能抵抗空气污染的品种。由于屋顶地势高，当气压低时，空气扩散变得缓慢，污染的大气在此停留时间较长，因此必须选择能抵抗空气污染并能吸收污染的品种。

⑦ 选择移植容易成活、耐修剪、生长缓慢的品种。由于屋顶绿化场地狭小，因此在选用植物时，应切实估计其生长速度及充分成长后所占有的面积，以便计算栽植距离及达到完全覆盖绿地面积所需时间。选择生长缓慢、耐修剪的品种，可以节省养护管理费用，省时省工。

⑧ 在进行植物选择时要考虑周围建筑物对植物的遮挡。在阴影区应配置耐荫或阴生植物，还要注意防止由于建筑物对于阳光的反射和聚光导致的植物灼伤。

⑨ 应强化冬季的生态效益。北方城市常绿树少，常绿叶树更少，因此必须考虑设置一定数量的常绿树种。

（四）土壤的选择及处理

植物同其他所有生命体一样，必须在一定的生存条件下才能够正常生长，这种必要条件就是阳光、水分、养料、空气和适宜的温度环境，只有保证多种条件的平衡，才能维持植物正常的生长。

屋顶种植条件特殊，在屋顶上完全应用园田土作为植物生长基质层是不合适的，必须根据特殊的条件和要求对土壤进行改良，以满足植物生长的需要。

基质主要包括改良土和超轻量基质两种类型。改良土由田园土、排水材料、轻质骨料和肥料混合而成；超轻量基质由表面覆盖层、栽植育成层和排水保水层三部分组成。

屋顶花园的设计与营造比较复杂，在小空间里需要多种元素来组成，如铺装、小品、种植等。如果处理不好，同样可以造成破坏性的后果。在实践工作中，仅对部分成果介绍如下。

① 在屋顶花园中铺设广场、林荫广场，如果采用传统的工艺，必然会造成土壤的盐碱化，甚至会造成沉降、塌陷等问题。针对以上矛盾，根据屋顶的特殊性，采用框架的方法，取得了很好的效果。

② 在林荫广场的操作中，为了保证广场的整体效果，采用了最小化树池孔的办法。但是这种做法对植物的生长是极为不利的，破坏了土壤的透气透水性能。

为了确保方案实施的可行性，在实践中采用了以下方法：铺装广场打孔的办法；保证铺装与土壤之间有一定量的空隙，使空气流通；树池盖板可以搬运，可以搬开盖板，使根部透气，方便根部的检查。

③ 为了更好地检查土壤的透气性、透水性和土堆的排水性能，在屋顶花园中竖立埋好部分管道，既可以组织排水，又可以直观地检查土壤的水分情况。

总之，屋顶种植是破坏性的种植方法，所以在土壤选择时要极为重视，除按照地方标准《城市园林绿化养护管理标准》执行外，还应定期观察、测定土壤含水量，并根据墒情及时补充水分；根据不同季节和植物生长周期及时测定土壤肥力，有针对性地进行土壤追肥；定期检查排水系统，确认覆土绿化土壤状况是否良好。

四、屋顶花园的养护

有效的维护是保证健康而美丽的屋顶花园能够发展的关键。虽然屋顶花园的维护与地面花园的维护存在本质上的不同，但是一旦满足了最基本的要求，这两类花园内植物的管理还是很相似的。

把屋顶花园中的植物和盆栽植物做个对比，就很容易理解维护中存在的问题。在院子里和阳台上种过花草的人都知道，植物常因如下一些因素而存活不了太长的时间。首先危害最大的是，由于水分的快速流失、植物的消耗和蒸发而导致种植盆中的少量土壤迅速变干。由于没有天然地基来提供水分，必须至少每两天给植物浇一次水，否则植物就会枯萎。如果长期不浇水则可能造成植物的死亡。

　　此外，种植盆中的栽培混合土仅含有有限的养分供植物生长所用，而且养分可能会随着不断浇灌的水从种植盆的底部流失，特别是叶和茎所需要的氮最容易以这样的方式流失。养分的流失以及植物自身的吸收，将导致土壤在很短的时间内变得贫瘠。

　　健康成长的盆栽植物最终会超出它们的容器。若不把它们移植到更大的容器中，其生长将会受到阻碍，而且植物的根可能会沿着排水孔向外生长，以寻找额外的生存空间和养分。

　　种植在屋顶上的植物也面临着同样的问题。屋顶上的种植区就像大型种植盆，所以必须以同样的方式来进行维护。排水、蒸发、流失、植物的消耗都会造成水分和养分的耗尽，所以需要持续补充所失去和吸收的那些水分和养分。必须时刻注意植物的生长状况以确保它们不会生长到容器之外。如果忽略这些需求，将会面临失去这些植物的危险。

（一）灌溉

　　植物自身的耐旱能力各不相同，但是没有一种植物能够在干燥的土壤中长期生存。当植物经历了较长时间的干旱后开始枯萎，则说明到了该给它浇水的时候。

　　与地面花园不同的是，屋顶花园不能浇太多的水。为了防止水堆积在种植床里，屋顶花园种植区一定要有良好的排水条件。但是种植床里的水浇得越多，土壤中养分的流失也越严重。此外，在许多地方，水的成本并非可以忽略不计，为屋顶花园浇太多水无异于把钱往下水道里扔。能够为土壤的干湿程度提供指示的湿度感应器，同样能够在土壤湿度达到上限值时发出信号，以阻止过度灌溉。

（二）施肥

　　定期施肥的计划对植物的健康成长和长期维护极为重要。生长活跃的植物持续用它们的根吸收这些添加剂，用于生长、开花等。需要给予重视的是，肥料与土壤中的天然养分一样，也会从屋顶花园的疏松土壤中流失，随着雨水和灌溉而流到排水管道里。因此必须定期添加肥料。所有能够减缓养分流失，以使其更长时间地保持在土壤里被植物吸收的措施，都是很有用的。

　　应该遵循一个事先制订的计划来施肥，各种肥料的数量应该是均衡的，而且一年中施肥的时间也是一定的。通常应该在早春开始进行施肥，此时大多数植物开始进入活跃生长期，在仲夏要再施一次肥，最后在初秋或冬天开始之前还要施一次肥。冬季不需要再施肥，因为此时大多数植物正处在休眠期，而且施肥之后新长出的枝叶将会被霜冻死。这个施肥计划是针对一般情况来推荐的，当然，也可以根据植物的特点有所增减。负责花园维护工作的园丁应该研究每种植物的特点以决定化肥的成分、数量和施肥的时间。需要注意的是，肥料太多会"烧伤"植物，与肥料太少一样都是有害的。

　　在向当地专家咨询时，负责花园维护工作的园丁应该仔细说明土壤的类型和组成成分、土壤深度、排水系统，以及是否使用干肥或液肥。与地面花园不同的是，在屋顶花园中这些因素将会影响肥料的配方、施肥量、施肥时间以及肥料的使用方法。

　　屋顶上的所有种植区域应该每年至少检查一次植物的生长环境，以确定上一年度养分的消耗程度。通过检查可以看出重要养分以及其他有助于植物健康生长的化学成分是否缺少。实验室一旦确定了所缺养分的种类和数量，就可以非常方便地根据需要进行养分的替换和添加。一般土壤实验室就可以做这样的测试。也可以从苗圃和花园供应商店买到工具包，自己进行测试。

（三）补充人造种植土

由于不断地浇水和雨水的冲淋，使人造种植土流失，体积日渐减少，导致种植土厚度不足，一段时间后应添加种植土。另外，要注意定期测定土壤的 pH 值，不使其超过所种植物能承受的范围，超出范围时要施加相应的化学物质予以调节。

（四）勤除草、勤修剪

发现杂草，及时拔除，以免杂草与植物争夺营养和空间，影响花园的美观。发现枯枝、徒长枝，要及时修剪，可以保持植物的优美外形，减少养分的消耗，有利于根系的生长。

（五）病虫害防治

发现病虫害及时对症喷药，修剪病虫枝，做到以预防为主。

（六）防寒、防风

屋顶冬季风大，气温低，加上栽植层浅，有些在地面能安全越冬的植物，在屋顶可能受冻害。对易受冻害的植物种类，可用稻草进行卷干防寒，盆栽的搬入温室越冬。为了防止某些乔灌木被风吹倒，可以在树木根部土层下增设塑料网，以增强根系的固土作用；或结合自然地形置石，在树木根部堆置一定数量的石体，以压固根系；或将树木主干绑扎支撑。

任务二　屋顶花园的荷载和防水

建造屋顶花园也会带来一系列的技术问题。屋顶花园绿化和普通的绿地绿化不同，必须考虑屋顶的排水和荷载问题。屋顶绿化的关键性技术就是屋面防水保护、屋顶花园排水、土壤保湿、轻质种植荷载等。要建设屋顶绿化，就必须注重这几项关键技术。为了保证种植屋面上的植物能正常成长，要做好防水和排积水的工作，做到不漏不渗，满足房屋建筑的使用功能。

一、屋顶花园的防水

屋顶花园的防水处理，一直是现代建筑的难题。从一些调查中可以发现，一些较好的防水材料，仅仅可以保持 10～15 年的使用寿命。这就意味着每隔一段时间，就要对建筑进行修理，不仅麻烦，而且还要增加很多的成本。但是通过在屋顶上建造屋顶花园，能够大大减少外界环境对防水的影响，从而延长屋顶防水的使用寿命。

在德国，最早的绿色屋顶花园屋面已有 120 年的历史，并且仍然发挥着植物根阻拦和防水作用。

（一）屋顶漏水的原因

造成屋顶漏水的原因是多方面的，如交叉施工不小心，铁锹、铁铲等硬物对防水的破坏，或是防水措施不正确，或是绿化带下面长期保持湿润，并且有酸、碱、盐的腐蚀作用，对防水层造成长期破坏。若防水材料性能不够优良，那么渗漏问题很难克服。再者，植物都有须根，如果防水层有孔隙，须根就会侵入，防水层易被破坏，必然会造成重大损失。在屋面结构层上进行园林建设，由于排水、蓄水、过滤等功能的需要，屋面种植结构层要比普通自然种植的结构复杂得多，而防水层一般处于最下面一层，如果渗漏，很难发现漏点在哪里。一旦进行维修，将导致运作良好的其他各层被同时翻起，增加不必要的维修费用。同时，维修过程中所需材料、机具的搬运及运输也会影响建筑物的正常使用，建筑物所有者为保持清洁和形象而导致的间接损失更是不可估量。更严重的后果，在没有植物根系阻拦措施的情况下，屋面所种植物的根系会扎入屋面突出物（如电梯井、通风孔等）的结构层、女儿墙，造成建筑物结构破坏。一方面这种破坏要比第一种情况增加更多的维修费用，另一方面这种破坏如不及时补救，将会危及整个建筑物的使用安全。

（二）防水设计

1. 必须进行屋顶花园的二次防水处理

首先，要检查原有的防水性能：封闭出水口，再灌水，进行96h（4天4夜）的严格闭水试验。闭水试验中，要仔细观察房间的渗漏情况，有的房屋连续闭水3天不漏，第4天才开始渗漏。若能保证96h不漏，说明屋面防水效果好。

2. 屋顶花园的防水处理方法

主要有刚柔之分，各有特点。刚性防水，先做涂膜防水层，再做刚性防水层，涂膜防水层和刚性防水层之间要做分离滑动层处理，其做法可参照标准设计的构造详图。刚性防水层主要是屋面板上铺50mm厚细石混凝土，内放ϕ4@200双向钢筋网片1层，所用混凝土中可加入适量微膨胀剂、减水剂、防水剂等，以提高其抗裂、抗渗性能。刚性防水使用寿命较长，同时也能减少在交叉施工中对防水造成二次破坏，但是投入较大。柔性防水，操作起来更加方便。施工工艺除了按照施工规范来完成外，应选择质地优良又能防止根系穿透的防水材料，做到双重保险。

3. 给排水处理

（1）给水处理 常见的给水系统有喷灌、滴灌、渗灌、微灌和人工浇水等。喷灌、微灌和人工浇水是园林中比较成熟的灌溉系统，结合使用能够起到很好的效果。滴灌、渗灌为节约型的灌溉设施，其优势是其他浇灌设施不可相比的，但是实践证明它们还有很多不成熟的地方。现在市场上使用的系统大多数是应用在农业中的，从诞生起就注定了它的方向。屋顶花园经常伴随铺装、广场和种植相结合的方式存在，所以必须要求整个结构的相对稳定性和持久性。现阶段的滴灌、渗灌系统，还有其不完善的地方。

① 渗灌易损坏，因为在铺装广场下边，维修起来较麻烦，不容易修理。

② 现在市场上使用的系统都是应用在农业中的，所以造价较低，使用寿命有限，需要及时更换系统，在园林工程中经常更换和维修也是不现实的。

③ 全部为隐蔽工程，查找困难，维修也比较复杂。

④ 在园林上，针对滴灌、渗灌还没有完整、成熟的管理体系。无法用肉眼观察，可操作性不强。如果在生产和实践中，把这种节能灌溉系统加以改进，逐渐成为园林行业内的成熟产品，也必将把园林自动化水平和景观效果带上一个新台阶。

（2）排水处理 由于土壤本身的问题和排水设施的问题，常常造成排水不畅，容易引起湿害、涝害。同时，通过地下排水时，由于水中常常含有一定量的泥沙，当排放到市政管网时，如果不加处理，就会带着泥土和草根流入管网，给整个管网带来一定压力。

屋顶花园的特殊条件，当瞬时雨水加大时，如果雨水无法在短时间排掉，就有可能会导致雨水倒灌主体，对主体造成破坏。在实践中，这种现象时有发生。所以在屋顶花园设计时，要以建筑设计师的排水设计为依据，保证屋面排水顺畅。通常的原则是保证原有建筑物屋面的排水方向和排水坡度，尊重建筑师的设计理念。在不能保证建筑物屋面的排水方向和排水坡度的情况下，一定要与建筑师协商，经过建筑师允许，方可改变原有设计。在实际工作中，除非在建筑设计的同时考虑屋顶花园设计，否则由原建筑设计的建筑师考虑屋顶花园的排水设计是不现实的。针对这种情况，我们在实践工作中总结出几种方法。

方法一：通过改变屋顶花园的覆土厚度，控制屋顶花园表面与台阶之间的高度，确保短时间排水不从台阶处流到建筑中去。

方法二：保证排水方向和排水坡度。但是在实际操作中保证地面排水坡度在 1%～2% 的范围，可能会造成水土流失和表面的不平整。在实践中，可以利用铺装地面的整体性，采用架空的方法解决排水坡度与水土流失、景观效果等矛盾的问题。

方法三：采用多设泄水口，集中排水的措施。即在不能保证排水方向和排水坡度的前提下，通过多设排水管，引导水流地下集中排放。

方法四：为了确保安全，可在屋顶花园表面与台阶入口的交汇处，集中做一条排水沟，加大排水量。

严格按照屋顶花园设计规范要求的排水做法，既做到排水通畅，又要保证屋顶防水不受到破坏。排水层排水的做法，在设计时应该设计好排水明沟，保证积水能够顺利排放掉。在没有考虑屋顶花园要求通过管道排水的时候，通常不采用切割的做法制作排水口，高温会破坏防水层的防水性能，造成屋顶漏水。为了保证排水性能的可靠性和可操作性，最好能够在建筑设计时把排水设施同时考虑进去。

二、屋顶花园的荷载

屋顶花园的荷载包括活载和恒载。

（一）活载的确定

屋顶花园的活载：对一般的私人住宅，可按普通的上人屋面，$1500kg/m^2$；对规模较大的，有可能进行集会或小型演出的，可取为 $2000～2500kg/m^2$；对于处于城市中心主要道路两侧，如可能成为密集人群观看节日游行场所的，则应按 $2500～3500kg/m^2$ 考虑。

（二）恒载的确定

屋顶花园的恒载较为复杂，它包括种植区荷载、盆花及花池荷载、园林水体荷载、假山及雕塑荷载、小品及园林建筑荷载。种植区的荷载，包括种植物、种植土、蓄水层的荷载。后四种荷载的确定可根据实际情况按现行规范取值。

三、屋顶花园的荷载计算

在屋顶花园的营造中，建筑荷载是一切工序的先决条件。荷载越大，结构材料的断面越大，成本相应提高。因此，在屋顶花园的营造中，必须进行精确的计算，把土壤厚度和植物荷载控制在最小限度，既要保证效果，又要节省成本。在一般的情况下，如果承载达到 $800kg/m^2$ 以上，多数的园林设施都可以建造，如果承载只有 $400 kg/m^2$ 左右，那就只能设计种植一些地被植物。在具体的设计中，必须考虑相应土壤结构的荷载要求和绿化的集中荷载要求。

（一）土壤结构的荷载要求

土壤结构荷载要求因土壤的结构不同而各异，如挖槽原土基本为自然土质（湿容重约为$1600\sim1800kg/m^3$），可回填实施绿化。回填厚度3m，最低不小于1.5m。

在中国，地下停车场顶板的绿化需要至少3m覆土才被承认为绿地。但是通常情况下，没有任何一种绿化形式需要3m的覆土。原土的密度约为$1800kg/m^3$，也就是说如果覆土厚度达到3m，荷载将达到$5400kg/m^2$。这样一来，主体结构就需要大量的钢筋和混凝土，这样不仅成本升高，开发商还失去了整整一层楼的开发空间。由上面可以看出，3m覆土显然是对资金和自然资源的浪费。

根据不同植物对基质厚度的要求，可以通过适当的微地形处理或种植池栽植进行绿化。关于屋顶绿化植物基质厚度，在实际操作中，还应该把防水层、排水层等考虑进去，正常土层厚度应该比上述数据增加$10\sim20cm$。除了考虑正常的生长条件，还应该考虑到自然条件对土层的影响（如光照、温度、水分等），所以在有条件的前提下，尽量把土层做得厚一些是有必要的。屋顶种植对植物生长的影响是多方面的。屋顶绿化与大地隔离，因此供屋顶绿化的土壤，不能与地下毛细管水连接。没有地下水的上升作用，屋顶种植生长所需水分必须完全依靠自然降水和浇灌。同时由于建筑荷重的限制，屋顶种植的土层厚度较薄，有效土壤水的容量小，土壤易干燥。为了满足植物对水量的需求，需要频繁浇灌，这样会加剧养分的流失和土壤的盐碱化，同时土壤的盐碱化和植物根系的生长对屋面防水也带来了一定的压力。由于屋顶种植土层薄，热容量小，土壤温度变化幅度大，植物根部冬季易受冻害，夏季易受灼伤。

（二）绿化的集中荷载要求

不同的树木，由于其规格和木质密度的不同，重量也各有不同。在实际操作过程中，必须严格计算，从而保证安全和建造成本。

复习思考题

1. 什么是屋顶花园？
2. 试述屋顶花园景观设计的注意事项。
3. 屋顶花园的景观设计都有哪些表现手法？
4. 进行屋顶花园的规划设计时，如何考虑人性化设计？
5. 简述屋顶花园的规划布置要点。

 **城市道路景观规划设计**

项目导读

城市道路景观规划设计是指以道路为主体的相关部分空地上的绿化、美化。城市道路是一个城市的骨架，而城市道路绿化水平的好坏，不仅影响着整个城市的面貌，更能反映出城市绿化的整体水平，是城市基础设施建设的重要组成部分。城市道路的绿化对改变城市面貌、美化环境、减少环境污染、保持生态平衡、防御风沙与火灾有着重要的作用，并有相应的社会效益和经济效益，是城市总体规划设计与城市物质文明、精神文明建设的重要的组成部分。

任务一 城市道路绿地设计基础知识

一、道路交通绿地的作用

城市道路交通绿地主要指街道绿化、穿过市区的公路、铁路、高速干道的防护绿地，它不仅给城市居民提供了安全、舒适、优美的生活环境，而且在改善城市气候、保护环境卫生、丰富城市艺术形象、组织城市交通和产生社会经济效益方面有着积极作用，是提高城市文化品位、创建文明城市的需要。它通过穿针引线，联系城市中分散的"点"和"面"的绿地，织就了一片城市绿网，更是改善城市生态景观环境、实施可持续发展的主要途径。结合交通绿地自身的特点，主要有以下几方面的作用。

（一）营造城市景观

随着城市化进程的加快，城市环境日益恶化，生态遭到破坏，已危及居民的健康和城市的可持续发展。因此，现代城市不仅需要气势雄伟的高楼大厦、纵横交织的立交桥、绚丽多彩的色彩灯光，更需要蓝天、白云、绿树、鲜花、碧水和新鲜的空气。而城市道路交通绿化，不仅可以美化街景、软化建筑硬质线条、优化城市建筑艺术特征，还可以遮掩城市街道上有碍观瞻的地方。可以利用不同的植物，采用不同的艺术造景手法，结合不同的交通绿地，成线、成片、成景地进行绿化美化。另外，在一些特殊地段，如立交桥、高层建筑则进行垂直绿化，形成了明显的园林化立体景观效果，这样，使整个城市面貌更加优美。如国内外一些著名的城市由于街道绿化程度高，空气清新，处处是草坪、绿树、鲜花，因而被人们誉为"花园城市"。

（二）改善交通状况

利用交通绿地的绿化带，可以将道路分为上下行车道、机动车道、非机动车道和人行道等，这样可以避免发生交通事故，保障了行人车辆的交通安全。另外，在交通岛、立体交叉、广场、停车场等地段也需要进行绿化。利用这些不同形式的绿化，都可以起到组织城市交通、保证车行速度、保障行人安全、改善交通状况的作用。

科学研究也表明，绿色植物可以减轻司机的视觉疲劳，这在一定程度上也大大减少了交通事故的发生。因此，结合城市的公路、铁路、高速道路进行绿化设计不仅可以改善交通状况，而且可以减少交通安全隐患。

（三）保护城市环境

由于城市交通绿地线长、面宽、量多，可以吸收城市排放的大量废气，因此在改善城市环境质量方面起着重要的作用。

街道上茂密的行道树，建筑前的绿化以及街道旁各种绿地，对于调节道路附近的温度、增加湿度、减缓风速、净化空气、降低辐射、减轻噪声和延长街道使用寿命等方面有明显效果。

根据测定，在绿化良好的街道上，距地面1.5m处的空气含尘量比无绿化的地段低56％左右；具有一定宽度的绿化带可以明显地将噪声减弱，夏天树荫下水泥路面的温度要比阳光下低11℃左右。因此，交通绿地对城市环境的保护作用是显而易见的。

（四）其他功能需要

交通绿地可以起到防灾、备战的作用，比如平时可以作为防护林带，防止火灾；战时可以伪装；发生地震时可以搭棚自救等。同时，由于交通绿地距离居住区较近，再加上一些绿地内通常设有园路、广场、座椅、宣传设施、建筑小品等，可以给居民提供健身、散步、休息和娱乐的场所，可以弥补城市公园分布不均造成的不足。

此外，由于交通道路绿化在城市绿地系统中占有很大比例，而很多植物不仅观赏价值高，而且具备一定的食用、药用和商用价值。因此在进行街道绿化过程中，除了首先要满足街道绿化的各种功能要求外，同时还可根据需要，结合生产，增收节支，创造一定的经济效益。但在具体应用上应结合实际，因地制宜，讲究效果，这样才能达到预期目的。

二、城市道路系统的基本类型

城市道路系统是城市的骨架，它是城市结构布局的决定因素。因此城市道路交通的各项设施要根据现代交通的需要，组成完善的道路交通系统。而城市道路交通系统的形式是在一定的社会条件、城市建设条件及当地自然环境下，为满足城市交通以及其他各种要求而形成的，没有共同的统一形式。从已经形成的道路交通系统中，归纳为以下几种类型。

（一）放射环形道路系统

该系统是由一个中心经过长期发展逐渐形成的一种城市道路网形式。放射线干道加上环形道路系统，由几条围绕中心不同距离的环路连通各条放射线干道，使各区之间均有较畅通的联系。但容易导致大量交通直接向中心地区集中。例如俄罗斯莫斯科就是一个完美的放射环形的典型例子；国内以成都市在旧城的基础上从中心向四周较均衡发展为代表。

采用这种形式的道路系统，车流将集中于市中心，特别是大城市的中心，这样尽管环形道路起分散作用，但交通较复杂，易造成拥挤现象。

（二）方格行道路系统

该系统也称为棋盘式，把城市用地分割成若干方正的地段，系统明确，便于建设，适用于地势平坦的草原地区，一般中小城市有较多的方格行道路网的形式，例如北京市、西安市、苏州市等一些古城均以这种形式为主。

（三）方格对角线道路系统

方格道路系统在规划上处理不好易形成单向过境车辆多的现象，经过改进成为方格对角线式，解决了交通的直通，但对角线所产生的锐角对于布置建筑用地是不经济的，同时增加了交叉路口的复杂性。

（四）混合式道路系统

混合式道路系统是前几类形式的混合，并结合各城市的具体条件进行合理规划，可以集中其优点，避其缺点。例如在某大城市中，原以方格式为基础，可将放射环形道路同市中心所采用的方格式结合起来形成一种混合形式，发挥放射环形和方格式道路系统的共同优点，因此是比较适用的好形式。

（五）自由式道路系统

自由式道路系统多在地形条件复杂的城市中采用，为了满足城市居民对于交通运输的要求及便于组织交通，结合地形变化，路线多弯曲自由布局，具有丰富的变化。但要合理规划，有组织有纪律。

一般在山区、丘陵或海滨等城市，或新中国成立前存在着租界地区各自为政自成体系而形成的。我国沿海城市多属于这种形式，如上海、天津、广州、青岛主要是受海湾影响和山丘等地形限制，道路线形不能很平直地布置，只能因地制宜。

三、城市道路的功能分类

城市道路是城市的骨架、交通的动脉、城市结构布局的决定因素。城市规模、性质、发展状况不同，其道路也多种多样。根据道路在城市中的地位、交通特征和功能可分为不同的类型。一般分为城市主干道、市区支道、专用车道三大类型。

（一）城市主干道

城市主干道是城市内外交通的主要道路，城市的大动脉。可分为高速交通干道、快速交通干道、普通交通干道及区镇干道。

1. 高速交通干道

特大城市、大城市布置该类干道，为城市各大区之间远距离高速交通服务，距离在20～60km，行车速度在80～120km/h。行车全程均为立体交叉，其他车辆与行人不准使用。

2. 快速交通干道

在特大城市或大城市设置，与近邻1～2级公路连接，位于城市分区的边缘地带。服务距离一般在 10～40km 之间，车速大于 70km/h，全程有部分立交。此种干道不允许在其两侧布置大量人流的集散点。

3. 普通交通干道

这种干道是大中城市道路的基本骨架。大城市又分为主要交通干道和一般交通干道。干道的交叉口一般在 800～1200m 为宜，车速为 40～60km/h，一般均为平交。

4. 区镇干道

大中城市分区或一般城镇的生活服务性干道，主要是满足生产货运和上下班客运交通的需要。其特点为车行速度较低，一般在 25～40km/h，全程基本为平交。区干道位于市中心与居住区之间，可布置成全市性或分区的商业街，断面要考虑人多、货运、公共交通和自行车停放等要求，步行与车行之间要有较宽的绿带间隔。

（二）市区支道

这是小区街坊内的道路，直接连接工厂、住宅区、公共建筑。车速一般为 15～45km/h。断面的变化较多，不规则分车道。

（三）专用车道

城市规划中考虑有特殊需要的道路。如公共汽车行驶的道路，专供自行车行驶的道路和城市绿地系统中步行林荫道等均为此类。

四、城市道路绿地设计专用语

城市道路绿地设计专用语是与道路相关的一些专门术语，设计中必须掌握。

（一）道路红线

道路红线是在城市规划建设图纸上划分出的建筑用地与道路用地界线，常以红色线条表示，故称红线。红线是街面或建筑范围的法定分界线，是线路划分的重要依据。

（二）道路分级

道路分级的主要依据是道路的位置、作用和性质，是决定道路宽度和线型设计的主要指标。目前我国城市道路大都按三级划分，即主干道（全市性干道）、次干道（区域性干道）、支路（居住区或街坊干道）。

（三）道路总宽度

道路总宽度也叫路幅宽度，即规划建筑线（红线）之间的宽度，是道路用地范围，包括横断面各组成部分用地的总称。

（四）分车带

分车带是车行道上纵向分隔行驶车辆的设施，用以限定车行速度和车辆分行，常高出路面 10cm 以上。也有在路面上漆涂纵向白色标线分隔行驶车辆，所以又称分车线。三块板道路断面有两条分车带；两块板道路有一条分车带。

（五）交通岛

交通岛是为便于管理交通而设于路面上的一种岛状设施。一般用混凝土或砖石围砌，高出路面 10cm 以上。交通岛分为以下几种。

① 中心岛，又叫转盘，设置在交叉路口中心引导行车；

② 方向岛，路口上分隔进出行车方向；

③ 安全岛，宽阔街道中供行人避车处。

（六）人行道绿带

人行道绿带又称步行道绿带，是车行道和人行道之间的绿带。人行道如果有 2～6m 的宽度，就可以种植乔木、灌木、绿篱等。行道树是绿带最简单的形式，按一定距离沿车行道成行栽植树木。

（七）分车绿带

分车绿带是在分车带上的绿地，三块板道路断面有两条分车绿带，两块板道路上只有一条分车绿带（又称中央分车绿带）。分车绿带有组织交通、夜间行车遮光的作用。

（八）防护绿带

防护绿带是将人行道与建筑分隔开的绿带。防护绿带应有 5m 以上的宽度，可种乔木、灌木、绿篱等，主要是为了减少噪声、烟尘、日晒，以及减少有害气体对环境的危害。路幅、宽度较小的道路不设防护绿带。

（九）基础绿带

基础绿带又称基础栽植，是紧靠建筑的一条较窄的绿带。它的宽度为 2～5m，可栽植绿篱、花灌木，分隔行人与建筑，减少外界对建筑内的干扰，美化建筑环境。

（十）广场、停车场绿地

广场、停车场绿地是广场、停车场用地范围内的绿化用地。

（十一）道路绿地率

道路绿地率是道路红线范围内各种绿带宽度之和占总宽度的比例，按国家有关规定，此比例不少于 20%。

（十二）园林景观路

园林景观路是在城市重点路段强调沿线绿化景观，体现城市风貌，有绿化特色的道路。

（十三）装饰绿地

装饰绿地是以装点美化街景为主，一般不对行人开放的绿地。

（十四）开放式绿地

开放式绿地是绿地中铺设步行道，设置建筑、小品、园桌、园椅等设施，供行人休息、娱乐、观赏的绿地。

（十五）通透式配置

绿地上配置的树木，在距相邻机动车道路面高度一定范围内，其树冠以不遮挡驾驶员视线（即在安全视距之外）的配置方式为通透式配置。

五、城市道路绿地的类型

道路绿地是道路环境中的重要景观因素。道路绿地的带状或块状绿化的"线"可以使城市绿地连成一个整体，可以美化街景，衬托和改善城市面貌。因此，道路绿地的形式直接关系到人对城市的印象。现代化大城市有很多不同性质的道路，其道路绿地的形式、类型也因此丰富多彩。

现代城市中，众多的人工构筑物往往使得城市景观单调枯燥，而绿化在视觉上能给人以柔和安静感，并赋予城市以树木、灌木、花草点缀的道路环境，它们以不同的形状、色彩和姿态吸引着人们，具有多种多样的观赏性，大大丰富了城市景观。成功的道路绿地往往能成为地方特色，如南京街道的法国梧桐、雪松；南方城市的棕榈、蒲葵等。绿地除能成为地方特色之外，不同的绿地布置也能增加道路特征，从而使一些街景雷同的街道由于绿化的不同而区分开来。由于城市工业的发展，人口增长，特别是现代交通的发展给环境带来很大的冲击，污染了城市环境，影响生态平衡。有的城市由于环境被污染和破坏，一些鸟类、树木也逐渐减少。道路绿地有改善城市环境、净化空气、减少噪声、调节气候等功能，遮阴、降温效果显著。在道路交通方面，绿地还可用来分割与组织交通、诱导视线并增加行车安全。

根据不同的栽植目的，道路绿地可分为景观栽植与功能栽植两大类。

（一）景观栽植

从道路环境的美学观点出发，从树种、树形、种植方式等方面来研究绿化与道路协调的整体艺术效果，使绿地成为道路环境中有机组成的一部分。景观栽植主要是从绿地的景观角度来考虑栽植形式，可分为以下几种。

1. 密林式

沿路两侧浓茂的树林，主要以乔木、灌木、常绿树种和地被植物组成，封闭了道路。行人或汽车走入其间如入森林之中，夏季绿荫覆盖凉爽宜人，且具有明确的方向性，因此引人注目。一般在城乡交界、环绕城市或结合河湖处布置。沿路植树要有相当宽度，一般在50m以上。郊区多为耕作土壤，树木枝叶繁茂，两侧景物不易看到。若是自然种植，则比较适应地形现状，可结合丘陵、河湖布置。采取成行成排整齐种植，可反映出整齐的美感。假若有两种以上树种相互间种，这种交替变化能形成韵律感，但变化不应过多，否则会失去规律性而变得杂乱。

2. 自然式

这种绿地方式主要用于造园、路边休息所、街心、路边公园等。自然式的绿地形式模拟自然景色，比较自由，主要根据地形与环境来决定。沿街在一定宽度内布置自然树丛，树丛由不同植物种类组成，具有高低、浓淡、疏密和各种形体的变化，形成生动活泼的气氛。这种形式能很好地与附近景物配合，增强了街道的空间变化，但夏季遮阴效果不如整齐式的行道树。在路口、拐弯处的一定距离内要减少或不种灌木以免妨碍司机视线。在条状的分车带内自然式种植，需要有一定的宽度，一般要求最小6cm。还要注意与地下管线的配合，所用的苗木也应有一定规格。

3. 花园式

沿道路外侧布置成大小不同的绿化空间，有广场，有绿荫，并设置必要的园林设施，供行人和附近居民逗留、小憩和散步，亦可停放少量车辆和设置幼儿游戏场等。道路绿地可分段与周围的绿化相结合，在城市建筑密集、缺少绿地的情况下，这种形式可在商业区、绿化区内使用，在用地紧张、人口稠密的街道旁可多布置孤立乔木或绿荫广场，弥补城市绿地分布不均匀的缺陷。

4. 田园式

道路两侧的园林植物都在视线下，大都种植草坪，使空间全面敞开。在郊区直接与农田、菜田相连；在城市边缘也可与苗圃、果园相邻。这种形式开朗、自然，富有乡土气息。极目远眺，可见远山、白云、海面、湖泊，或欣赏田园风光。对于在路上高速行驶的汽车，视线较好。主要适用于气候温和地区。

5. 滨河式

道路的一面邻水，空间开阔，环境优美，是市民游憩的良好场所。在水面不十分开阔，对岸又无风景时，滨河绿地可布置得较为简单，树木种植成行，岸边设置栏杆，树间安放座椅，供游人休憩。如水面开阔，沿岸风光绚丽，对岸风景点较多，沿水边就应该设置较宽阔的绿地，布置游人步道、草坪、花坛、座椅等园林设施。游人步道应尽量靠近水边，或设置小型广场和邻水平台，满足人们的亲水感和观景要求。

6. 简易式

沿道路两侧各种一行乔木或灌木，形成"一条路，两条树"的形式，是在街道绿地中最简单、最原始的形式。

总之，由于交通绿地的绿化布局取决于道路所处的环境、道路的断面形式和道路绿地的宽度，因此在现代城市中进行交通绿化布局时，要根据实际情况，因地制宜地进行绿化布置，才能取得好的效果。

（二）功能栽植

功能栽植是通过绿化栽植来达到某种功能上的效果。一般这种绿化方式都有明确的目的。如为了遮蔽、装饰、遮阴、防风、防火、防雪、地面的植被覆盖等。但道路绿地功能并非唯一的要求，不论采取何种形式都应该考虑多方面的效果，如功能栽植也应考虑到视觉上的效果，并成为街景艺术的一个方面。

1. 遮蔽式栽植

遮蔽式栽植是考虑需要把视线的某一个方向加以遮挡，以免见其全貌。如街道某一处景观不好，需要遮挡；城市的挡土墙或其他构造影响道路景观等，种一些树木或攀缘植物加以遮挡。

2. 遮阴式栽植

我国许多地区夏天比较炎热，道路上的温度也很高，因此对遮阴树的种植十分重视，所以不少城市道路两侧多种植遮阴树种。遮阴树的种植对改善道路环境，特别是夏天降温效果十分显著。

3. 装饰种植

装饰种植可以用在建筑用地周围或道路绿带、分隔带两侧作局部的间隔与装饰之用。它的功能是作为界限的标志，防止行人穿过，遮挡视线，调节通风，防尘，调节局部日照等。

4. 地被栽植

使用地被植物覆盖地表面，如草坪等，可以防尘、防土、防止雨水对地面的冲刷，在北方还有防冻作用。由于地表面性质的改变，对小气候也有缓和作用。地被的宜人绿色可以调节道路环境的景色，同时反光少，不炫目，如果与花坛的鲜花形成对比，色彩效果则更好。

5. 其他

如防噪声栽植，防风、防雨栽植等。

六、城市道路绿化形式

城市道路的设计须依据道路类型、性质功能与地理、建筑环境进行规划，安排布局。设计前，先要做周密的调查，掌握道路的等级、性质、功能、周围环境，以及投资能力、苗木来源、施工、养护技术水平等，进行综合研究，将总体与局部结合起来，作出切实、经济、最佳的设计方案。

城市道路绿化断面布置形式是规划设计所用的主要模式，常用的有一板二带式、二板三带式、三板四带式、四板五带式及其他形式。

（一）一板二带式

一条车行道，两条绿带是大量绿化中最常用的一种形式。中间是车行道，在车行道两侧与人行道分割线上种植行道树。其优点是简单整齐、用地经济、管理方便，但当车行道过宽时行道树的遮阴效果较差，又不利于机动车辆与非机动车辆混合行驶时的交通管理（图 11-1）。

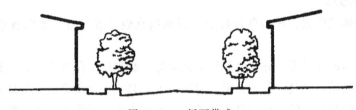

图 11-1　一板两带式

（二）二板三带式

分成单向行驶的两条车行道和两条行道树，中间以一条绿带分隔，构成二板三带式绿带。这种形式适于宽阔道路，生态效益较显著，多用于高速公路和入城道路。由于各种不同车辆单向混合行驶，还不能完全解决互相干扰的矛盾（图 11-2）。

图 11-2　二板三带式

（三）三板四带式

利用两条分隔带把车行道分成三块，中间为机动车道，连同车行道两侧的行道树共为四条绿带，故称三板四带式。此种形式占地面积大，却是城市道路绿化较理想的形式，其绿化量大，夏季庇荫效果较好，组织交通方便，安全可靠，解决了各种车辆混合行驶互相干扰的矛盾，尤其在非机动车辆多的情况下更为适宜（图 11-3）。

图 11-3　三板四带式

（四）四板五带式

　　利用三条分隔带将车辆道路分为四条，而规划为五条绿带，使机动车与非机动车辆均形成上行、下行各行其道，互不干扰，保证了行车速度和交通安全。由于道路用地面积大，当不宜布置为五带时，则可用栏杆分隔，以便节约用地（图11-4）。

图 11-4　四板五带式

（五）其他形式

　　按道路所处地理位置、环境条件特点，因地制宜地设置绿带，如山坡道、水道的绿化设计。

　　道路绿化断面形式虽多，究竟以哪种形式为好，必须从实际出发，因地制宜，不能片面追求形式，讲求气派。尤其在街道狭窄，交通量大，只允许在街道的一侧种植行道树时，就应当以行人的庇荫和树木的生长对日照条件的要求来考虑，不能片面追求整齐对称，以减少车行道树木。

　　我国多数城市处于北回归线以北，在盛夏季节，南北走向街道东边、东西走向街道北边受到日晒持续时间最长，尤其是下午两点左右更是灼热炎人，因此行道树应种在路东和路北为宜。在高寒地区还要考虑到冬季获取阳光问题，所以不宜选用常绿乔木。而实际上城市街道不可能都是东西走向或南北走向，配置行道树的原则是要从庇荫和树木生长两方面考虑。如果街道上不能种植行道树时，只能采取特殊的绿化方式，如摆设盆栽植物、垂直绿化等。

七、城市道路绿化原则

　　绿地是道路空间的景观元素之一。一般道路、建筑均为建筑材料构成的硬质景观，而道路绿地中的植物是一种软材料，可以人为地进行修整，这种景观是任何其他材料所不能代替的。道路绿地不单纯考虑功能上的要求，作为道路环境中的重要视觉因素就必须考虑现代交通条件下的视觉特点，综合多方面的因素进行协调，力求创造更加优美的绿地景观。城市道路绿化有以下原则。

（一）道路绿地要与城市道路的性质、功能相适应

　　城市从形成之日起就和交通联系在一起，交通的发展与城市的发展是紧密相连的。现代

化的城市道路交通已成为一个多层次、复杂的系统。由于城市的布局、地形、气候、地质、水文及交通方式等因素的影响，会产生不同的路网。这个路网是由不同性质和功能的道路所组成的。对于一个大城市，有快速道路系统、交通干道系统等。也有人提出建立自行车系统、公共交通系统、步道系统等。由于交通的目的不同，不同环境中的景观元素要求也不同，道路建筑、绿地、小品及道路本身的设计都必须符合不同道路的特点。

交通干道、快速路的景观构成，汽车速度是重要因素，道路绿地的尺度、方式都必须考虑速度因素。商业街、步行街的绿化，如果树木过于高大，种植过密，就不能反映商业街的繁华特点。又如居住区的道路，与交通干道相比，由于功能不同，道路尺度也不同，因此其绿地树种在高度、树形、种植方式上也有不同的考虑。

（二）道路绿地应起到应有的生态功能

① 绿地犹如天然过滤器，可以滞尘和净化空气。据测定，在广州有绿化的街道上，距地面 1.5 米高处的含尘量比没有绿地的街道上含尘量低 56.7%，而草坪的飘尘浓度仅为裸露地面的 1/5。

② 行道树尤其是乔木具有遮阴降温的功能。太阳光辐射到树冠时，20%～25% 的热量返回到天空，35% 的热量被树冠吸收，加上树木的蒸腾作用所消耗的热量都有助于降温。据测定，夏季有树荫的地方，一般比没有树荫的地方温度要低 3～6℃。

③ 绿地植物可以增加空气湿度。据测定，草坪植物的叶面积一般为地面面积的 20 倍左右，通过茎、叶的蒸腾作用，能使周围空气中的水分增加 20% 左右。

④ 树木能吸收 SO_2 等有害气体，并能杀灭细菌，制造 O_2。

⑤ 绿地可以隔声和吸收噪声。据南京市测定结果，通过 18m 宽的林带（两行桧柏一行雪松）噪声减少 16dB，通过 36m 宽的林带噪声减少 30dB。

⑥ 低矮的绿篱或灌木可以遮挡汽车的眩光，也可以作为缓冲栽植。

⑦ 绿地还可以防风、防雪、防火。

（三）道路绿地设计要符合用路者的行为规律和视觉特性

道路空间是供人们生活、工作、休息、相互往来与货物流通的通道。在交通空间中有各种不同出行目的的人群，为了研究道路空间视觉环境，需要对道路交通空间活动人群根据其不同的出行目的与乘坐不同交通工具（驾驶或骑坐等）所产生的行为规律与视觉特性加以研究，并从中找出规律，作为道路景观与环境设计的一个依据。

（四）道路绿地要与其他的街景元素协调，形成完美的景观

街景由多种景观元素构成，各种景观元素的作用、地位都应恰如其分。一般情况下绿地应与道路环境中的其他景观元素协调，单纯作为行道树而栽植的树木往往收不到好的效果。道路绿地设计应符合美学的要求。通常道路两侧的栽植应看成是建筑物前的种植，应该使用路者从各方面来看都有良好的效果。有些街道树木遮蔽了一切，绿化成了视线的障碍，用路者看不清街道面貌，从街道景观元素协调角度看就不适宜。道路绿地除具有特殊功能方面的要求以外，应根据道路性质、街道建筑、气候及地方特点要求等作为道路环境整体的一部分来考虑，这样才能收到良好的效果。

现代的道路环境往往容易雷同，采用不同的绿化方式将有助于加强道路特征，区分不同的道路，一些道路也往往以其绿地而闻名于世。在现代交通条件下，要求道路具有连续性，

而绿地则有助于加强这种连续性，同时绿地有助于加强道路的方向性，并以纵向分隔使行进者产生距离感。

道路绿地与街景中其他元素相互协调，与地形、沿街建筑等紧密结合，使道路在满足交通功能的前提下，与城市自然景色（地形、山峰、湖泊、绿地等）、历史文物（古建筑、古桥梁、塔、传统街巷等）以及现代建筑有机联系在一起，把道路与环境作为一个景观整体加以考虑并做出一体化的设计，创造有特色、有时代感的环境。

（五）道路绿地要选择好适宜的园林植物，形成优美、稳定的景观

道路绿地中的各种园林植物，因树形、色彩、香味、季相等分类不同，在景观、功能上也有不同的效果。根据道路景观及功能上的要求，要实现四季常青、三季有花，就需要多品种配合与多种栽植方式的协调。道路绿地直接关系着街景的四季变化，要使春、夏、秋、冬均有相宜的景色，应根据不同用路者的视觉特性及观赏要求处理好绿化的间距、树木的品种、树冠的形状、树木成年后的高度及修剪等问题。

不同的城市可以有不同的道路绿地形式与树种。目前一些城市的市花、市树均可作为地方的象征，如南京的雪松、梧桐树都使绿地富有浓郁的地方特色。这种特色使本地人感到亲切，外地人也特别喜欢。但是在选择一个城市的绿化树种时也应避免单一化，不要搞成"悬铃木城""雪松城""银桦城"等等，这不但在养护管理上造成困难，还会使人感到单调。一个城市中应以某几个树种为主，分别布置在几条城市干道上，同时也要有一些次要的品种。例如北京市城区主要城市干道的行道树以法国梧桐、毛白杨、槐树为主，次要品种还有油松、元宝枫、银杏、合欢等。这有利于在不同的立地条件下选择不同的树种使城市面貌丰富多彩。

城市道路的级别不同，绿地也应有所区别。主要干道的绿地标准应较高，在形式上也较丰富。如北京的东直路、长安街、三里河路均为城市主要干道，也是首都机场通向国宾馆的大道，即采用了较高的标准。在次要干道上的绿化带相应可以减少一些，有时只种两排行道树。

（六）道路绿地应与街道上的交通、建筑、附属设施和地下管线等配合

为了交通安全，道路绿地中的植物不应遮挡司机在一定距离内的视线，不应遮蔽交通管理标志，要留出公共站台的必要范围，以及保证乔木有适当高的分枝点，不致刮碰到大轿车的车顶。在可能的情况下利用绿篱或灌木遮挡汽车灯的眩光。

要对沿街各种建筑对绿地的个别要求和全街的统一要求进行协调，其中对重要公共建筑的美化和对居住建筑的防护尤为重要。

道路附属设施是道路系统的组成部分，如停车场、加油站等，是根据道路网布局的，并依照需求服务于一定范围；而道路照明则按路线、交通枢纽布局。它们对提高道路系统服务水平的作用是显著的，同时也是道路景观的组成部分。

对公众经常使用的厕所、报刊亭、电话亭给予方便合理的位置；人行过街天桥、地下通道入口、电线杆、路灯、各类通风口、垃圾出入口、路椅等地上设施和地下管线、地下沟道等都应相互配合。

（七）道路绿地设计应考虑到城市土壤条件、养护管理水平等因素

有相当多的城市内土壤成分比较复杂，一般不利于植物生长，而换土、施肥的量会受到

限制，其他方面如浇水、除虫、修剪也会受到管理手段、管理水平和能力的限制，这些因素在设计上也应兼顾。总之，道路绿地规划设计受到各方面因素的制约，只有处理好这些问题，才能保持道路景观的长期优美。

任务二　**城市道路绿地种植设计**

城市道路绿地种植设计包括绿带种植设计，交叉路口、交通岛的种植设计，行道树种植设计，街道小游园种植设计等部分。

一、绿带种植设计

（一）人行道绿带的设计

从车行道边缘至建筑红线之间的绿带地段统称为人行道绿带。人行道绿带是道路绿化中的重要组成部分，人行道往往占很大的比例，是街道绿地中的重要组成部分。一般宽度2.5m以上的绿地种一行乔木，宽度大于6m时可种植两行乔木，宽度在10m以上可采用多种方式种植。

人行道绿带的设计要考虑绿带的宽度、减弱噪声、减尘及营造街景等因素，还应综合考虑园林艺术和建筑艺术的统一，可分为规则式、自然式、规则与自然结合式。地形条件采用哪种方式，应以乔灌木的搭配、前后层次的处理以及单株与丛（株）植交替种植韵律的变化为基本原则。近年来国外人行道绿带设计多采用自然式布置手法，种植乔木、灌木、花卉和草坪，外貌自然活泼而新颖。为了道路绿化整齐统一而又自由活泼，人行道绿带的设计以规则与自然结合的形式最为理想。

为了保证车辆在车行道上行驶时车中人的视线不被绿带遮挡，能够看到人行道上的行人和建筑，在人行道绿带上种植树木必须保持一定的株距以保持树木生长需要的营养面积。一般来说，为了防止人行道上绿带对视线的影响，其株距不应小于树冠直径的2倍。

人行道绿带上种植乔木和灌木的行数由绿带宽度决定。在地上、地下管线影响不大时，宽度在2.5m以上的绿带种植一行乔木和一行灌木；宽度大于6m时，可考虑种植两行乔木，或将大小乔木、灌木以复层方式种植；宽度在10m以上的绿带，其株行数可多些，树种也可多样，甚至也可布置成花园林荫路。

（二）分车绿带的设计

在分车带上进行的绿化称为分车绿带，也称为隔离绿带。在车行道上设立分车带的目的是将人流与车流分开，机动车与非机动车分开，保证不同速度的车辆安全行驶。在三块板的道路断面中分车绿带有两条；在两块板的道路上分车绿带只有一条，又称为中央或中间分车绿带。分车绿带有组织交通、分隔上下行车辆的作用。在分车绿带上经常设有各种杆线、公共汽车停车站，人行横道有时也横跨其上。分车绿带的宽度因道路而异，没有固定的尺寸，因而种植设计就因绿带的宽度不同而有不同的要求。

两块板形式的路面在我国不多，中央绿带最小为3m，3m以上的分车带可以种乔木。

国外新城规划中，以机动车行驶为主的城市中央分车带有达几十米宽的，上面不种乔木，只种低矮灌木和草皮。设置分车带的目的是用绿带将快慢车道分开，或将逆行的车辆分开，保证快慢车行驶的速度与安全。对视线的要求因地段不同而异，在交通量较少的道路两侧没有建筑或没有重要的建筑物地段，分车带上可种植较密的乔、灌木，形成绿色的墙，充分发挥隔离作用。当交通量较大时，道路两侧分布有大型建筑及商业建筑时，既要求隔离又要求视线能透过，在分车带上的种植就不应完全遮挡视线。另外，种植分枝点低的树时，株距一般为树冠直径的 2～5 倍；灌木或花卉的高度应在视平线以下。如需要将视线完全敞开，在隔离带上应只种草皮、花卉或分枝点高的乔木。路口及转角地应留出一定范围不遮挡视线的植物，使司机有较好的视线，保证交通安全。

分车带的宽度依车行道的性质和街道总宽度而定，高速公路分车带的宽度可达 5～20m，一般也要 4～5m，但最低宽度也不能小于 1.5m。

分车带以种植草皮为主，尤其在高速干道上的分车带更不应该种植乔木，以使司机不受树影、落叶的影响，以保持高速干道上行驶车辆的安全。在一般干道的分车带上可以种植 70cm 以下的绿篱、灌木、花卉、草皮等。我国许多城市常在分车带上种植乔木，主要是因为我国大部分地区夏季比较炎热，考虑到遮阴的作用，另外我国的车辆目前行驶速度不是非常快，树木对司机的视线影响不大，故分车带上大多数种植了乔木。但严格来讲，这种形式是不合适的。随着交通事业的不断发展，分车带将有待逐步实现正规化。

1. 分车绿带的种植方式

分车绿带位于车行道中间，位置明显而重要，因此在设计时要注意街景的艺术效果。可以创造封闭的感觉，也可以创造半开敞、开敞的感觉。这些都可以用不同的种植设计方式来达到。分车带的绿化设计方式有三种，即封闭式、半开敞式、开敞式。无论采取哪一种种植方式，其目的都是为了最合理地处理好建筑、交通和绿化之间的关系，使街景统一而富于变化。但要注意变化不可太多，过多的变化会使人感到凌乱、烦琐，而缺乏统一，容易分散司机的注意力。从交通安全和街景考虑，在多数情况下，分车绿带以不挡视线的开敞式种植较为合理。

(1) 封闭式种植 造成以植物封闭道路的境界，在分车带上种植单行或双行的丛生灌木或蔓生常绿树，当株距小于 5 倍冠幅时，可起到绿色隔墙的作用。在宽敞的隔离带上，种植高低不同的乔木、灌木和绿篱，可形成多种树冠搭配的绿色隔离带，层次和韵律较为丰富。

(2) 开敞式种植 在分车带上种植草皮、低矮灌木或较大行距的大乔木，以达到开朗、通透的境界，大乔木的树干应该裸露。另外，为了便于行人过街，分车带要适当进行分段，一般以 75～100m 为宜，尽可能与人行横道、停车站、大型商场和人流集散比较集中的公共建筑出入口相结合。

(3) 半开敞式种植 半开敞式种植介于封闭式与开敞式之间，可根据行车道的宽度、所处环境等因素，利用植物形成局部封闭的半开敞空间。

无论采取哪一种方式，其目的都是为了合理地处理好建筑、交通和绿化之间的关系，使街景统一而富有变化。在一条较长的道路上，根据不同地段的特点，可以交替使用开敞与封闭的手法，这样既照顾到各个地段上的特点，也能产生对比效果。

2. 分车绿带种植设计注意事项

① 分车绿带位于车行道之间。当行人横穿道路时必然横穿分车绿带，这些地段的绿化

设计应根据人行横道线在分车绿带上的不同位置，采取相应的处理办法。既要满足行人横穿马路的要求，又不致影响分车绿带的整齐美观。

② 人行横道线在绿带顶端通过。在人行横道线的位置上铺装混凝土方砖道不进行绿化。

③ 行人在靠近绿带顶端位置通过。在绿带顶端留下一小块绿地，在这一小块绿地上可以种植低矮植物或花卉草地。

④ 分车绿带一侧靠近快车道。公共交通车辆的中途停靠站，都设在靠近快车道的分车绿带上，车站的长度约 30m。在这个范围内一般不能种植灌木、花卉，可种植乔木，以便在夏季为等车乘客提供阴凉。当分车绿带宽 5m 以上时，在不影响乘客候车的情况下，可以种适宜的草坪、花卉、绿篱和灌木，并设矮栏杆进行保护。

（三）防护绿带的设计

防护绿带宽度在 2.5m 以上时，可考虑种一行乔木和一行灌木；宽度大于 6m 时可考虑种植两行乔木，或将大、小乔木、灌木以复层方式种植；宽度在 10m 以上的种植方式更可多样化。

（四）基础绿带的设计

基础绿带的主要作用是为了保护建筑物内部的环境及建筑物内的活动不受外界干扰。基础绿带内可种灌木、绿篱及攀缘植物以美化建筑物。种植时一定要保证植物与建筑物的最小距离，保证室内的通风和采光。

二、交叉路口、交通岛的种植设计

（一）普通交叉路口的种植设计

交叉路口是两条或两条以上道路相交之处。这是交通的咽喉、隘口，种植设计需要先调查其地形、环境特点，并了解"安全视距"及有关符号。所谓安全视距是指行车司机发觉对方来车立即刹车而恰好能停车的距离。为了保证行车安全，道路交叉口转弯处必须空出一定距离，使司机在这段距离内能看到对面或侧方来往的车辆，并有充分的刹车和停车时间，而不致发生撞车事故。根据两条相交道路的两个最短视距，可在交叉口平面图上绘出一个三角形，称为"视距三角形"。在此三角形内不能有建筑物、构筑物、广告牌以及树木等遮挡司机视线的地面物。在视距三角形内布置植物时，其高度不得超过 0.65～0.7m，宜选低矮灌木、丛生花草种植。

（二）立体交叉的绿地设计

立体交叉，可能是城市两条高等级的道路相交处或高等级跨越低等级道路，也可能是快速道路的入口处。交叉形式不同，交通量和地形也不相同，需要灵活地处理。在立体交叉处，绿地布置要服从此处的交通功能，使司机有足够的安全视距。例如出入口可以有作为指示标志的种植物，使司机看清入口；在弯道外侧，最好种植成行的乔木，以便诱导司机的行车方向，同时使司机有一种安全的感觉。但在匝道和主次干道汇合的顺行交叉处，不宜种植遮挡视线的树木。此外，从立体交叉的外围到建筑红线的整个地段，除根据城市规划安排市政设施外，都应该充分绿化起来，这些绿地可称为外围绿地。

绿岛是立体交叉中面积比较大的绿化地段，一般应种植开阔的草坪，草坪上点缀有较高观赏价值的常绿植物和花灌木，也可种植观叶植物组成的模纹色块和宿根花卉。有的立体交叉口还可利用立交桥下的空间，设一些小型的服务设施。如果绿岛面积较大，在不影响交通安全的前提下，可以按照街心花园或中心广场的形式进行布置，设置小品、雕塑、园路、花坛、水池、座椅等设施。立体交叉的绿岛处在不同高度的主次干道之间，往往有较大的坡度，这对绿化是不利的，可设挡土墙减缓绿地坡度，一般以不超过 5％为宜。此处，绿岛内还须装设喷灌设施。在进行立体交叉绿化地段的设计时，要充分考虑周围的建筑物、道路、路灯、地下设施和地下各种管线的关系，做到地上、地下合理安排，才能取得较好的绿化效果。外围绿地的树种选择和种植方式要和道路伸展方向的绿化结合起来考虑。立体交叉和建筑红线之间的空地可根据附近建筑物的性质进行布置。

（三）交通岛的绿地设计

交通岛设在交叉口处，主要为组织环形交通，使驶入交叉口的车辆一律绕岛作逆时针单向行驶。交通岛一般设计为圆形，其直径大小必须保证车辆能按一定速度以交织方式行驶。由于受到环道上交织能力的限制，交通岛多设在车辆流量大的主干道路或具有大量非机动车、行人众多的交叉口。目前我国大城市所采用的圆形中心岛直径一般为 40～60m，一般城镇的中心岛直径也不能小于 20m。中心岛不能布置成供行人休息用的小游园或吸引游人的美丽花坛，而常以嵌花草坪、花坛为主或以低矮的常绿灌木组成简单的图案花坛，切忌用常绿小乔木或灌木，以免影响视线。

但是，在居住区内部由于人流、车流较少，主要以步行为主。因此在这种特殊情况下，交通岛往往可以布置成小游园或广场形式，以方便居住区的人们进行休闲活动。

三、城市小游园及林荫道种植设计

（一）城市小游园的规划设计

1. 城市小游园的特点

城市小游园是在城市公共绿地旁供居民短时间休息用的小块绿地，又称街道休息绿地、街道花园。街道小游园以植物为主，可用树丛、树群、花坛、草坪等布置。乔灌木、常绿或落叶树相互搭配，层次要有变化，内部可设小路和小场地，供人们进入休息。有条件的设一些建筑小品，如亭廊、花架、园灯、小池、喷泉、假山、座椅、宣传栏等，丰富景观内容，满足群众需要。

现代城市人口密集，城市用地日趋紧张，因此城市小游园一般面积都不大。在较小的面积进行造园，使得城市小游园在设施内容上比较简单，因此投资比较少。

2. 小游园在城市中的作用

随着城市的发展，人们生活水平的提高，人们开始关心环境问题，大量的城市小游园出现在城市的角落，既为广大居民提供游憩、健身的场所，也装扮、美化了城市，主要作用有以下几点。

（1）装点街景、美化市容 小游园多分布在城市的主、次干道两侧，以植物造景为主，结合园林建筑、园林小品的营建，自身形成一幅优美的画面，并与城市的建筑协调呼应，装点城市景观。由于游园的形成多样，各具特色，因此对提高街道绿地的文化艺术品位也起着重要作用。

（2）发挥园林的生态效益，改善城市环境 小游园建设要求绿地面积在 80％以上，植物配置以乔、灌、草、花相结合为主，植物种类较多，覆盖率高，具有降温、吸尘、减噪、净化空气等功能，使人们能够在城市和喧闹中寻得一片"净土"。

（3）弥补城市公园的不足与不便，为广大市民提供高质量的游憩环境　小游园的服务半径较小且具有设备简单、投资少、见效快等特点，与装饰性绿地相比，它又具有园路、小品等景观和桌、椅等小型设备，使游人既可欣赏绿地景观，又有活动空间和休息环境，而且使用极为方便，因此是居民娱乐、健身的极好场所。

（4）节约投资，方便市民　为了改善城市的人居环境，提高城市的绿化率，在人口密集占地较小的城市可建设大量的小游园，小游园一般占地面积小、设计精巧、设施简单、管理较为容易，而且投资少、分布面广，属于开放性绿地，极大地方便了市民的使用，有良好的社会效益和经济效益。

3. 小游园常见的规划布局形式

街道小游园绿地大多地势平坦，或略有高低起伏，可设计为规则对称式、规则不对称式、自然式、混合式多种形式。

（1）规则对称式　该形式有明显的中轴线，有规律的几何图形，如正方形、长方形、三角形、多边形、圆形、椭圆形等。此种形式外观比较整齐，能与街道、建筑物取得协调，但也要受一定的约束。为了发挥绿化对于改善城市小气候的影响，一般在可能的条件下以绿带占道路总宽度的 20％为宜，但也要根据不同地区的要求有所差异。

（2）规则不对称式　此种形式整齐而不对称，可以根据其功能组成不同的空间，它给人的感觉是虽不对称，但有均衡的效果。

（3）自然式　该形式的绿地无明显的轴线，道路为曲线，植物以自然式种植为主，易于结合地形，创造活泼舒适的自然环境。如果点缀一些山石、雕塑或建筑小品，会更显得美观。

（4）混合式　混合式综合了规则式和自然式两种类型的特点，把它们有机地结合起来。它既有自然式的灵活布局，又有规则式的整齐明朗，既能运用规则式的造型与四周的建筑广场相协调，又能营造出一方展现自然景观的空间。混合式的布局手法比较适合于面积稍大的游园。另外在设计时应注意规则式与自然式的过渡部分的处理。

4. 小游园设计的方法

① 明确服务对象。小游园在城市中的分布比较广泛，它位于居住区、商业区、行政区，也可以位于街旁。对于分布在不同位置的小游园，它潜在的游客是不同的。因此在进行小游园的规划设计时，首先应对小游园周围的环境进行分析，然后进一步仔细分析它的服务对象，在设计中坚持"以人为本，以服务对象为本"的原则，从而最大限度地发挥小游园的使用功能。

② 确定活动方式和内容。在明确了小游园的服务对象后，应根据服务对象的年龄特点、心理特点、生理特点和游园兴趣爱好确定适合于他们的活动方式和活动内容。

③ 进一步考虑不同的活动方式和活动内容对环境的要求。

④ 按照规划设计的程序进行。

5. 小游园绿化设计应注意的问题

① 因地制宜，力求变化。在小游园规划设计中，一定要注意其与周围环境的协调统一，因地制宜地进行。城市中的小游园贵在自然，最好能创造出使人从喧哗的城市中脱离出来进入自然的感觉，同时园景也宜充满生活气息，有利于逗留休息。另外，要发挥艺术手段，

将人带入设定的情境中去，使人赏心悦目、心旷神怡，做到自然性、生活性、艺术性相结合。

② 特点鲜明突出，布局简洁明快。

③ 进行合理的功能分区。

④ 小中见大，充分发挥城市绿地的作用。

由于小游园的面积普遍比较小，因此如何在较小的空间中进行合理的布局，使人产生"大"的感觉，是在小游园设计过程中重点考虑的问题。可以从下面几个方面入手。

a. 绿地布局要紧凑，尽量提高土地的利用率。

b. 绿地空间层次要丰富，可利用地形道路、植物小品分隔，形成隔景，增加景深，也可利用各种形式隔断花墙构成园中园，花墙应注意装饰与绿地陪衬，使其隐而不藏、隔而不断。

c. 建筑小品应以小巧取胜：道路、铺地、座椅、栏杆、园灯等园林建筑小品的数量要控制在满足游人活动的基本尺度要求之内。

⑤ 合理组织游览路线，吸引游客。

⑥ 注重硬质景观与软质景观的结合。

⑦ 注重突出植物造景。

a. 植物配置与环境相结合。

b. 体现地方风格，反映城市风貌。

c. 严格选择主调树种，除注意色彩美和形态美外还要注意其风韵美，使其姿态与周围的环境氛围相协调。

d. 注意时相、季相、景相的统一。

e. 注意乔、灌、草结合。

（二）花园林荫道的绿化设计

花园林荫道是指那些与道路平行而且具有一定宽度的带状绿地，也可称为带状街头休息绿地。林荫道利用植物将车行道隔开，在其内部不同地段辟出各种不同的休息场地，并有简单的园林设施，供行人和附近居民作短时间休息之用。目前在城镇绿地不足的情况下，可起到小游园的作用。它扩大了群众活动场地，同时增加了城市绿地面积，对改善城市小气候、组织交通、丰富城市街景作用很大。

1. 林荫道布置的几种类型

（1）设在街道中间的林荫道　即上下行的车行道，中间有一定宽度的绿带，这种类型较为常见。例如北京正义路林荫道、上海肇家浜林荫道等。主要供行人和附近居民作暂时休息用。此种类型的林荫道多在交通量不大的情况下采用，出入口不宜过多。

（2）设在街道一侧的林荫道　由于林荫道设立在道路一侧，减少了行人与车行路的交叉，在交通比较频繁的街道上多采用此种类型，往往也因地形情况而定。例如傍山、一侧滨河或有起伏的地形时，可利用借景将山、林、河、湖组织在内，创造了更加安静的休息环境。例如上海外滩绿地、杭州西湖畔的六公园绿地等。

（3）设在街道两侧的林荫道　设在街道两侧的林荫道与人行道相连，可以使附近居民不用穿过道路就可达林荫道内，既安静，又使用方便。此类林荫道占地过大，目前使用较少。例如北京阜外大街花园林荫道。

2. 林荫道设计应掌握以下几条原则

① 必须设置游步道。一般8m宽的林荫道内，设一条游步道；8m以上时，设两条以上为宜。

② 车行道与林荫道绿带之间要有浓密的绿篱和高大的乔木组成的绿色屏障相隔，立面上布置成外高内低的形式较好。

③ 设置小型儿童游乐场、休息座椅、花坛、喷泉、阅报栏、花架等建筑小品。

④ 留出入口。林荫道可在长75~100m处分段设立出入口，人流量大的人行道、大型建筑处应设出入口。出入口布置应具有特色，作为艺术上的处理，以增加绿化效果。

⑤ 以丰富多彩的植物取胜。林荫道总面积中，道路广场不宜超过25％，乔木占30％~40％，灌木占20％~25％，草地占10％~20％，花卉占2％~5％。南方天气炎热需要更多的浓荫，故常绿树占地面积可大些，北方则落叶树占地面积大些。

⑥ 宽度较大的林荫道宜采用自然式布置，宽度较小的则以规则式布置为宜。

四、行道树种植设计

行道树是有规律地在道路两侧种植用以遮阴的乔木而形成的绿带，是街道绿化最基本的组成部分，最普遍的形式。

（一）行道树种植方式

行道树种植方式有多种，常用的有树池式、树带式两种。

1. 树池式

在人行道狭窄或行人过多时的街道上经常采用树池种植行道树的形式，形状可方可圆，其边长或直径不得小于1.5m，长方形树池的短边不得小于1.2m，长短边之比不超过1∶2，方形和长方形树池易于和道路及其两侧建筑物取得协调，故应用较多，圆形常用于道路圆弧转弯处。

行道树的栽植位置应位于树池的几何中心，对于圆形树池更为重要。方形和长方形树池虽然允许偏于一侧，但也要符合技术规定，从树干到靠近车行道一侧的树池边缘不小于0.5m。距车行道缘石不小于1m。

为了防止行人踩踏池土，影响水分渗透和土壤空气流通，可以把树池周边做得高出人行道6~10cm，但因影响雨水流入池内这一缺点，因此在不能保证按时浇水或缺雨地区，常把树池做得和人行道相平，池土应稍低于路面，一方面便于雨水流入，另一方面避免池土流出污染路面。如能在树池上铺设透气的保护池盖则更为理想。如北京天安门广场一带即为如此。

池盖一般由金属或水泥预制板做成，经久耐用，式样美观，为了便于清除池内杂草、屑物和翻松土壤时拿取方便，常用两扇或三扇合成，放在搁架上，既有利于池土不被池盖压实，又可避免土壤受热灼炙树木根系。

池盖属于人行道路面铺装材料的一部分，可以增加人行道的有效宽度，减少裸露土壤，有利于环境卫生和管理，同时可以美化街景。

树池营养面积有限，影响树木生长，增加了铺装面积，提高了造价，利用效率不高，而且要经常翻松土壤，增加管理费用，卫生防护效果也差，故在可能条件下应尽量采用种植带式。

2. 树带式

树带式种植是在人行道和车行道之间留出一条不加铺装的种植带。种植带在人行横道处或人流比较集中的公共建筑前面中断。

近年来一些城市除在车行道两侧种植行道树外，还在人行道的纵向轴线上设置种植带。把人行道一分为二，一条供附近居民和进出商店的顾客使用，一条为过往行人和上下车的乘客服务。种植带可以种植草皮、花卉、灌木、防护绿篱，还可以种植乔木，与行道树共同形成林荫小径，但行距不能小于 5m。这种处理形式在卫生防护和保证安全方面都有一定优点。

种植带的宽度视具体情况而定，如朝鲜平壤市在主干道两侧的种植带宽度达 10m 左右。我国常见种植带宽度最低限度为 1.5m，除种一行乔木用来遮阴外，在行道树株距之间还可种绿篱，以增强防护效果；宽度为 2.5m 的种植带可种一行乔木，并在靠近车行道的一侧再种一行绿篱；5m 宽的种植带可交错种植两行乔木，或一行乔木两排绿篱，靠车行道一侧以防护为主，近人行道的一侧以观赏为主，中间空地还可种些开花灌木、花卉或草皮。

很显然，树带式种植对树木的生长发育比树池式有利，而且艺术造型和防护效果上也远比树池式优越。

（二）行道树的选择

行道树的生长环境条件很差，无论是日照、通风、水分和土壤等因素，都不能与一般的园林和大自然中生长的树木相比。除辐射温度高、空气干燥、有害烟尘气体多以外，还要受到种种人为和机械的损伤，再加上管网线路限制，无不影响着树木的正常生长和发育。因此能适应这种环境条件的行道树种不多，在选择时应注意以下几点。

① 选择能适应城市的各种环境因子，对病虫害抵抗力强，苗木来源容易，成活率高的树种。

② 树龄要长，树干通直，树姿端正，体形优美，冠大荫浓，花朵艳丽，芳香郁馥，春季发芽早，秋季落叶迟，而且整齐，叶色富于季相变化的树种为佳。

③ 花朵无臭味，无飞絮、飞粉，不招惹蚊蝇等害虫，落花落果不伤行人，不污染衣物和路面，不造成滑车、跌伤事故的树种。

④ 耐强度修剪，愈合能力强。目前，因为我国城市的架空线路还不能全部转入地下，对行道树需要修剪，以避免树木大枝叶与线路的矛盾。

⑤ 不选择带刺或浅根树种，在经常遭受台风袭击地区更应注意，也不选用分蘖力强和根系特别发达隆起的树种，以免刺伤行人或破坏路面。

我国地域辽阔，地形和气候变化大，植被分布类型也各不相同，因此各地应选择在本地区生长最多和最好的树种来作行道树。

（三）行道树的株距与定干高度

正确确定行道树的株行距，有利于充分发挥行道树的作用，合理使用和管理苗木。一般来说，株行距要根据树冠大小来决定。但实际情况比较复杂，影响的因素较多，如苗木规格、生长速度、交通和市容的需要。我国各大城市行道树株距规格略有不同，大规格苗木与大距离株距有 4m、5m、6m、8m 不等。南方主要行道树种悬铃木（法国梧桐）生长速度快、树冠荫浓，若种植干径为 5cm 以上的树苗，株距定为 6～8m 为宜（表 11-1）。

表 11-1　行道树的株距

树种类型	通常采用的株距/m			
	准备间移		不准备间移	
	市区	郊区	市区	郊区
快长树(冠幅 15m 以下)	3～4	2～3	4～6	4～8
中慢长树(冠幅 15～20m)	3～5	3～5	5～10	4～10
慢长树	2.5～3.5	2～3	5～7	3～7
窄冠树	—	—	3～5	3～4

　　行道树定干高度应根据其功能要求、交通状况、道路性质、宽度以及行道树与车行道的距离、树木分级等确定。苗木胸径在 12～15cm 为宜，其分枝角度较大的，干高不得小于 3.5m；分枝角度较小者，也不能小于 2m，否则会影响交通。

（四）　行道树的种植和工程管线的关系

　　随着城市现代化建设的发展，空架线路和地下管网等各种管线不断增多，大多沿道路走向而设置，因而与城市道路绿化产生许多矛盾，需要在种植设计时合理安排，为树木生长创造有利条件。

　　决定街道绿化的种植方式有多种因素，但其街道的宽度往往起决定性的作用。人行道的宽度一般不得小于 1.5m，而人行道在 2.5m 以下时很难种植乔灌木，只能考虑进行垂直绿化，但随着街道、人行道的加宽，绿化宽度也在逐渐地增加，种植方式亦可随之丰富而有多种形式出现。

　　具体要求见表 11-2～表 11-4。

表 11-2　树木与建筑、构筑物水平间距

名　　称	最小间距/m	
	至乔木中心	至灌木中心
有窗建筑物外墙	3.0	1.5
无窗建筑物外墙	2.0	1.5
道路侧面外缘、挡土墙脚、陡坡	1.0	0.5
人行道	0.75	0.5
高 2m 以下围墙	1.0	0.75
高 2m 以上围墙	2.0	1.0
天桥、栈桥的柱及架线塔电线杆中心	2.0	不限
冷却池外缘	40.0	不限
冷却塔	高 1.5 倍	不限
体育用场地	3.0	3.0
排水明沟外缘	1.0	0.5
邮筒、路牌、车站标志	1.2	1.2
警亭	3.0	2.0
测量水准点	2.0	1.0
人防地下室出入口	2.0	2.0
架空管道	1.0	
一般铁路中心线	3.0	4.0

表 11-3　植物与地下管道线及地下构筑物的距离

名　称	至中心最小间距/m	
	至乔木中心	至灌木
给水管、闸井	1.5	不限
污水管、雨水管探井	1.0	不限
电力电缆探井	1.5	
热力管	2.0	1.0
电缆沟、电力电讯杆	2.0	
路灯电杆	2.0	
消防龙头	1.2	1.2
煤气管探井	1.5	1.5
乙炔氧气管	2.0	2.0
压缩空气管	2.0	1.0
石油管	1.5	1.0
天然瓦斯管	1.2	1.2
排水盲管	1.0	0.5
人防地下室外缘	1.5	1.0
地下公路外缘	1.5	1.0
地下铁路外缘	1.5	1.0

表 11-4　树木与架空线路的间距

架空线名称	树木枝条与架空线的水平距离/m	树木枝条与架空线的垂直距离/m
1kV 以下电力线	1	1
1~20kV 电力线	3	3
35~140kV 电力线	4	4
150~220kV 电力线	5	5
电线明线	2	2
电信架空线	0.5	0.5

为了发挥绿化对于改善城市小气候的影响，一般在可能的条件下以绿带占道路总宽度的20％为宜，也要根据不同地区的要求有所差异。例如在旧城区要求一定绿化宽度就比较困难，而在新建区就有条件实现功能上的要求。上海市旧区由于路窄人多，交通量大给绿化造成很大困难，而在新建区如闵行区、张庙、金山卫、彭浦新区的街道绿化就可根据城市规划的要求有较宽的绿带，形式也丰富多彩，既达到其功能要求又美化了城市面貌。

行道树的种植不仅要求对行人、车辆起到遮阴的效果，而且对临街建筑防止太阳强烈的日晒也很重要，全年内要求遮阴时期的长短与城市所在地区的纬度和气候条件有关。我国一般5~9月，约半年时间内要求有良好的遮阴效果，低纬度的城市则更长些。一天内上午8:00~10:30、下午1:30~4:30是防止东、西日晒的主要时间。因此我国中、北部地区东西走向的街道，在人行道的南侧种树，遮阴效果良好，而南北走向的街道两侧均应种树。在南部地区，无论是东西、南北走向的街道均应种树。

一般来说街道绿化多采用整齐、对称的布置形式，街道的走向如何只是绿地布置时参考的因素之一。要根据街道所处的环境条件，因地制宜地合理规划。

五、高速公路、立交桥及滨河绿地种植设计

（一）高速公路绿地种植设计

高速公路是具有中央分隔带及四个以上车道立体交叉和完备的安全防护设施，专供车辆快速行驶的现代公路。其车速为 80～120km/h，它的几何线形设计要求较高，采用高级路面，工程比较复杂。

高速公路的横断面包括中央隔离带（分车绿带）、行车道、路肩、护栏、边坡、路旁安全地带和护网。隔离带宽度为 1.8～4.5m 左右，其内可种植花灌木、草皮、绿篱和较矮的整形常绿树，较宽的隔离带还可以种植一些自然树丛，但不宜种植成行乔木，以免影响高速行进中司机的视线。

为了安全，高速公路一般不允许行人穿过，分车带内可装设喷灌或滴灌设施，采用自动或遥控装置。

高速公路要求有 3.5m 以上宽的路肩，以供故障车辆停放。路肩上不宜栽种树木，可在其外侧边坡上和安全地带上种植树木、花卉和绿篱。大乔木要距路面有足够的距离，不使树影投射到车道上。

在高速公路上，一般每50～100km左右设立一处休息站，供司机和乘客停车休息。休息站前、后设计有减速道、加速道、停车场、加油站、汽车修理部及食堂、小卖部、厕所等服务设施，必须配以绿化。在炎热地区，停车场地可种植树冠大而荫浓的乔木，布置成绿化停车场，以免车辆受到暴晒。场地内用花坛或树坛划分成不同的车辆停放区。

高速公路的平面线型有一定要求，一般直线距离不应大于 24km；在直线下坡拐弯的路段应在外侧种植树木，以增加司机的安全感，并可引导视线。

（二）道路立体交叉的形式

道路立体交叉的形式主要有两种，即简单立体交叉和复杂立体交叉。简单立体交叉为纵横两条道路在交叉点相互不通，这种立体交叉一般不能形成专门的绿化地段，只作行道树的延续而已。复杂立体交叉又称互通式立体交叉，两个不同平面的车流可以通过匝道连通。平面形式以苜蓿叶式最为典型，还有半苜蓿叶式和环道式等多种形式。

复杂的立体交叉一般由主、次干道和匝道组成，匝道供车辆左、右转弯，把车流导向主次干道上。为了保证车辆安全和保持规定的转弯半径，匝道和主次干道之间往往形成几块面积较大的空地。在国外，有些地方利用这些空地作为停车场；在我国一般多作为绿化用地，成为绿岛。此外，以立体交叉的外围到建筑红线的整个地段，除根据城镇规划安排市政设施外，都应该充分绿化起来，这些绿地可称为外围绿地。绿岛和外围绿地可构成美丽而壮观的景象。

绿化布置要服从立体交叉的交通功能，使司机有足够的安全视距。立体交叉虽然避免了车流在同一平面上的十字交叉，但却避免不了汽车的顺行交叉（又称交织）。在匝道和主次干道汇集的地方也要发生车辆顺行交叉，因此，在这一段不宜种植遮挡视线的树木。如种植

绿篱和灌木时，其高度不能超过司机视高，以使其能观察到前方的车辆。在弯道外侧，最好种植成行的乔木，以便引导司机行车的方向，同时使司机有一种安全感。

绿岛是立体交叉中面积比较大的绿化地段，一般应种植开阔的草坪，草坪上点缀具有较高观赏价值的常绿树和花灌木，也可以种植一些宿根花卉，构成一幅壮观的图景。切忌种植过高的绿篱和大量的乔木，以免阴暗郁闷。如果绿岛面积较大，在不影响交通安全的前提下，可按街心花园的形式进行布置，设置远路、花坛、座椅等。立交桥绿岛处在不同高度的主、次干道之间，往往有较大的坡度，绿岛坡降比一般以不超过5％为宜，陡坡位置须另做防护措施。此外，绿岛内还需要装置喷灌设施，以便及时浇水、洗尘和降温。

立体交叉外围绿化树种的选择和种植方式要和道路伸展方向绿化建筑物的不同性质结合起来，和周围的建筑物、道路、路灯、地下设施及地下各种管线密切配合，做到地上地下合理布置，才能取得较好的绿化效果。

（三）滨河路绿地种植设计

滨河路是城市中临河流、湖泊、海岸等水体的道路。其侧面临水，空间开阔，环境优美，是城镇居民游憩的地方。水体沿岸不同宽度的绿带称为滨河绿地，如果加以绿化，可吸引大量游人，特别是夏日和傍晚，其作用不亚于风景区和公园绿地（如图11-5）。

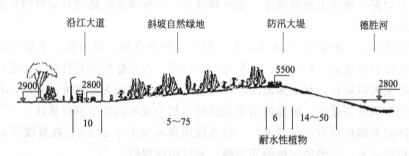

图 11-5　滨河绿地设计示意图（单位：m）

一般滨河路的一侧是城市建筑，另一侧为水体，在建筑和水体中间设置道路绿带。

在绿带中，一般布置要注意以下事项。

① 河路的绿化一般在邻近水处设置游步路，最好能尽量接近水边，因为行人习惯于靠近水边行走。

② 如有风景点可观赏时，可适当设计成小广场或凸出水面的平台，以便供游人远望和摄影。

③ 可根据滨河路地势高低设计成平台1～2层，以阶梯连接，可使游人接近水面，使之有亲切感。

④ 如果滨河水面开阔，能划船或游泳时，可考虑以游园或公园的形式，容纳更多的游人活动。

⑤ 滨河林荫道内的休息设施可多样化，在岸边设置栏杆，并放置座椅，供游人休息。如林荫道较宽时，可布置成自然式。设有草坪、花坛、树丛等，并安排简单园林小品、雕塑、座椅、园灯等。

⑥ 林荫道的规划形式取决于自然地形的影响。地势如有起伏，河岸线曲折及结合功能要求，可采取自然式布置；如地势平坦，岸线整齐，与车道平行者，可布置成规则式。

⑦ 在低湿的河岸上或一定时期水位可能上涨的水边，应特别注意选择能适应水湿和耐盐碱的树种。

⑧ 滨河绿地的绿化布置既要保证游人的安静休息和健康安全，靠近车行道一侧的种植应注意能减少噪声，临水一侧不宜过于闭塞。林冠线要富于变化，乔木、灌木、草坪、花卉结合配置，丰富景观。另外，还要兼顾防浪、固堤、护坡等的功能。

在具有天然坡岸的地方，可以采用自然式布置游步道和树木，凡未铺装的地面都应种植灌木或铺栽草皮。如有顽石布置于岸边，更显自然。斜坡上要种植草皮，以免水土流失，也可起到美化作用。滨河林荫路的游步路与车行道之间尽可能用绿化隔离开来，以保证游人安静和安全。国外滨河路的绿化一般布置得比较开阔，以草坪为主，乔木种得比较稀疏，在开阔的草地上点缀以修剪成形的常绿树和花灌木。有的还把砌筑的驳岸与花池结合起来，种植花卉和灌木，形式多样。

（四）步行街绿地种植设计

1. 步行街绿地的概念

步行街是城市中专供人行而禁止一切车辆通行的道路。如北京王府井大街、沈阳太原街、大连天津街等。另外，还有一些街道只允许部分公共汽车短时间或定时通过，形成过渡性步行街和不完全步行街，如北京前门大街、上海南京路、沈阳中街等。步行街绿地是指位于步行街道内的所有绿化地段。

2. 步行街绿地的特点

首先步行街位于市中心地区的重要公共建筑、商业与文化生活服务设施集中的地段，也就是说它的位置一般在城市最繁华的街道。而一般情况下这些街道周围均以现代化的高层建筑为主，所以在绿地景观设计时，应注意如何使绿地景观与周围环境相协调。其次，它又是一条专供人行而禁止一切车辆通行的道路，因此步行街绿地的使用者均是以步行游览为主，速度较慢，在设计时景观的处理应较为细腻。步行商业街绿地的设计与普通道路的设计有着较大的区别。

3. 步行街绿地设计时的注意事项

① 步行街的设计在空间尺度和环境气氛上要亲切、和谐，人们在这里可感受到自我，从心理上得到较好的休息和放松。

② 绿地种植要精心规划设计，并与环境、建筑协调一致，使功能性和艺术性很好地结合起来，呈现出较好的景观效果。

③ 综合考虑周围环境，进行合理的植物选择。要特别注意植物的形态、色彩，要和街道环境相结合，树形要整齐，乔木要冠大荫浓、挺拔雄伟，花灌木无刺、无异味，花艳、花期长。特别需要考虑遮阳与日照的要求，在休息空间应采用高大的落叶乔木，夏季茂盛的树冠可遮阳，冬季树叶脱落又有充足的光照，为顾客提供不同季节舒适的环境。地区不同，绿化布置上也有所区别。如在夏季时间长、气温较高的地区，绿化布置时可多用冷色调的植物；而在北方则可多用暖色调植物布置，以改善人们的心理感受。

④ 在街心适当布置花坛、雕塑，增添步行街的识别性和景观特色。此外，步行街还可

铺设装饰性花纹地面，以增加街景的趣味性。

⑤ 考虑服务设施和休息设施的设置。由于步行街绿地的使用者均是以步行游览为主，因此对体力的消耗也比较大，所以应考虑合理的设置服务设施和休息设施。例如设置供群众休息用的座椅、凉亭、电话间。

复习思考题

1. 简述城市道路绿化形式。
2. 城市道路绿化原则是什么？
3. 道路绿地应起到什么生态功能？
4. 简述人行道绿带的设计形式有哪些？
5. 分车绿带种植设计有哪些注意事项？
6. 花园林荫道的绿化设计原则是什么？

 **项目十二** **城市广场景观规划设计**

项目导读

城市广场景观规划设计是指以广场为主体的相关部分空地上的绿化、美化。城市广场绿地是城市居民日常接触最多的一种绿地形式，其大小灵活、视野开阔、绿色为主、空间宜人，并且能够展示出一个城市的绿地形象。城市广场的绿化对改变城市面貌、美化环境、减少环境污染、保持生态平衡、防御风沙与火灾有着重要的作用，并有相应的社会效益和经济效益，是城市总体规划设计与城市物质文明、精神文明建设的重要组成部分。

任务一 广场的分类

城市广场是城市道路交通体系中具有多种功能的空间，是人们政治、文化活动的中心，常常是公共建筑集中的地方。城市广场是城市居民社会活动的中心，可组织集会，供交通集散，也是人流、车流的交通枢纽或居民游览休息和组织商业贸易交流的场所。广场周围一般均布置城市中的重要建筑物和设施，故能集中体现城市的艺术面貌。城市广场往往成为表现城市特征的标志。

一、广场的类型

广场的类型多种多样，广场的分类，主要是从广场使用功能、尺度关系、空间形态和材料构成几方面的不同属性和特征来分类。

1. 以广场的使用功能分类

（1）集会性广场　包括政治广场、市政广场、宗教广场等。

（2）纪念性广场　包括纪念广场、陵园、陵墓广场等。

（3）交通性广场　包括站前广场、交通广场等。

（4）商业性广场　包括集市、商贸广场、购物广场等。

（5）文化娱乐休闲广场　包括音乐广场、街心广场等。

（6）儿童游乐广场。

（7）附属广场　包括商场前广场、大型公共建筑前广场等。

2. 以广场的尺度关系分类

（1）特大广场　特指国家性政治广场、市政广场等。这类广场用于国务活动、检阅、集会、联欢等大型活动。

（2）中小型广场　包括街区休闲活动广场、庭院式广场等。

3. 以广场的空间形态分类

（1）开敞性广场　包括露天市场、体育场等。

（2）封闭性广场　包括室内商场、体育馆等。

4. 以广场的材料构成分类

（1）以硬质材料为主的广场　以混凝土或其他硬质材料作广场主要辅助材料，分素色和彩色两种。

（2）以绿化材料为主的广场　公园广场、绿化性广场等。

（3）以水质材料为主的广场　大面积水体造型等。

二、城市广场的特点

随着城市的发展，各地大量涌现出的城市广场已经成为现代人户外活动中最重要的场所之一。现代城市广场不仅丰富了市民的社会文化生活，改善了城市环境，带来了多种效益，同时也折射出当代特有的城市广场文化现象，成为城市精神文明的窗口。在现代社会背景下，现代城市广场面对现代人的需求，表现出以下基本特点。

（一）性质上的公共性

现代城市广场作为现代城市户外活动空间体系中的一个重要组成部分，首先应具有公共性的特点。随着工作、生活的节奏加快，传统封闭的文化习俗逐渐被现代文明开放的精神所取代，人们越来越喜欢丰富多彩的户外活动。在广场活动的人们不论其身份、年龄、性别有何差异，都具有平等的游憩和交往氛围。现代城市广场要求有方便的对外交通，这正是满足公共性特点的具体表现。

（二）功能上的综合性

功能上的综合性特点表现在多种人群的多种活动要求，它是广场产生活力的最原始的动力，也是广场在城市公共空间中最具魅力的原因所在，现代城市广场满足的是现代人户外多种活动的功能要求。年轻人聚会、老年人晨练、歌唱表演、综艺活动、休闲购物等，都是过去以单一功能为主的专用广场所无法满足的，取而代之的必然是能满足不同年龄、性别的各种人群的多种功能需要，具有综合功能的现代城市广场。

（三）空间场所上的多样性

现代城市广场功能上的综合性，必然要求其内部空间场所具有多样性的特点，以达到不同功能实现的目的。如歌唱表演需要有相对完整的空间，使表演者的舞台或上升或下沉；情人约会需要有相对私密的空间；儿童游戏需要有相对开敞独立的空间等。综合性功能如果没有多样性的空间创造与之相匹配，是无法实现的。场所感是在广场空间、周围环境与文化氛围相互作用下，使人产生归属感、安全感和认同感。这种场所感的建立对人是莫大的安慰，也是现代城市广场场所方面的多样性特点的深化。

（四） 文化休闲性

现代城市广场作为城市的客厅或是城市的起居室，是反映现代城市居民生活方式的窗口，注重舒适、追求放松是人们对现代城市广场的普遍要求，从而表现出休闲性的特点。广场上精美的铺地、舒适的座椅、精巧的建筑小品加上丰富的绿化，让人徜徉其间流连忘返，忘却了工作和生活中的烦恼，尽情地欣赏美景，享受生活。

现代城市广场是现代人开放型文化意识的展示场所，是实现自我价值的舞台。特别是文化广场，表演活动除了有组织的演出活动外，更多是自发的、自娱自乐的行为，它体现了广场文化的开放性，满足了现代人参与表演活动的"被人看""人看人"的心理表现欲望。在国外，常见到自娱自乐的演奏者、悠然自得的自我表演者，对广场活动气氛也是很好的提升。我国城市广场中单独的自我表演者不多，但自发的群体表演却很盛行。

现代城市广场的文化性特点，主要是指现代城市广场也对现代人的文化观念进行创新。即现代城市广场既是当地自然和人文背景下的创作作品，又是创造新文化、新观念的手段和场所，是一个以文化造广场、又以广场造文化的双向互动过程。

任务二 广场景观设计要求

一、集会广场设计要求

集会广场一般用于政治、文化集会、庆典、游行、检阅、礼仪、民间传统节目等活动。这类广场不宜过多布置游乐性建筑和设施。

集会广场一般都位于城市中心地区。这类性质的广场，也是政治集会、政治重大活动的公共场所。如天安门广场、上海人民广场、兰州市中心广场等。在规划设计时，应根据游行检阅、群众集会、节日联欢的模式和其他用地设置地的需要，同时要注意合理地布置广场与相接道路的交通线，以保证人群、车辆的安全、迅速汇集与疏散。

集会广场中还包括宗教广场，它一般在教堂、寺庙及礼堂前举行宗教庆典、集会、游行。宗教广场上设有供宗教礼仪、祭祀、布道用的平台、台阶敞廊。历史上宗教广场有时与商业广场结合在一起。而现代宗教广场已逐渐起到市政广场和娱乐性广场的作用。

集会广场是反映城市面貌的重要部分，因而在广场设计时，都要与周围的建筑布局协调。无论平面立面、透视感觉、空间组织、色彩和形体对比等，都应起到相互烘托、相互辉映的作用，反映出中心广场非常壮丽的景观。

常用的广场几何图形为矩形、正方形、梯形、圆形或其他几何形状的组合。不论哪一种形状，其比例应协调，对于长与宽比例大于3的广场，从交通组织、建筑布局、艺术造型和绿地设计等方面都会产生不良的效果。因此，一般长宽比例以 4∶3、3∶2、2∶1 为宜。同样，广场的宽度与四周建筑物的高度也应有适当的比例，一般以广场的宽度是四周建筑物高度的 3～6 倍为宜。

广场及其相接道路的交通组织甚为重要。为了避免主干线上的交通对广场的干扰，在城市道路规划与设计中，必须禁止快速干道和主干道上过境交通穿越广场。有时，为了安全、整齐，应规定不允许载重汽车出入广场。

广场内应设有照明灯、绿化花坛等，起到点缀、美化广场以及组织内外交通的作用。另外，在广场横断面设计中，在保证排水的情况下，应尽量减少坡度，以使场地平坦。

广场中心绿地设计一般不布置种植，多为水泥铺设，但在节日又不举行集会时可布置草皮绿地、盆景群等，以创造节日新鲜、繁荣的欢乐气氛。在主席台、观礼台两侧、背面须绿化，常配置常绿树，树种要与广场四周建筑相协调，达到美化广场及城市的效果。

集散广场是聚集、疏散流动人口与车辆的场地。基本有两类：一是各种交通站前广场；二是影剧院、文化宫、公园、展览与体育馆（场）、宾馆等建筑前广场。

集散广场绿地设计的基本原则是在满足人口及车辆集散功能的前提下，与主体建筑相协调，构成衬托主体建筑、美化环境，改善城市面貌的丰富景观。基本布局是周边以种植乔木或设绿篱为主，场面上种植草坪，设花坛，起交通岛的作用，还可设置喷泉、雕像，或山水小品、建筑小品、座椅等。

二、纪念广场设计要求

纪念广场主要是为纪念某些历史名人或某些事件的广场。它包括纪念广场、陵园广场、陵墓广场等。

纪念广场是在广场中心或侧面以设置突出的纪念雕塑、纪念碑、纪念塔、纪念物和纪念性建筑等作为标志物，主体标志物应位于构图中心，其布局及形式应满足纪念气氛及象征的要求。广场本身应成为纪念性雕塑或纪念碑底座的有机组成部分。广场在设计中应体现良好的观赏效果，以供人们瞻仰。例如上海鲁迅墓广场、哈尔滨防洪纪念塔广场。因此，必须严禁交通车辆在广场内穿越与干扰。另外，广场上应充分考虑绿化、建筑小品等，使整个广场配合协调，形式庄严、肃穆。

纪念广场有时也与政治广场、集会广场合并设置为一体。例如北京的天安门广场。其绿地设计首先要按广场的纪念意义、主题，形成相应、统一的形式、风格，如庄严、雄伟、简洁、娴静、柔和等。其次，绿化要选具有代表性的树种或花木，如广场面积不大，选择与纪念性相协调的树种，加以点缀、映衬。塑像周围宜布置浓重、苍翠的树种，创造严肃或庄重的气氛；纪念堂侧面铺设草坪，创造娴静、开朗的境界。如北京天安门南部，以毛主席纪念堂为主体和中心，以松、柳为主配树种，周围以矮柏为绿篱，构成了多功能、政治性、纪念性的绿地。

三、交通广场设计要求

交通广场包括站前广场和道路交通广场。交通广场是城市交通系统的有机组成部分，它是连接交通的枢纽，起交通、集散、联系、过渡及停车的作用，并有合理的交通组织。交通广场可以从竖向空间布局上进行规划设计及解决复杂的交通问题，分隔车流和人流。它满足畅通无阻、联系方便的要求，有足够的面积及空间以满足车流、人流的安全需要。

交通广场是人类集散较多的地方。如火车站、飞机场、轮船码头等站前广场以及剧场、体育馆（场）、展览馆、饭店旅馆等大型公共建筑物前的广场，还包括道路公共交通的专用交通广场等。

交通广场作为城市交通枢纽的重要设施之一，它不仅具有组织和管理交通的功能，也具有修饰街景的作用，特别是站前广场备有多种设施，如人行道、车道、公共交通换乘站、停车场、人群集散地、交通岛、公共设施（休息亭、公共电话、厕所）、绿地以及排水、照明等。

交通广场主要是通过几条道路相交的较大型交叉路口，其功能是组织交通。由于要保证车辆、行人顺利及安全地通行，组织简洁明了的交叉口，现代城市中常采用环形交叉口广场，特别是四条以上的车道交叉时，环交广场设计采用更多。

这种广场不仅是人流集散的重要场所，往往也是城市交通的起、终点和车辆换乘地。在设计中应考虑到人与车流的分隔，进行统筹安排，尽量避免车流对人流的干扰，要使交通线路简易明确。

交通广场绿地设计要有利于组成交通网，满足车辆集散要求，种植必须服从交通安全，构成完整的色彩鲜明的绿化体系。有绿岛、周边式与地段式三种绿地形式。

绿岛是交通广场中心的安全岛。可种植乔木、灌木并与绿篱相结合。面积较大的绿岛可设地下通道，围以栏杆。面积较小的绿岛可布置大花坛，种植一年生或多年生花卉，组成各种图案，或种植草坪，以花卉点缀。冬季长的北方城市，可设置雕像与绿化相结合，形成景观。周边式绿化是在广场周围进行绿化，种植草皮、矮花木，或围以绿篱。地段式绿化是将广场上除行车路线外的地段全部绿化，种植除高大乔木外，花草、灌木皆可，形式活泼，不拘一格。特大交通广场常与街心小游园相结合，如沈阳市中山广场、大连市劳动广场等。

四、文化娱乐休闲广场设计要求

任何传统和现代广场均有文化娱乐休闲的性质，尤其在现代社会中，文化娱乐休闲广场已成为广大民众最喜爱的重要户外活动场所，它可有效缓解市民工作之余的精神压力和疲劳。在现代城市中应当有计划地修建大量的文化娱乐休闲广场，以满足广大民众的需求。

五、商业广场设计要求

商业广场包括集市广场、购物广场，用于集市贸易、购物等活动，或者在商业中心区以室内外结合的方式把室内商场与露天、半露天市场结合在一起。商业广场大多采用步行街的布置方式，使商业活动区集中，便于购物，又可避免人流与车流的交叉，同时可供人们休息、交友、饮食等。

商业性广场宜布置各种城市中具有特色的广场设施。

六、市政广场设计要求

市政广场一般位于城市中心位置，通常是市政府、城市行政中心、老行政中心和旧行政厅所在地。它往往布置在城市主轴线上，成为一个城市的象征。在市政广场上，常有表现该城市特点或代表该城市形象的重要建筑物或大型雕塑等。

市政广场应具有良好的可达性和流通性，为了合理有效地解决好人流、车流问题，有时甚至用主体交通方式，如地面层安排步行区，地下安排车行、停车等，实现人车分流。市政广场一般面积较大，为了让大量的人群在广场上有自由活动、节日庆祝的空间，一般多用硬质材料绿化为主。市政广场布局形式一般较为规则，甚至是中轴对称的。标志性建筑物常位于轴线上，其他建筑及小品对称或对应布局，广场中一般不安排娱乐性、商业性很强的设施和建筑，以加强广场稳重严整的气氛。

七、古迹（古建筑等）广场设计要求

古迹广场是结合城市的遗存古迹保护和利用而设的城市广场，生动地代表了一个城市的古老文明程度。可根据古迹的体量高矮，结合城市改造和城市规划要求来确定其面积大小。古迹广场是表现古迹的舞台，所以其规划设计应从古迹出发组织景观。如果古迹是一幢古建筑，如古城楼、古城门等，则应在有效地组织人车交通的同时，让人在广场上逗留时能多角度地欣赏古建筑。

八、宗教广场设计要求

我国是一个宗教信仰自由的国家，许多城市中还保留着宗教建筑群。一般宗教建筑群内部都设有适合该教活动和表现该教之意的内部广场。而在宗教建筑群外部，尤其是人口处一般都设置了供信徒和游客集散、交流、休息的广场空间，同时也是城市开放空间的一个组合部分。其规划设计首先应该以满足宗教活动为主，尤其要表现出宗教文化氛围和宗教建筑美，通常有明显的轴线关系，景物也是对称布局，广场上的建筑小品以与宗教相关的饰物为主。

任务三　广场景观绿地种植设计

一、城市广场规划设计的原则

（一）系统性原则

现代城市广场是城市开放空间体系中的重要节点。它与小尺度的庭园空间、狭长线型的街道空间及联系自然的绿地空间共同组成了城市开放空间系统。现代城市广场通常分布于城市入口处、城市核心区、街道空间序列中或城市中轴线的节点处、城市与自然环境的结合部、城市不同功能区域的过渡地带、居住区内部等。现代城市广场在城市中的区位及其功能、性质、规模、类型等都应有所区别，各自有所侧重。每个广场都应根据周围环境特征、城市现状和总体规划的要求，确定其主要性质、规模等，只有这样才能使多个城市广场相互配合，共同形成城市开放空间体系中的有机组成部分。因此城市广场必须在城市空间环境体系中进行系统分布的整体把握，做到统一规划、合理布局。

（二）完整性原则

对于成功的城市广场设计，完整性是非常重要的，包括功能的完整和环境的完整两个方面。

功能的完整是指一个广场应有其相对明确的功能。在这个基础上，辅之以相配合的次要

功能，做到主次分明、重点突出。从趋势看，大多数广场都在从过去单纯为政治、宗教服务向为市民服务转化。

环境完整主要考虑广场环境的历史背景、文化内涵、时空连续性、完整的局部、周边建筑的协调和变化等问题。城市建设中，不同时期留下的物质印迹是不可避免的，特别是在改造更新历史遗留下来的广场时，更要妥善处理好新老建筑的主从关系和时空连续等问题，以取得统一的环境完整效果。

（三）尺度适配性原则

尺度适配性原则是根据广场不同使用功能和主题要求，确定广场合适的规模和尺度。如政治性广场和一般的市民广场尺度上就应有较大区别。从国内外城市广场来看，政治性广场的规模与尺度较大，形态较完整；而市民广场规模与尺度较小，形态较灵活。

（四）生态环保性原则

广场是整个城市开放空间体系中的一部分，它与城市整体生态环境联系紧密。一方面，其规划的绿地中花草树木应与当地特定的生态条件和景观特点相吻合；另一方面，广场设计要充分考虑本身的生态合理性，如阳光、植物、风向和水面等，做到趋利避害。

（五）多样性原则

现代城市广场虽应有一定的主导功能，却可以具有多样化的空间表现形式和特点。由于广场是人们共享城市文明的舞台，它既反映作为群体的人的需要，也要综合兼顾特殊人群的使用要求。同时，服务于广场的设施和建筑功能亦应多样化，将纪念性、艺术性、娱乐性和休闲性兼容并蓄。

（六）步行化原则

步行化是现代广场的主要特征之一，也是城市广场的共享性和良好环境形成的必要前提。广场空间和各种因素的组织应该支持人的行为，如保证广场活动与周边建筑及城市设施使用的连续性。在大型广场，还可根据不同使用功能和主题考虑步行分区问题。随着现代机动车日益占据城市交通主导地位的趋势，广场设计步行化原则更显示出其列比的重要性。

在设计时应当注意人在广场上徒步行走的耐疲劳程度和步行距离极限与环境的氛围、景物布置、当时心境等因素有关。在单调乏味的景物、恶劣的气候环境、烦躁的心态、急促的目标追寻等条件下，即使较近的距离也显得远；相反，若心情愉快，或与朋友边聊天边行，又有良好的景色吸引和引人入胜的目标诱导时，远者亦近。但一般而言，人们对广场的选择从心理上趋向于就近、方便的原则。

（七）文化性原则

城市广场作为城市开放空间体系中艺术处理的精华，通常是城市历史风貌、文化内涵集中体现的场所。其设计既要尊重传统、延续历史、文脉相承，又要有所创新、有所发展，这就是继承和创新有机结合的文化性原则。文化继承的含义是人们对过去的怀念和研究，而人们的社会文化价值观念又是随着时代的发展而变化的。一部分落后的东西不断地被抛弃，一部分有价值的文化被积淀下来。

二、广场绿地设计原则

① 广场绿地布局应与城市总体布局统一，使绿地成为广场的有机组成部分，从而更好地发挥其主要功能，符合其主要性质要求。

② 广场绿地的功能与广场内各功能区相一致，更好地配合和加强该区功能的实现。如在入口区的植物配置应强调绿地的景观效果，休闲区规划则应以落叶乔木为主，冬季的阳光、夏季的遮阳都是人们户外活动所需要的。

③ 广场绿地规划应具有清晰的空间层次，独立形成或配合广场周边建筑、地形等形成良好、多元、优美的广场空间体系。

④ 广场绿地规划设计应考虑到与该城市绿化总体风格协调一致，结合地理区位特征，物种选择应符合植物的生长规律，突出地方特色。

⑤ 结合城市广场环境和广场的竖向特点，以提高环境质量和改善小气候为目的，协调好风向、交通、人流等诸多因素。

⑥ 对城市广场上的原有大树应加强保护，保留原有大树有利于广场景观的形成，有利于体现对自然、历史的尊重，有利于对广场场所感的认同。

三、广场绿地种植设计的基本形式

（一）排列式种植

这种形式属于整形式，主要用于广场周围或者长条形地带，用于隔离或遮挡，或作背景。单排的绿化栽植，可在乔木前加植灌木，灌木丛间再加种花卉，但株间要有适当的距离，以保证有充足的阳光和营养面积。在株间排列上可以先密一些，几年以后再间移，这样既能使近期绿化效果好，又能培育一部分大规格苗木。乔木下面的灌木和花卉要选择耐荫品种，并排种植各种乔灌木，在色彩和体型上注意协调。

（二）集团式种植

集团式种植也是整形式的一种，是为避免成排种植的单调感，把几种树组成一个树丛，有规律地排列在一定地段上。这种形式有丰富、浑厚的效果，排列整齐时远看很壮观，近看又很细腻。可用花卉和灌木组成树丛，也可用不同的灌木、乔木组成树丛。

（三）自然式种植

这种形式与整体式不同，是在一个地段内，花木种植不受统一的株行距限制，而是疏落有序地布置，从不同的角度望去有不同的景致，生动而活泼。这种布置不受地块大小和形状限制，可以巧妙地解决与地下管道的矛盾。自然式树丛的布置要密切结合环境才能使每一株植物苗壮成长，同时，在管理工作上的要求较高。

四、广场植物配置的艺术手法

1. 对比和衬托

运用植物不同形态特征包括高低姿态、叶形叶色、花形花色的对比手法，配合广场建筑其他要素，整体地表达出一定的构思和意境。

2. 韵律、节奏和层次

广场种植配置的形式组合应注重韵律和节奏的表现，同时应注重植物配置的层次关系，尽量求得既有变化又有统一的效果。

3. 色彩和季相

植物的干、叶、花、果色彩丰富，可采用单色表现和多色组合表现，使广场植物色彩搭配取得良好图案化效果。要根据植物四季季相，尤其是春、秋的季相，处理好在不同季节中植物色彩的变化，产生具有时令特色的艺术效果。

复习思考题

1. 简述城市广场景观规划的形式。
2. 简述城市广场绿化的原则是什么？
3. 城市广场规划设计的原则是什么？
4. 广场绿地种植设计的基本形式有哪些？

参 考 文 献

[1] 徐文辉. 城市园林绿地系统规划. 武汉：华中科技大学出版社，2007.

[2] 刘滨海，等. 纪念性景观与旅游规划设计. 南京：东南大学出版社，2004.

[3] 上林国际文化有限公司. 景观规划设计新潮Ⅳ. 上册. 武汉：华中科技大学出版社，2008.

[4] 吴伟. 城市特色：历史风貌与滨水景观. 上海：同济大学出版社，2009.

[5] 韦爽真. 景观场地规划设计. 重庆：西南师范大学出版社，2008.

[6] 祝长龙，郭景立. 居住小区绿地植物配植. 哈尔滨：东北林业大学出版社，2004.

[7] 马辉. 屋顶空间的开发与利用. 天津：天津大学建筑学院，2005.

[8] ［美］西奥多·奥斯曼德森. 屋顶花园. 林韵然，郑悠津，译. 北京：中国林业出版社，2006.

[9] 顾小玲. 景观植物配置设计. 上海：上海人民美术出版社，2008.

[10] 余昱. 园林植物景观设计. 沈阳：辽宁科学出版社，2008.

[11] 鲁敏，李英杰. 园林景观设计. 北京：科学出版社，2004.

[12] 刘海燕. 中外造园艺术. 北京：中国建筑工业出版社，2008.

[13] 梁俊. 园林小品设计. 北京：中国水利水电出版社，2007.

[14] 余树勋. 园林美与园林艺术. 北京：中国建筑工业出版社，2006.

[15] 杨至德. 园林工程. 武汉：华中科技大学出版社，2007.